航空发动机基础与教学丛书

航空叶轮机先进扩稳及流动控制技术

（上册）

楚武利　张皓光　吴艳辉　著

U0220864

科学出版社

北京

内 容 简 介

全书分为上、下两册。本书为上册，介绍了航空叶轮机内部存在的流动失稳现象，包括压气机旋转失速、喘振及压气机角区分离，并详细地介绍了在航空叶轮机中应用的多种流动控制技术，涉及轴流压气机缝式机匣处理、轴流压气机槽式机匣处理、轴流压气机自循环机匣处理。通过丰富的实例、图表阐述了不同流动控制技术的控制机制，分别给出了机匣处理结构的一些设计经验及优化方法。

本书可供航空宇航推进理论与工程专业、流体机械行业的广大科技人员参考，以期在航空叶轮机设计及优化中，进一步提高航空叶轮机的整体性能及气动稳定性。

图书在版编目(CIP)数据

航空叶轮机先进扩稳及流动控制技术. 上册 / 楚武利，张皓光，吴艳辉著. —北京：科学出版社，2021.4
（航空发动机基础与教学丛书）
ISBN 978 - 7 - 03 - 068174 - 4

Ⅰ. ①航… Ⅱ. ①楚… ②张… ③吴… Ⅲ. ①航空发动机—叶轮机械流体动力学—流动稳定性 Ⅳ.
①V263.6

中国版本图书馆 CIP 数据核字(2021)第 036116 号

责任编辑：胡文治 / 责任校对：谭宏宇
责任印制：黄晓鸣 / 封面设计：殷 靓

科 学 出 版 社 出版
北京东黄城根北街 16 号
邮政编码：100717
http://www.sciencep.com

南京展望文化发展有限公司排版
上海锦佳印刷有限公司印刷
科学出版社发行 各地新华书店经销

*

2021 年 4 月第 一 版 开本：B5(720×1000)
2021 年 4 月第一次印刷 印张：21
字数：400 000

定价：150 元
（如有印装质量问题，我社负责调换）

丛书序

　　航空发动机是"飞机的心脏",被誉为现代工业"皇冠上的明珠"。航空发动机技术涉及现代科技和工程的许多专业领域,集流体力学、固体力学、热力学、燃烧学、材料学、控制理论、电子技术、计算机技术等学科最新成果的应用为一体,对促进一国装备制造业发展和提升综合国力起着引领作用。

　　喷气式航空发动机诞生以来的 80 多年时间里,航空发动机技术经历了多次更新换代,航空发动机的技术指标实现了很大幅度的提高。随着航空发动机各种参数趋于当前所掌握技术的能力极限,为满足推力或功率更大、体积更小、质量更轻、寿命更长、排放更低、经济性更好等诸多严酷的要求,对现代航空发动机发展所需的基础理论及新兴技术又提出了更高的要求。

　　目前,航空发动机技术正在从传统的依赖经验较多、试后修改较多、学科分离较明显向仿真试验互补、多学科综合优化、智能化引领"三化融合"的方向转变,我们应当敢于面对由此带来的挑战,充分利用这一创新超越的机遇。航空发动机领域的学生、工程师及研究人员都必须具备更坚实的理论基础,并将其与航空发动机的工程实践紧密结合。

　　西北工业大学动力与能源学院设有"航空宇航科学与技术"(一级学科)和"航空宇航推进理论与工程"(二级学科)国家级重点学科,长期致力于我国航空发动机专业人才培养工作,以及航空发动机基础理论和工程技术的研究工作。这些年来,通过国家自然科学基金重点项目、国家重大研究计划项目和国家航空发动机领域重大专项等相关基础研究计划支持,并与国内外研究机构开展深入广泛合作研究,在航空发动机的基础理论和工程技术等方面取得了一系列重要研究成果。

　　正是在这种背景下,学院整合师资力量、凝练航空发动机教学经验和科学研究成果,组织编写了这套"航空发动机基础与教学丛书"。丛书的组织和撰写是一项具有挑战性的系统工程,需要创新和传承的辩证统一,研究与教学的有机结合,发展趋势同科研进展的协调论述。按此原则,该丛书围绕现代高性能航空发动机所涉及的空气动力学、固体力学、热力学、传热学、燃烧学、控制理论等诸多学科,系统介绍航空发动机基础理论、专业知识和前沿技术,以期更好地服务于航空发动机领域的关键技术攻关和创新超越。

　　丛书包括专著和教材两部分,前者主要面向航空发动机领域的科技工作者,后者则面向研究生和本科生,将两者结合在一个系列中,既是对航空发动机科研成果的及时总结,也是面向新工科建设的迫切需要。

　　丛书主事者嘱我作序,西北工业大学是我的母校,敢不从命。希望这套丛书的出版,能为推动我国航空发动机基础研究提供助力,为实现我国航空发动机领域的创新超越贡献力量。

2020 年 7 月

前　言

　　旋转失速及喘振、角区失速是航空叶轮机中存在的不稳定流动现象,这些现象的出现将会导致航空叶轮机性能下降,甚至不能正常工作,严重时可能造成叶轮机叶片断裂、零件损坏。因此,对旋转失速、喘振及角区失速的机制研究,发展相应的流动控制技术,一直是叶轮机械研究领域的热点。

　　本书总结了作者所在科研团队多年来在流动控制技术方面的研究成果,给出了大量的流动控制方案,阐述了多种流动控制方案的控制机制。同时还提供了多种流动控制方案的设计经验及优化方法。

　　全书分为上、下两册,上册包括第一章至第四章,分别对应绪论、轴流压气机缝式机匣处理扩稳技术、轴流压气机周向槽机匣处理扩稳技术、轴流压气机自循环机匣处理扩稳技术;下册包括第五章至第八章,分别对应轴流压气机组合型机匣处理扩稳技术、轴流压气机端壁造型流动控制技术、轴流压气机涡流发生器流动控制技术、离心压气机机匣处理扩稳技术。

　　本书得到了国家科技重大专项(No. 2017 - II - 0005 - 0018)、国家自然科学基金(No. 51006084、51576162、51536006)等项目的资助。本书内容涉及曾在研究团队学习过的多位研究生的研究成果,他们分别为高鹏博士、王维博士、李相君博士、马姗博士、李金鸽硕士、刘文豪硕士、王恩浩硕士。在本书的编写过程中,研究团队的刘文豪博士生、董飞扬硕士生、张莎硕士生、郭正涛硕士生、李琪硕士生、杨吉博硕士生、姬田园硕士生、张驰原硕士生、钟心怡硕士生协助整理书稿、插图及校对。在此,对所有在书稿编写及出版过程中付出辛勤劳动的人表示感谢。

　　由于知识水平有限,加之时间匆促,书中不足之处在所难免,敬希读者批评指正。

作　者

2020 年 8 月

目　录

第三章　轴流压气机周向槽机匣处理扩稳技术

第四章　轴流压气机自循环机匣处理扩稳技术

第一章
绪　论

目前,航空发动机朝着高推重比、低耗油率和高可靠性的方向发展。对于压气机而言,发动机的高推重比追求与高可靠性间存在着一定的矛盾。压气机占据发动机总质量的 40%~50%,要提高发动机的推重比,压气机必须进行高负荷设计以减少压气机的级数,降低压气机的质量。提高压气机级负荷的一个重要途径是提高转子叶尖的切线速度以提高转子的做功能力,转子叶尖切线速度已由过去的不足 300 m/s 发展到目前的 600 m/s 左右[1]。较高的叶尖切线速度引起叶片通道内激波强度、吸力面附面层分离以及通道内二次流的增强,造成压气机效率和失速裕度的下降[2-5]。此外,高负荷也意味着气流在压气机通道内扩张程度增加,因此通道内逆压梯度增强、吸压力面压差增大,二次流运动更加显著,更易引发附面层分离与角区分离,这也会使压气机效率及气动稳定性下降。

近年来,多国学者为减小叶轮机流动损失、增加叶轮机稳定工作范围展开了大量的流动控制技术研究。流动控制技术是通过技术手段来改变气体的流动状态,从而提高压气机的性能,这种方法通常会增加压气机的自重,但因具有设计过程较简单、易于实现等优点而被广泛应用。

目前流动控制技术主要分为两大类[6]:一种方法不需要消耗外部能量,而是通过改变叶片通道的结构来改变气体的流动状态,称为被动流动控制技术,这种技术因具有可行性强的优点而易于被接受,被动流动控制技术已经被广泛地应用到航空叶轮机当中,如端壁造型[7-9]、涡流发生器[10-12]、机匣处理[13-15]等;另一种技术需要外置设备对压气机内部的气体做功、建立控制回路,称为主动流动控制技术,这种技术的优点是效果明显且使用灵活,主动流动控制技术主要分为两类:吹气[16,17]和吸气[18,19]。叶片射流[20-22]、端壁射流[23-25]以及叶顶喷气[26,27]均属于吹气控制方法,端壁附面层抽吸[17,28]、叶片附面层抽吸[29]属于吸气控制方法。

本章先从航空叶轮机的角度,向读者介绍在航空叶轮机中存在的流动失稳现象,然后介绍在航空叶轮机中得到应用的三种被动流动控制技术,最后介绍本书的主要内容。

1.1　航空叶轮机内部流动失稳现象

1.1.1　旋转失速与喘振

实验证明，非稳定工况经常以旋转失速出现，旋转失速可导致压气机喘振，尤其是突跃式的旋转失速易导致喘振。当压气机转速保持一定而进口流量减少时，就会引起进口气流角的降低，必然造成转子叶片攻角增大。当进口流量减少到一定程度时非稳态流动现象开始出现，此时压气机发出特殊声音，在转子后的流场测试表明，有一个或者多个低速气流区以某一转速沿周向传播，传播方向与转子旋转方向相同，这种非稳态流动现象被称为旋转失速。

图 1-1 所示为解释旋转失速的物理图，其发生过程可解释如下：当压气机进口流量减少而使转子攻角增大到临界攻角附近时，由于叶片排加工或安装误差及在实际情况下总是存在着气流不对称等原因造成某种流动干扰，假使这种流动干扰使叶片 2 比其他叶片先发生失速，而这个失速的叶片未能产生足够的压升来保持它周围的流动，于是在这叶片前面出现了明显的气流堵塞现象（图 1-1 中的阴影减速流区）。这个受阻滞的气流区使它周围的流动偏转，从而使叶片 3 的攻角增大，同时使叶片 1 的攻角减少，因而失速相对于叶片排向左传播。偏转了的流动使气流阻滞区左边的叶片失速，而使它右边的叶片解除失速。如果站在动叶看，失速就朝着叶片旋转方向相反的方向移动。由实验测得，旋转失速区以比压气机转速低的速度，和压气机旋转方向相同作旋转运动。

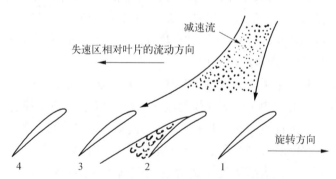

减速流

失速区相对叶片的流动方向

旋转方向

4　3　2　1

图 1-1　解释旋转失速机制的物理图

旋转失速对压气机正常工作运行的严重影响表现在：使压气机的气动性能明显恶化。旋转失速时，其气流的脉动频率较高（40～120 Hz），并产生频率较高、强度大的激振力，可能导致叶片共振断裂。统计表明，旋转失速是使压气机叶片疲劳断裂的主要原因之一。

压气机喘振是气流沿压气机轴线方向发生的低频率（通常只有几赫兹或十几

赫兹)、高振幅(强烈的压强和流量波动)的
气流振荡现象。它是一种与压气机系统有
关的气流振荡现象,在其形成的开始阶段具
有非轴对称的特点,经充分发展后具有沿轴
向随时间变化的轴对称气流脉动的特点。
往往可把喘振现象视为一种一维的沿轴向
传播的轴对称均匀气流振荡,如图 1-2
所示。

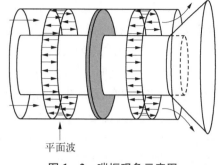

平面波

图 1-2　喘振现象示意图

　　喘振会导致发动机部件(首先是压气
机)的强烈机械振动和热端超温,并在极短时间内造成机件的严重损坏。压气机一
旦进入喘振工作状态,音调低而沉闷;出现非常强烈的机械振动;压气机出口总压
和流量大幅度的波动;转速不稳定;推力突然下降并大幅度波动;有时在发动机进
口处有明显的气流吞吐现象包括燃烧室内的高温高压燃气倒流"吐火"现象。

　　压气机产生喘振的根本原因为叶片通道具有增压的特点,因为通道中存在逆
压梯度,从而使气流很容易在叶背产生分离引起失速。当发生失速的叶片数量达
到一定的程度时,整个压气机通道内的流动就不是那么通畅了,通道后的高压气流
始终有一种回冲的趋势,当气流前进时具有的动能不能克服这种回冲趋势时,气流
就要倒流。尽管倒流消除了前后压差,但气流在叶片的作用下又开始正向流动,但
是叶排中不可避免还会出现失速区,通道内流动能力将减弱,从而使后面的高压气
体再次回冲出来。周而复始,就造成压气机内部气流的轴向振荡。

1.1.2　压气机旋转失速

　　轴流压气机的失速类型主要分为两种,一种称为模态失速,另一种称为突尖失
速。后者按照转子叶顶的流动特点又可分为叶顶堵塞失速和叶顶过载失速。模态
失速是指由模态扰动引起的失速,模态扰动是一种以低阶为主的谐波扰动,具有大
尺度、小振幅和传播速度恒定的特点[30]。模态扰动的波长与压气机通道环面的周
长为同一数量级,其传播速度为压气机转速的 20%～50%,可在压气机失速前几十
圈至数百圈检测到。模态扰动的振幅会随着压气机的节流而逐渐增大,当压气机
靠近失速边界时,扰动振幅会迅速增大,诱发压气机失速。

　　模态失速是 1986 年 Moore 和 Greitzer[31,32]在 Emmons 等[33]失速理论的基础上,
从压缩系统稳定性的角度出发建立起来的比较完整的稳定性模型(M-G 模型)。
1990 年,McDougall 等[34]在一台单级轴流压气机上通过测量轴向速度的脉动,首次
发现了 M-G 模型预测的失速初始扰动波。随后,Garnier 等[35]在两台低速轴流压
气机中均发现了模态波初始扰动。Camp 和 Day[36]认为模态扰动并不是失速团的
早期形式,而是流场中可以诱发流动分离的一种扰动。如果模态扰动诱发的流动分

离发生在近轮毂区域，模态扰动会直接诱发出缓慢增大的失速团；如果模态扰动诱发的流动分离发生在近机匣区域，模态波诱导出突尖波，再由突尖波诱发压气机失速。

突尖失速是由失速团引起的失速，失速团是一种三维小尺度的局部扰动，一般位于转子叶顶附近，其周向尺寸为数个叶片通道宽度。失速团的周向传播速度一般为压气机转速的50%~80%，从突尖扰动的出现到完整失速团的形成一般只需压气机转动3~5圈的时间。突尖失速是Day[37]在1993年通过实验研究首次提出的。随后，Day等[38]讨论了高速压气机中气体可压缩时的系统稳定性。他们发现，高速压气机在中转速范围内的失速过程与低速压气机类似，而且不同转速下压气机的失速均表现为突尖失速。目前来看，多数压气机的失速类型均表现为突尖失速。Wilke等[39]根据压气机叶顶的流动特点，将突尖失速分为叶顶堵塞失速（tip blockage stall）和叶顶过载失速（blade tip stall）。

叶顶堵塞失速一般由叶顶泄漏涡引起的叶顶堵塞诱发，是突尖失速中最为常见的失速类型。为了保证压气机的安全运转，转子叶片与机匣间要留有一定的间隙。机匣表面的环壁附面层和通道主流在叶片吸、压力面压差的作用下形成叶顶泄漏流，叶顶泄漏流与主流相互作用形成叶顶泄漏涡。当压气机逼近失速边界时，叶顶泄漏涡发生膨胀或破碎，引起压气机叶顶大范围的流动堵塞。发生叶顶堵塞失速时叶片没有发生气动过载，叶顶泄漏涡与弦向的夹角远大于来流与弦向的夹角，叶顶泄漏流与来流的交接面接近叶顶前缘线。图1-3(a)给出了叶顶堵塞失

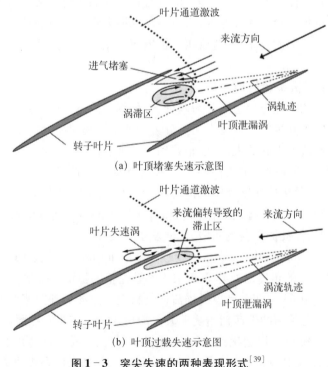

(a) 叶顶堵塞失速示意图

(b) 叶顶过载失速示意图

图1-3　突尖失速的两种表现形式[39]

速的典型叶顶流动分布示意图。

叶顶过载失速是由叶顶来流攻角过大引起的叶片气动过载造成的。发生叶顶过载失速时,叶片不能承受超过其承载极限的压升,导致叶片吸力面出现大面积的流动分离。当叶片通道中激波强度较大时,叶片吸力面的流动分离更为严重,分离区可能充满整个叶片通道。叶片吸力面分离会堵塞通道主流,使主流不能沿着叶片型线流动,在相邻叶片的压力面引起了气流的减速或滞止。从设计工况到近失速工况,叶顶泄漏涡的轨迹不会发生明显变化,由其引发的叶顶堵塞也相对较小。图 1 - 3(b)给出了叶顶过载失速的典型流动分布示意图。

武文倩等[40]通过实验研究发现一种起始于叶根的新型失速先兆。作为研究对象的压气机具有串列静子,在迫近失速时压气机的转子叶顶与静子叶根均会发生流动堵塞。根据非定常数值模拟结果,静子叶根首先发生角区失速,并逐渐发展为整圈的分离区,对叶根区域流道形成堵塞。受其影响,转子叶顶流速增加,叶顶激波随之增强,间隙泄漏涡-激波干涉作用的加剧,最终因转子叶顶堵塞导致压气机发生旋转失速。

1.1.3 压气机角区分离

鉴于压气机失速类型以及失速诱因的不同,各学者在判断压气机失速发生的标准时也存在较大差异。人们较早地认识到二维分离对压气机性能的影响,并提出了建立二维失速点的合理途径。Horlock 等[41]曾在 1966 年对压气机叶栅壁面失速(wall stall)的研究中提到:压气机叶栅中端壁边界层的发展不能用简单的二次流来描述,因为角区边界层的分离是由于端壁附面层和叶片吸力面附面层共同作用所形成的三维分离,他在文中提到的壁面失速是一种不同于二维分离的损失区,即三维角区分离,严重的角区分离会引起压气机静叶角区失速。

Schulz 等[42]在 1990 年对一低速环形压气机叶栅进行试验研究,给出了叶片吸力面角区内部的流动结构。角区分离的起始点位于叶片吸力面靠近前缘的角区,气流在向后运动的过程中受到了来自下游回流的阻碍,绕过分离点并分别在吸力面和端壁上形成两条分离线,最终在叶片吸力面以及端壁上形成两个朝向叶片尾缘的涡结构。在涡的核心区,气流被沿着垂直于叶片表面以及端壁的方向卷出,形成一个连接叶片吸力面和端壁旋涡的环形涡,该涡的形成使三维角区成为封闭的空间,如图 1 - 4 所示。分离区内的低能流体受到轴向逆压梯度的影响向前运动,遇到角区分离点后沿着叶片吸力面和端壁的分离线运动。

Hah 等[43]在 1999 年对一亚声速环形压气机叶栅进行了实验测量和数值研究。与 Schulz 的观点不同,Hah 认为在叶片吸力面角区附近出现了扭转涡,该涡由端壁上卷起的一大一小两个涡结构所组成,一个位于靠近吸力面 80% 轴向弦长的端壁上,另一个位于尾缘附近的端壁上(图 1 - 5)。这两个涡旋向相反且快速向外延

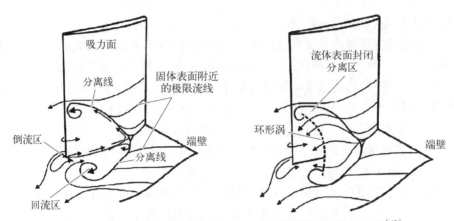

图 1-4　Schulz 等得到的叶片吸力面三维角区的流动结构及拓扑[42]

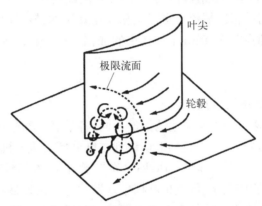

图 1-5　Hah 等得到的三维角区失速结构图[43]

伸,将壁面附近的低能流体运输到主流区后相遇。当气动载荷增加时,扭转涡会向上游移动,从而增加三维角区分离的范围。由两个反向涡结构所组成的扭转涡是形成端壁-吸力面角区失速的关键诱因。扭转涡的位置和强度受叶片载荷(扩压因子)和来流特性等其他诱因的影响,因此,单纯使用扩压因子不能用来判断角区失速的发生。

2002 年,Weber 等[44]以一跨声速压气机叶栅为研究对象,建立了不同攻角下叶栅角区分离/失速的流动拓扑结构,如图 1-6 所示。跨声速叶栅通道的流动特性和失速诱因与亚声速叶栅有所不同。叶片前缘的气体主要受到脱体激波和来流端壁附面层相互作用的影响。而亚声速叶片前缘常见的马蹄涡在该跨声速叶栅中并不显著,对近端壁区以及通道内的流动没有显著影响。通道端壁上没有出现亚声速叶栅中经典的端壁二次流自叶片压力面流向吸力面的现象。激波对叶片吸力面附面层的干扰诱发了一个沿轴向的二维层流分离泡,气流随后再吸附到叶片吸力面并沿叶片向后运动。叶片尾缘的低能流体与主流发生掺混,使角区出现明显分离。与此同时,激波对叶片吸力面角区内低能流体的干涉作用,使角区分离的范围扩大并发生角区失速。

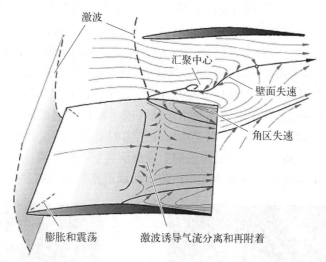

图 1 - 6 Weber 等建立的角区失速拓扑结构[44]

Gbadebo 等[45-47]在 2005 年对某低速线性压气机叶栅在不同攻角下的角区分离流动特性进行了实验研究和数值分析。研究发现:随着攻角的增加,三维角区分离区域沿着弦向和展向扩大。当来流攻角为负时,端壁-吸力面角区分离处没有临界分离点。随着攻角逐渐增加到大于 0°以后,叶片吸力面上成对的鞍点-节点也会随着攻角的增大而变多,三维分离区域也会迅速增加。马蹄涡吸力面分支在向后运动的过程中受到横向压力梯度的作用再吸附到吸力面上,表现为端壁上的分离线绕过叶片前缘鞍点 S_1 后终结于节点 N_2,在该节点下游则出现了吸力面三维角区分离线。在大的来流攻角下,端壁上的角区分离线被推离叶片吸力面,说明分离区变大并逐渐恶化。Gbadebo 建立的角区分离模型与 Schulz 和 Hah 的不同之处在于:他认为角区分离的发生位置与马蹄涡吸力面分支的再吸附有关。而 Gbadebo 并没有发现垂直于壁面的环形涡或从端壁发出的扭转涡。

Nerger 等[48]在 2010 年对具有 54°和 60°叶型弯角的高负荷叶栅角区分离流动进行了对比分析。发现当叶型弯角为 54°时,由于端壁二次流受到横向压力梯度的作用而从叶片压力面向吸力面运动,遇到叶片后与吸力面发生碰撞,从而在叶片吸力面上产生一对分离线。两条分离线以叶中展处 B2B 截面为对称面,形成对称结构,并汇聚于叶中展区域,形成一对涡。端区的二次流流动现象较为稳定,没有出现明显的流动分离现象。而叶型弯角增加到 60°时,流场结构发生了质的改变。叶片吸力面上对称的流动分离现象消失,取而代之的是一个放大的涡结构,并且偏离了叶中展位置,从而导致叶片吸力面一侧的分离几乎占据了整个叶片高度,而另一侧的分离被明显削弱。端壁二次流由于受到了过大的横向压力梯度的影响,在靠近叶片吸力面前缘的端壁上出现了大范围的回流。

　　2010 年,Lewin 等[49]利用油流可视化方法,并借助数值模拟手段对 NACA 65 线性叶栅的角区失速流动特性进行了研究。图 1-7 分别给出了角区失速的油流可视化拓扑、三维角区内的失速涡结构。随着流动载荷的增加,更多的端壁二次流被输送到端壁-吸力面角区,使得端壁-角区内的低能流体迅速增加,诱发失速。与 Hah 的观点相似,Lewin 认为角区失速发生时,端壁靠近叶片尾缘的区域出现了 2 个涡结构。不同的是,其中一个涡是由于叶片吸力面角区附近的低能流体向上卷起并离开端壁导致的,而另一个涡是由叶片尾缘的低能流体受到弦向逆压梯度的影响而流向端壁形成的。这对分离涡的形成被认为是端壁分离进入角区失速的标志。此外,Lewin 提出从叶片吸力面尾缘流出的涡也是判断失速发生的标志之一。

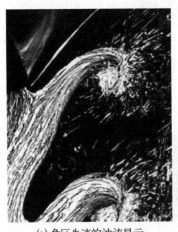 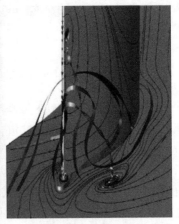

(a) 角区失速的油流显示　　　　　　(b) 角区失速三维涡结构

图 1-7　Lewin 等得到的三维角区失速流动特性[49]

1.2　航空叶轮机扩稳及流动控制技术

　　本节主要介绍机匣处理、端壁造型及涡流发生器三种在航空叶轮机中具有代表性的被动流动控制技术。

1.2.1　机匣处理流动控制技术

　　面对现代高负荷压气机设计中所面临的稳定工作裕度不足的问题,机匣处理已成为当今世界上用于扩大压气机稳定工作范围的重要手段之一。它以结构简单,扩稳效果显著而广泛应用于实际发动机中,如苏-27 飞机发动机及国内的涡喷-13、涡喷-14 发动机等,其压气机均采用了不同类型的机匣处理结构。

在机匣处理的研究方面,国内外已经进行了大量的研究工作,并取得相当进展。研究者发现,如果压气机是在叶尖首先发生失速,采用机匣处理将能起到推迟失速的效果。过去四十多年中,槽式、缝式等机匣处理结构(图 1-8)已被设计出来。与此同时,国内外学者也对各种机匣处理形式进行了大量的试验与数值研究。

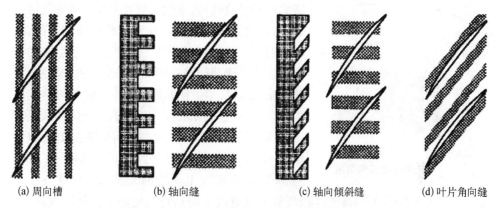

(a) 周向槽   (b) 轴向缝   (c) 轴向倾斜缝   (d) 叶片角向缝

图 1-8 四种典型的机匣处理结构图

对于槽式机匣处理,最具有代表性的是周向槽机匣处理形式,如图 1-8(a)所示,该形式机匣处理具有结构简单、易于加工的特点,周向槽可基本不降低压气机的原有效率而获得一定(一般在 10% 以内)的失速裕度改进量[50-52]。文献[52]提到对于中等叶尖切线速度和中等负荷的亚声速转子,周向槽机匣处理获得了与跨声速周向槽处理相当的失速裕度改进量。

缝式机匣处理中常见的有轴向缝、轴向倾斜缝和叶片角向缝,如图 1-8(b)~(d)所示。这类结构特点为:缝的长度远大于缝的宽度,使得缝中的气流被限制沿缝长方向流动;开缝面积约占总面积的 67%,缝片厚约为缝宽的 1/2;对于倾斜缝机匣处理,径向倾斜角一般为 60° 或 45°。文献[53-64]中试验研究表明,在亚声速压气机和跨声速压气机上,缝式机匣处理均能够获得 20% 左右的失速裕度改进量,但也伴随着较大的效率损失。其中文献[63]在一全亚声中等压比的孤立转子上的机匣处理试验结果表明,轴向倾斜缝轴向位置的不同,将明显地影响失速裕度和效率之间的变化,当机匣处理的轴向位置前移或者不变时,两者获得的失速裕度改进量相当,但轴向位置前移时效率恶化程度削减 50%。

从 20 世纪 80 年代开始,国内外学者进一步发展和丰富了机匣处理技术,主要表现在:

(1) 发展了能减少叶片端部流动损失的机匣处理结构形式[65],并根据抑制气流分离的有效性这一指标对机匣处理几何结构进行优化;

(2) 在详细分析叶片端部流动的基础上,积极探索机匣处理改善叶片端部流场的新方法,力图提升压气机两项主要性能指标——失速裕度和效率[66-71]。

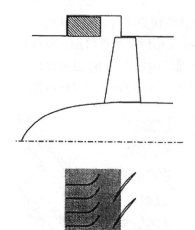

图1-9 "凹槽导流叶片式"
机匣处理结构简图

文献[72-76]中研究了一种称为"凹槽导流叶片式"的机匣处理结构(图1-9),其主要结构特点为:在机匣上开周向槽,这种周向槽的槽数为1,并且凹槽的宽度大于叶顶轴向弦长,在槽内装有一定数量的导流叶片,通过引导叶尖部位堵塞气流返回进口流场,以达到改善叶片端部流场的目的,进而延迟压气机失速的发生。只有选择适当的轴向叠合量才既能获得可观的失速裕度改进,又使峰值效率略微提高。由于此类机匣处理的几何结构较为复杂,使得它的工程应用前景有一定的局限性。

压气机顶部喷气作为一种有效的控制失速方法已被国内外大量的实验与数值研究所证实[77,78],顶部喷气主动控制失速的方法优点在于它可以基本不降低或略微提高压气机的原有效率而获得一定的失速裕度改进量。但以上文献中的喷气量均通过外部气源提供,增加了外加设计结构。

为了使顶部喷气这种控制失速方法更具有优越性和灵活性,Hathaway[79]提出了一种新式机匣处理结构-自循环机匣处理,并数值研究了该机匣处理结构对压气机转子性能及流场的影响,数值结果指出,该形式的机匣处理能保持压气机效率基本不变的情况下扩宽了压气机的稳定工作范围,但没涉及非定常效应的机制研究,同时自循环机匣处理的喷气与引气部分没有连通起来,如图1-10所示。随后Iyengar等[80]把文献[79]的自循环机匣处理结构应用于NASA Rotor 67转子上,但没有提到喷气与引气装置如何连接起来,且未介绍喷气及引气的结构特点。试验及数值研究均表明其能满足兼顾失速裕度改进量与效率的要求。

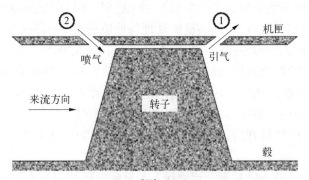

图1-10 Hathaway[79]研究中的机匣处理结构

Strazisar等[81]在NASA级35压气机进行自循环机匣处理的试验与定常数值研究,对喷气及引气几何作一定的介绍,文献[81]喷气结构大部分是直线外形,到靠近机匣部位才再次变成曲线收敛型,并且其引气装置是扩张型。在该研究中还提出在多级轴流压气机中采用自循环机匣处理的构思,如图 1 - 11 所示。在其构思中,从静子 3 后引出气体在转子 1 前形成自循环机匣处理,从转子 5 后引出气体分别在转子 3、转子 5 前形成自循环机匣处理。

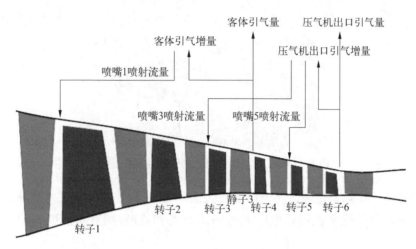

图 1 - 11　多级压气机中自循环机匣处理布局

1.2.2　端壁造型流动控制技术

不同于叶轮机械中传统的柱面(planar)或锥面(conic)端壁设计,端壁造型技术引入了沿周向和流向的凸凹设计。这种设计概念首先出现在叶轮机械(特别是航空发动机)的涡轮部件中。虽然对这种设计概念的探讨可以追溯至 20 世纪 70、80 年代[82,83],但利用端壁造型来降低涡轮中二次流损失的正面效果却直到 20 世纪 90 年代[84,85]才被找到。在非轴对称端壁造型的效果在叶栅试验中取得了验证之后,Rolls - Royce 公司将这项技术加入 Trent 500 高压涡轮(HPT)[86,87]和中介涡轮(IPT)[88]设计中。部件试验结果表明:非轴对称端壁造型使高压涡轮级效率在设计状态下增加了 0.59%;使中介涡轮级效率在设计状态下增加了 0.9%。同时也表明了在级环境下应用非轴对称端壁造型技术的可行性。

非轴对称端壁造型技术在涡轮部件上的正面效果在不同类型的涡轮上不断被验证[89-91]。如文献[89]对三种不同涡轮叶栅的端壁进行优化,如图 1 - 12 所示。同时其在涡轮传热方面的优势也被一些学者确认[92,93]。自此,非轴对称端壁造型技术作为提高涡轮工作效率的一种新的、有力的设计手段的地位得到了确认。

轴流压气机静子中常出现的另一类问题是静子角区分离问题,这也是静子中流动损失的主要构成部分之一。对于这个问题,Muller 等[94]的研究给了我们有益的启示,他们的研究指出,静叶角区分离通常发生在近壁区通道涡到达相邻叶片吸

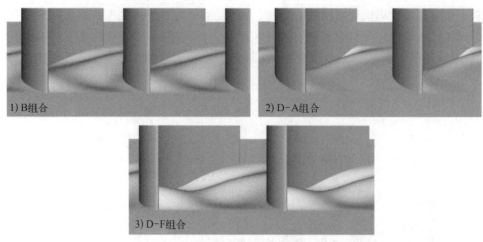

1) B组合   2) D-A组合

3) D-F组合

图 1-12　三种涡轮叶栅的端壁造型示意图[89]

力面的时刻。实际上是通道涡干扰了吸力面附面层，促使其分离。这意味着若能利用非轴对称端壁来控制近壁区通道涡的强度和流向，则有可能减弱静叶角区分离。

　　顺着 Muller 等的这个思路，2007 年，德国宇航中心的 Dorfner 等用优化的方法对一个三级压气机的第三级静子进行了非轴对称轮毂造型[95]，利用静子非轴对称轮毂造型控制静子轮毂区反流（非轴对称端壁造型结构如图 1-13 所示），结果指出静叶角区反流被有效消除，同时在近失速工况，级效率提高约 1%。2008 年，Rolls-Royce 公司对一台 6 级高压压气机的数值模拟[96]显示了相似的结论。由此看来，利用非轴对称轮毂造型来削弱静叶角区分离似乎是端壁造型技术在压气机中一个比较有应用价值的研究方向。

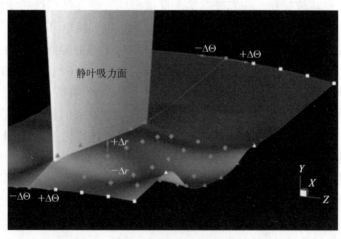

图 1-13　静子端壁造型结构及控制点分布图

2009年,国外学者继续进一步对非轴对称端壁造型结构进行研究[97-99],其中德国宇航中心的 Hergt 等[98,99]再次对高速压气机叶栅的轮毂进行非轴对称端壁造型的试验与数值研究,图1-14、图1-15分别给出了新型的端壁造型结构及试验件结构示意图。研究表明,新型非轴对称端壁造型技术的引入,削弱了通道内低动量流体与叶片吸力面边界层相互作用的强度,因此明显地抑制了角区分离,由于角区分离的减少,这也使通道内的损失得到显著地降低,在设计点通道总损失降低了约20%,在近失速点,通道总损失降低30%左右。

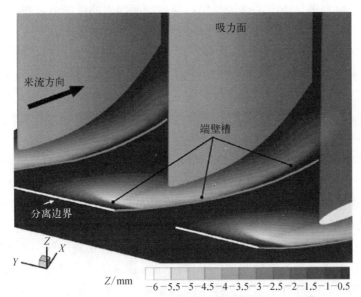

图1-14 新型的端壁造型结构[98]

图1-15 试验件结构示意图[99]

1.2.3　涡流发生器流动控制技术

涡流发生器是一种能够在局部产生强漩涡结构的装置,早期曾被应用于增升降阻[100]和强化换热[101]中。从20世纪90年代后,由于涡流发生器在飞机机翼附面层的流动控制中取得了一定的进展[102,103],进而推动了其在叶轮机械内流中的应用。在实际附面层流动中,湍流相比于层流而言,流体质点的动能较大,能承受沿流向的逆压梯度,致使气流不易产生分离。因而在叶片端区附面层内,更希望流体能够处于湍流状态[104]。应用于叶轮机械内流中的涡流发生器正是基于这样的原理,涡流发生器诱导产生的强漩涡结构使得附面层内的低能流体得到加速,沿流向流动的运动过程中克服大的逆压梯度,进而推迟分离的发生。

涡流发生器按照控制方式可被分为被动形和主动形,被动形又被称为固体涡流发生器,主要包括楔形、刀片形和叶片形,主动形主要是射流涡流发生器。随着商业计算流体力学软件的开发,压气机内三维流场细节探究变得可行,国内外学者纷纷展开了相关理论分析与验证,涡流发生器的控制方法得到了快速发展[105-115],下面简单介绍涡流发生器在21世纪的发展现状。

最为典型的是2006年到2013年期间,德国的Hergt等对刀片形和楔形涡流发生器应用于压气机平面叶栅展开了深入的研究,采用实验与数值模拟相结合的手段,得出了许多结论。2006年[105],他将刀片形涡流发生器安装于叶片吸力面上,虽然不同方案下总压损失系数增大了2%~8.5%,但出口气流角相比于原型沿叶高方向更加均匀。2008年[106],他将刀片形涡流发生器安装于同一平面叶栅的端壁上,涡流发生器安装位置如图1-16所示,可以看到,三个涡流发生器产生了三个旋向相同的涡,通过对比不同高度下的涡流发生器对设计点总压损失系数的改变,得到高度为1/4的附面层厚度时,设计点总压损失系数下降最多,达到了4.6%。2013年,他又另外将楔形涡流发生器安装于端壁上,如图1-17所示,通过

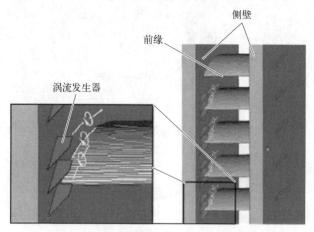

图1-16　安装于端壁上的刀片形涡流发生器[106]

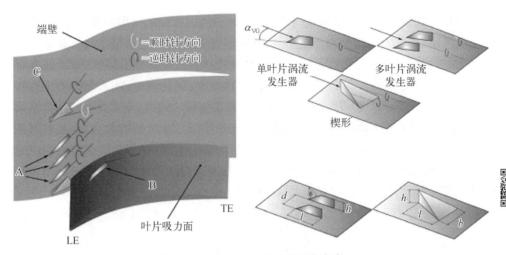

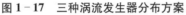

图 1-17 三种涡流发生器分布方案

对比 A、B、A+B、C 四种方案下设计点的实验结果,得到方案 C(楔形涡流发生器)在叶片吸压力面分别产生了旋向相反的涡结构,影响了通道涡的形成和发展,改善了角区分离,使得设计点总压损失系数下降 9%。

2011 年,德国的 Ortmanns 等[107]将一叶片型涡流发生器顶部进行斜切后,安装于静子前缘的端壁上,如图 1-18(a)所示。采用数值模拟的方法,发现涡流发生器的弦长和前缘角度对流动控制效果至关重要,涡流发生器产生的诱导涡结构如图 1-18(b)所示,通过对设计点和失速点的计算结果分析,得到涡流发生器改善了 10%~50%叶高范围内的总压损失系数。

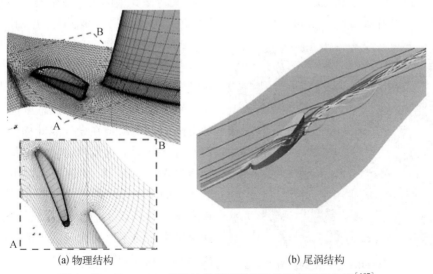

(a) 物理结构　　　　　　　　　　(b) 尾涡结构

图 1-18 Ortmanns 等设计的新形斜切叶片形涡流发生器[107]

2014~2015 年,埃及的 Diaa 等[108-110]设计了侧面弯曲的楔形涡流发生器,如图 1－19 所示,将其安装于平面叶栅前缘,首先研究了涡流发生器尺寸与控制效果的关系[108],发现当高度为附面层厚度的 3/10 时,总压损失系数下降 8.3%。其次将侧面弯曲的楔形涡流发生器头部加入倒圆结构[109],设计点时,加入倒圆的结构使得总压损失系数下降 20.7%,相比不加倒圆效果更佳。同时,变工况下的计算结果也证明了该涡流发生器的有效性,大部分攻角下对总压损失改善显著,但是对气流折转角和扩压系数影响不大。后来分别将两个加倒圆结构的涡流发生器和演变的叉骨形涡流发生器安装于叶片前缘[110],结果表明总压损失分别下降了 5.2% 和4.3%,但是表面摩擦系数得到了大幅度提升。

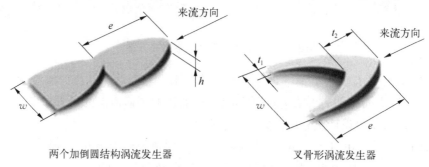

两个加倒圆结构涡流发生器　　　　　　叉骨形涡流发生器

图 1－19　Diaa 设计的新形侧面弯曲楔形涡流发生器[110]

2014~2015 年,印度的 Ruchika 展开了对三角形涡流发生器的研究(包括刀片形和楔形)。首先将涡流发生器安装于转子 37 的吸力面上[111],如图 1－20 所示,发现诱导的涡结构具有延缓流动分离的作用。其次,又将该类型的涡流发生器应用于级37 中转子叶片吸力面[112],同样发现其具有延缓流动分离,扩宽失速边界的作用。

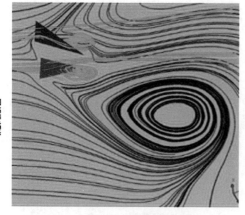

图 1－20　Ruchika 等采用的涡流发生器物理结构及诱导涡结构[112]

2015~2016 年期间,上海交通大学的滕金芳课题组将一长方体涡流发生器安装于平面叶栅叶片前缘的端壁上[114],研究结果表明在 5° 攻角时,总压损失系数下降 28.73%,但在设计点叶栅性能没有改善。空军工程大学的吴培根将一采用 NACA64－006 叶型的涡流发生器安装于平面叶栅叶片前缘的端壁上[115],发现叶栅正攻角下的气动性能显著提升,涡流发生器的尾涡结构延缓了流动的分离,通道涡被削弱。

射流涡流发生器最早在 1952 年由

Wallis[116]提出,目的是抑制激波的分离,在发现其产生的纵向涡能够有效控制流动分离后,被广泛应用于内外流的流动控制中。前期在叶轮机械内部主要安装于涡轮吸力面上,以控制流动分离。其中西北工业大学的张漫和乔渭阳[117]在低雷诺数涡轮的流动分离中,采用了稳态的大小孔射流技术,如图 1-21 所示,将射流式涡流发生器安装于叶片吸力面,并提出了大小孔排列结构,以大孔射流为主,小孔射流弥补的方法,最终涡轮流动分离得到了很好的控制,且多孔射流使得损失降低22%,射流流量相比于单孔射流降低25%。

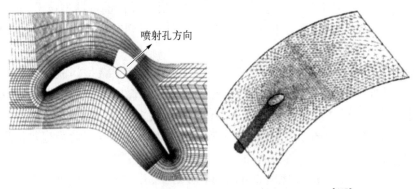

喷射孔方向

图 1-21　安装于涡轮叶片吸力面的射流涡流发生器[117]

1.3　本书的主要内容

本书对航空叶轮机多种被动流动控制技术进行了研究,包括机匣处理技术、端壁造型技术及涡流发生器技术。采用实验和数值方法,全面分析了上述三种流动控制技术对航空叶轮机性能的影响及相应的流动机制。全书共分为八章,各章的内容安排如下:

第二章分别以高亚声轴流压气机、跨声速轴流压气机为研究对象,开展了缝式机匣处理技术影响轴流压气机性能及稳定性的机制研究,缝式机匣处理类型涉及轴向倾斜缝、反叶片角向缝等结构。此外,书中还给出了缝式机匣处理的一些设计经验总结。

第三章以高亚声轴流压气机为研究对象,开展了周向槽机匣处理技术影响轴流压气机性能及稳定性的机制研究,周向槽机匣处理的几何参数涉及槽宽、槽数及中心偏移度等。此外,书中还给出了周向槽机匣处理的一些设计经验总结。

第四章主要以高亚声轴流压气机为研究对象,开展了自循环机匣处理技术影响轴流压气机性能及稳定性的机制研究,同时还单独研究了自循环机匣处理中喷气装置对高亚声、跨声速轴流压气机性能及稳定性的影响。此外,书中还给出了自循环机匣处理的一些设计及优化方法。

　　第五章分别以高亚声轴流压气机、跨声速轴流压气机为研究对象，开展了组合型机匣处理技术影响轴流压气机性能及稳定性的机制研究，研究中采取缝式机匣与自循环机匣处理的组合方式。此外，书中还给出了自循环机匣处理下，跨声速轴流压气机静叶的改型设计研究结果。

　　第六章首先发展适用于压气机的经验式端壁造型设计方法，重点探索适用于压气机中的端区流动控制方法，并在级环境下的压气机静子中借助实验验证其造型效果。此外，书中还探索了适用于压气机中的反向设计端壁造型技术，并结合一带串列静叶的跨声速高负荷级，探索了端壁造型与串列叶型技术的耦合作用与级环境下的级间干涉效应。

　　第七章首先介绍了叶栅角区失速的判定，重点研究了微型涡流发生器对高负荷压气机叶栅性能及内部流场的影响，同时还研究了微型涡流发生器与吸气槽相结合对高负荷叶栅性能的影响规律，并给出了微型涡流发生器的优化设计方法。此外，书中分别研究了微型涡流发生器、吸气槽及两者相结合对跨声速轴流压气机性能的影响。

　　第八章分别以低速、高速离心叶轮为研究对象，开展了机匣处理技术影响离心叶轮性能及稳定性的机制研究，机匣处理类型涉及周向槽机匣处理、放气型周向槽机匣处理、叶片流向槽及凹槽导流叶片式机匣处理等结构。

参考文献

[1]　陈矛章. 风扇/压气机技术发展和对今后工作的建议[J]. 航空动力学报, 2002 (1): 1 – 15.

[2]　Dickens T, Day I. The design of highly loaded axial compressors [J]. Journal of Turbomachinery, 2011, 133(3): 57 – 67.

[3]　Smith L H, Koch C C. Loss sources and magnitudes in axial-flow compressors[J]. ASME Journal of Engineering for Power, 1976, 98(2): 411 – 416.

[4]　Lyes P A, Ginder R B. Experimental evaluation of the high-to-low speed transformation process for a highly loaded core compressor stage[C]. Stockholm: ASME, 1998.

[5]　Yu Q, Li Q, Li L. The experimental researches on improving operating stability of a single-stage transonic fan[C]. Amsterdam: ASME, 2002.

[6]　Gadelhak M. Flow control: the future[J]. Journal of Aircraft, 2001, 38(3): 402 – 418.

[7]　Schmid J, Schulz A, Bauer H J. Influence of a non-axisymmetric endwall on the flow field in a turbine passage—high-resolution LDV[C]. Oslo: ASME, 2018.

[8]　Dorfner C, Hergt A, Nicke E. Advanced nonaxisymmetric endwall contouring for axial compressors by generating an aerodynamic separator—part I: principal cascade design and compressor application[J]. Journal of Turbomachinery, 2011, 133(2): 21 – 26.

[9]　Reutter O, Hemmert-Pottmann S, Hergt A, et al. Endwall contouring and fillet design for

reducing losses and homogenizing the outflow of a compressor cascade [C]. Dusseldorf: Proceeding of ASME Turbo Expo, 2014.

[10] Xue D, Chen Z H, Jiang X H, et al. Numerical investigations on the wake structures of micro-ramp and micro-vanes[J]. Fluid Dynamics Research, 2014, 46(1): 5505.

[11] Merchant A, Kerrebrock J L, Adamczyk J J, et al. Experimental investigation of a high pressure ratio aspirated fan stage[J]. Journal of Turbomachinery, 2005, 127(1): 43 – 51.

[12] Ma S, Chu W L, Zhang H G, et al. Effects of modified micro-vortex generators on aerodynamic performance in a high-load compressor cascade[J]. Proceedings of the Institution of Mechanical Engineers Part A: Journal of Power & Energy, 2019, 233(3): 309 – 323.

[13] Wang W, Chu W L, Zhang H G. Numerical investigation on the effect of a plenum chamber with slot-type casing treatment on the performance of an axial transonic compressor [J]. Proceedings of the Institution of Mechanical Engineers Part A: Journal of Power & Energy, 2015, 229(4): 393 – 405.

[14] Hah C. The inner workings of axial casing grooves in a one and a half stage axial compressor with a large rotor tip gap: changes in stall margin and efficiency[C]. Oslo: Proceeding of ASME Turbo Expo, 2018.

[15] Mao X C, Liu B, Zhao H. Numerical analysis of the circumferential grooves casing treatment in a counterrotating axial flow compressor[J]. Applied Thermal Engineering, 2018, 130: 29 – 39.

[16] Şahin F C. Experimental investigation on flow improvement in compressor cascades [J]. International Journal of Energy Research, 2016, 41: 526 – 539.

[17] Gmelin C, Liesner K, Thiele F, et al. Investigation of secondary flow suction in a high speed compressor cascade[C]. Vancouver: ASME, 2011.

[18] Bons J P, Sondergaard R, Rivir R B. Turbine separation control using pulsed vortex generator jets[J]. Journal of Turbomachinery, 2001, 123(2): 198 – 206.

[19] Volino R J, Kartuzova O, Ibrahim M B. Separation control on a very high lift low pressure turbine airfoil using pulsed vortex generator jets [J]. Journal of Turbomachinery, 2011, 133(4): 31 – 40.

[20] Bons J P, Sondergaard R, Rivir R B. The fluid dynamics of LPT blade separation control using pulsed jets[J]. Journal of Turbomachinery, 2002, 124(1): 77 – 85.

[21] Culley D E, Bright M M, Prahst P S, et al. Active flow separation control of a stator vane using embedded injection in a multistage compressor experiment [J]. Journal of Turbomachinery, 2004, 126(1): 24 – 34.

[22] Sarimurat M N, Dang T Q. An analytical model for boundary lyer control via steady blowing and its application to ACA – 65 – 410 cascade [J]. Journal of Turbomachinery, 2014, 136(6): 1 – 10.

[23] Liu H, Yu Y C, Chen H L, et al. A parametric investigation of endwall vortex generator jet on the secondary flow control for a high turning compressor cascade[J]. Journal of Thermal Science and Technology, 2017, 12(1): 1 – 12.

[24] Chen C, Yu J Y, Chen F. Effect of end-wall vortex generator jet parameters on flow control in high subsonic compressor cascade[C]. Oslo: Proceeding of ASME Turbo Expo, 2018.

［25］ Li L T, Song Y P, Chen F, et al. Flow control on bowed compressor cascades using vortex generator jet at different incidences［J］. Journal of Aerospace Engineering, 2017, 30(5): 4017028.

［26］ Li J C. Self-adaptive stability-enhancing technology with tip air injection in an axial flow compressor［J］. Journal of Turbomachinery, 2017, 139(1): 011008.

［27］ Wang W, Chu W L, Zhang H G, et al. Experimental and numerical study of tip injection in a subsonic axial flow compressor［J］. Chinese Journal of Aeronautics, 2017, 30 (3): 907 - 917.

［28］ Lemke M, Gmelin C, Thiele F. Simulations of a compressor cascade with steady secondary flow suction［J］. Numerical Fluid Mechanics and Multidisciplinary Design, 2013, 121(1): 549 - 556.

［29］ Gbadebo S A, Cumpsty N A, Hynes T P. Control of three dimensional separations in axial compressors by tailored boundary layer suction ［J］. Journal of Turbomachinery, 2008, 130(1): 125 - 128.

［30］ 吴艳辉, 楚武利, 张皓光. 轴流压气机失速初始扰动的研究进展［J］. 力学进展, 2008, 38(5): 571 - 583.

［31］ Moore F K, Greitzer E M. A theory of post-stall transients in axial compressors: part II - application［J］. ASME Journal of Engineering for Gas Turbines and Power, 1986, 108(1): 231 - 239.

［32］ Greitzer E M, Moore F K. A theory of post-stall transients in axial compressors: part I - development of the equations［J］. ASME Journal of Engineering for Gas Turbines and Power, 1986, 108(1): 68 - 76.

［33］ Emmons H W, Pearson C E, Grant H P. Compressor surge and stall propagation ［J］. Transactions of the ASME, 1955(77): 455 - 469.

［34］ McDougall N M, Cumpsty N A, Hynes T P. Stall inception in axial compressors［J］. ASME Journal of Turbomachinery, 1990, 112(1): 116 - 125.

［35］ Garnier V H, Epstein A H, Greitzer E M. Rotating waves as a stall inception indication in axial compressors［J］. ASME Journal of Turbomachinery, 1991, 113(2): 290 - 301.

［36］ Camp T R, Day I J. A study of spike and modal stall phenomena in a low-speed axial compressor［J］. ASME Journal of Turbomachinery, 1998, 120(3): 393 - 401.

［37］ Day I J. Stall inception in axial flow compressors［J］. ASME Journal of Turbomachinery, 1993, 115(1): 1 - 9.

［38］ Day I J, Freeman C. The unsteady behavior of low and high-speed compressors［J］. ASME Journal of Turbomachinery, 1994, 116(2): 216 - 225.

［39］ Wilke I, Kau H - P, Brignole G. Numerically aided design of a high-efficient casing treatment for a transonic compressor［C］. Reno: ASME Turbo Expo, 2005.

［40］ 武文倩, 胡加国, 潘天宇, 等. 叶根失速先兆触发跨声速压气机失速的机制研究［J］. 推进技术, 2017, 38(10): 2340 - 2347.

［41］ Horlock J H, Louis J F, Percival P M E, et al. Wall stall in compressor cascades［J］. Journal of Fluids Engineering, 1966, 88(3): 637 - 648.

［42］ Schulz H D, Gallus H E. Three-dimensional separated flow field in the endwall region of an annular compressor cascade in the presence of rotor-stator interaction: part I – quasi-steady flow field and comparison with steady-state data[J]. Journal of Turbomachinery, 1990, 112(4): 669 – 678.

[43] Hah C, Loellbach J. Development of hub corner stall and its influence on the performance of axial compressor blade rows[J]. Journal of Turbomachinery, 1999, 121(1): 67 – 77.

[44] Weber A, Schreiber H A, Fuchs R, et al. 3 – D transonic flow in a compressor cascade with shock-induced corner stall[J]. Journal of Turbomachinery, 2002, 124(7): 358 – 366.

[45] Gbadebo S A, Cumpsty N A, Hynes T P. Three-dimensional separations in axial compressors [J]. Journal of Turbomachinery, 2005, 127(4): 331 – 339.

[46] Gbadebo S A, Hynes T P, Cumpsty N A. Influence of surface roughness on three-dimensional separation in axial compressors[C]. Vienna: Proceeding of ASME Turbo Expo, 2004.

[47] Gbadebo S A. Three-dimensional separations in axial compressors[D]. Cambridge: University of Cambridge, 2004.

[48] Nerger D, Saathoff H, Radespial R, et al. Experimental investigation of endwall and suction side blowing in a highly loaded compressor stator cascade[C]. Glasgow: Proceeding of ASME Turbo Expo, 2010.

[49] Lewin E, Kozulovic D, Stark U. Experimental and numerical analysis of hub-corner stall in compressor cascades[C]. Glasgow: Proceeding of ASME Turbo Expo, 2010.

[50] Lakhwani C M. Effects of grooved casing treatment (for avoiding rotating stall) [R]. Cambridge: Cambridge University Department of Engineering, 1973.

[51] Fabri J, Reboux J. Effect of outer casing treatment and tip clearance on stall margin of supersonic rotation cascade[C]. Houston: ASME, 1975.

[52] 刘志伟. 关于周向槽机匣处理的若干观测[J]. 西北工业大学学报, 1985, 3(2): 206 – 217.

[53] Moss J E. Effect of slotted casing treatment on performance of a multistage compressor[R]. Washington: NASA, 1976.

[54] Moss J E. Effect of slotted casing treatment with change in reynolds number on performance of a jet engine[R]. Cleveland: NASA Lewis Research Center, 1977.

[55] Prince D C, Wisler D C, Hilvers D E. Study of casing treatment stall margin improvement phenomena[C]. Houston: ASME, 1975.

[56] Urasek D C, lewis G W, Moore R D. Effect of casing treatment on performance of an inlet stage for a transonic multistage compressor[R]. Cleveland: NASA Lewis Research Center, 1976.

[57] Cheng P, Prell M E, Greitzer E M. Effect of compressor hub treatment on stator stall margin and performance[J]. Journal of Aircraft, 1984, 21(7): 469 – 475.

[58] Johnson M C, Greitzer E M. Effect of slotted hub and casing treatment on compressor endwall flowfield[J]. ASME Journal of Turbomachinery, 1987, 109(2): 380 – 387.

[59] Smith G D. Casing treatment in an axial compressor [D]. Cambridge: University of Cambridge, 1980.

[60] Walte M O, Royce D M. Effect of casing treatment of Axial-Flow transonic fan stage with pressure ratio of 1. 75 and tip solidity of 1. 5[R]. Cleveland: NASA Lewis Research Center,

1977.

[61] Pundhir D S, Sharma P B. Effect of casing treatment on aerodynamic performance of a contra-rotating axial compressor stage[J]. Proceedings of the Institution of Mechanical Engineers, 1990, 240(1): 46 - 55.

[62] 刘志伟,张长生.缝式机匣处理研究—性能及喷射流的作用机理[R].中国航空科技文献,1988.

[63] 刘志伟,张长生.倾斜缝机匣处理轴向位置对压气机性能影响的研究[J].工程热物理学报,1987,18(1): 156 - 160.

[64] Moore R D. Effect of casing treatment on overall and blade element performance of a compressor rotor[R]. Cleveland: NASA, 1971.

[65] Wisler D C, Beacher B F. Improved compressor performance using recessed clearance (trenches) over the rotor[C]. Huntsville: AIAA, 1986.

[66] Fujita H, Takata H . A study on configurations of casing treatment for axial flow compressors [J]. Applied Physics Letters, 2008, 27(230): 1675 - 1681.

[67] Fujita H, Takata H. A study on configurations of casing treatment for axial flow compressors [J]. Bulletin of the JSME, 1984, 27(230): 1675 - 1681.

[68] Ziabasharhagh M, Mckenzie A B, Elder R L. Recess vane passive stall control[C]. Cologne: ASME, 1992.

[69] Khalid S. Practical compressor casing treatment[C]. Orlando: ASME, 1997.

[70] 朱俊强,刘志伟.四种不同型式机匣处理的实验研究及机理分析[J].航空学报,1997, 18(5): 566 - 570.

[71] 卢新根,楚武利,朱俊强,等.轴流压气机机匣处理研究进展及评述[J].力学进展,2006, 36(2): 222 - 232.

[72] Azimian A R, Elder R L, Mckenzie A B. Application of recess vaned casing treatment to axial flow fans[J]. Journal of Turbomachinery, 1987, 112(1): 145 - 150.

[73] Elder R L. Recess vane passive stall control[C]. Cologne: ASME, 1992.

[74] 杜辉,朱俊强,楚武利.凹槽叶片式机匣处理的结构尺寸优化研究[J].推进技术,1998, 19(1): 70 - 74.

[75] Kang C S, Elder R L. Recessed casing treatment effects on fan performance and flow field [C]. Houston: ASME, 1995.

[76] Akhlaghi M, Elder R L, Ramsden K W. Effects of a vane-recessed tubular-passage passive stall control technique on a multistage, low-speed, axial-flow compressor: results of the tests on the first stage with the rear stages removed[C]. Atlanta: ASME Turbo Expo 2003, 2003.

[77] Sheng C H, Remotigue M. Numerical simulations of rotor 35 with and without tip injection using an arbitrary Mach number flow solver[C]. Reno: 42nd AIAA Aerospace Sciences Meeting and Exhibit, 2004.

[78] 卢新根,楚武利,朱俊强.定常微量喷气提高轴流压气机稳定工作裕度机理探讨[J].西北工业大学学报,2007,25(1): 17 - 21.

[79] Hathaway M D. Self-recirculating casing treatment concept for enhanced compressor performance[C]. Amsterdam: ASME Turbo Expo, 2002.

[80] Iyengar V, Sankar L, Niazi S. Assessment of the self-recirculating casing treatment concept

applied to axial compressors[C]. Reno: 43rd AIAA Aerospace Sciences Meeting and Exhibit, 2005.

[81] Strazisar A J, Bright M M. Compressor stall control through endwall recirculation[C]. Vienna: ASME Turbo Expo, 2004.

[82] Morris A W H, Hoare R G. Secondary loss measurements in a cascade of turbine blades with meridional wall profiling[C]. Houston: ASME, 1975.

[83] Atkins M J. Secondary losses and end-wall profiling in a turbine cascade [J]. IMechE, 1987, 255(87): 29-42.

[84] Rose M G. Non-axisymmetric endwall profiling in the HP NGVs of an axial flow gas turbine [C]. The Hague: ASME Turbo Expo, 1994.

[85] Hartland J C, Gregory-Smith D G, Rose M G. Non-axisymmetric endwall profiling in a turbine rotor blade[C]. Stockholm: ASME, 1998.

[86] Brennan G, Harvey N W, Rose M G, et al. Improving the efficiency of the trent 500 HP turbine using non-axisymmetric end walls: part 1-turbine design [R]. New Orleans: International Gas Turbine Institute, 2001.

[87] Rose M G, Harvey N W, Seaman P, et al. Improving the efficiency of the trent 500 HP turbine using non-axisymmetric end walls: part 2-experimental validation[R]. New Orleans: International Gas Turbine Institute, 2001.

[88] Harvey N W, Brennan G, Newman D A, et al. Improving turbine efficiency using non-axisymmetric end walls: validation in the multi-row environment and with low aspect ratio blading [R]. Amsterdam: International Gas Turbine Institute, 2002.

[89] Praisner T J, Alley-Bradley E, Grover E A, et al. Application of non-axisymmetric endwall contouring to conventional and high-lift turbine airfoils [R]. Montreal: International Gas Turbine Institute, 2007.

[90] Sonoda T, HasenjGer M, Arima T, et al. Effect of endwall contouring on performance of ultra-low aspect ratio transonic turbine inlet guide vanes [R]. Montreal: International Gas Turbine Institute, 2007.

[91] Nguyen B Q, Squires K D. A simple procedure to reduce secondary flow effect in turbine nozzle guide vanes [R]. Montreal: International Gas Turbine Institute, 2007.

[92] Gustafson R, Mahmood G, Acharya S. Aerodynamic measurements in a linear turbine blade passage with three-dimensional endwall contouring [R]. Montreal: International Gas Turbine Institute, 2007.

[93] Mahmood G, Acharya S. Measured endwall flow and passage heat transfer in a linear turbine blade passage with endwall and leading edge modification [R]. Montreal: International Gas Turbine Institute, 2007

[94] Muller R, Sauer H, Vogeler K, et al. Influencing the secondary losses in compressor casecades by a leading edge bulb modification at the endwall [R]. Amsterdam: International Gas Turbine Institute, 2002.

[95] Dorfner C, Nicke E, Voss C. Axis-asymmetric profiled endwall design using Mmltiobjective optimization linked with 3d rans-flow-simulations [R]. Montreal: International Gas Turbine Institute, 2007.

［96］ Harvey N W, Offord T P. Some effects of non-axisymmetric end wall profiling on axial flow compressor aerodynamics：part Ⅱ‐multi-stage HPC CFD study［C］. Berlin：ASME Turbo Expo, 2008.

［97］ Reising S, Schiffer H P. Non-axisymmetric end wall profiling in transonic compressors：part I‐improving the static pressure recovery at off-design conditions by sequential hub and shroud end wall profiling［R］. Orlando：International Gas Turbine Institute, 2009.

［98］ Dorfner C, Hergt A, Nicke E, et al. Advanced non-axisymmetric endwall contouring for axial compressors by generating an aerodynamic separator-part Ⅰ：principal cascade design and compressor application［C］. Orlando：ASME Turbo Expo, 2009.

［99］ Hergt A, Dorfner C, Steinert W, et al. Advanced non-axisymmetric endwall contouring for axial compressors by generating an aerodynamic separator-part Ⅱ：experimental and numerical cascade investigation［C］. Orlando：ASME Turbo Expo, 2009.

［100］ Klausmeyer S M, Papadalis M, Lin J C. A flow physics study of vortex generators on a multi-element airfoil［C］. Reno：AIAA 34th Aerospace Sciences Meeting and Exhibit, 1966.

［101］ 周国兵,张于锋,齐承英. 几种翼型涡流发生器强化换热及流组性能的实验研究［J］. 天津大学学报,2003,36(6)：735‐738.

［102］ Broadley I, Garry K, Broadley I, et al. Effectiveness of vortex generator position and orientation on highly swept wings［C］. Atlanta：AIAA, 1997.

［103］ Ashill P R, Fulker J L, Hackett K C. Research at DERA on sub-boundary layer vortex generators［C］. Reno：AIAA, 2001.

［104］ 田江涛. 轴流压气机角区失速机理及其控制方法研究［D］.西安：西北工业大学,2012.

［105］ Hergt A, Meyer R, Engel K. Experimental investigation of flow control in compressor cascades［C］. Barcelona：ASME, 2006.

［106］ Hergt A, Meyer R, Muller M W, et al. Loss reduction in compressor cascades by means of passive flow control［C］. Berlin：ASME, 2008.

［107］ Ortmanns J, Pixberg C, Gummer V. Numerical investigation of vortex generators to reduce cross-passage flow phenomena in compressor stator end-walls［J］. Power and Energy, 2011, 225(7)：877‐885.

［108］ Diaa A M, El-Dosoky M F, Abdel-Hafez O E, et al. Second flow control on axial flow compressor cascade using vortex generators［C］. Montreal：ASME, 2014.

［109］ Diaa A M, El-Dosoky M F, Ahmed M A, et al. Effect of a new vortex generator on the performance of an axial compressor cascade at design and off-design conditions［C］. Houston：ASME, 2015.

［110］ Diaa M A, El-Dosoky M F, Ahmed M A, et al. Boundary layer control of an axial compressor cascade using nonconventional vortex generators［C］. Houston：ASME, 2015.

［111］ Agarwal R, Dhamarla A, Narayanan S R, et al. Numerical investigation on the effect of vortex generator on axial compressor performance［R］. Dusseldorf：ASME, 2014.

［112］ Agarwal R, Narayanan S R, Goswami S N, et al. Numerical analysis on axial compressor stage performance with vortex generators［R］. Montreal：ASME, 2015.

［113］ Kumar R A, Shobhavathy M T, Ajith K R. CFD analysis to investigate the effect of vortex generators on a transonic axial flow compressor stage［C］. Hyderabad：ASME, 2015.

［114］ Zheng T, Qiang X, Teng J, et al. Application of humpback whale flippers in an annular compressor cascade ［C］. Seoul：ASME, 2016.

［115］ 吴培根,王如根,郭飞飞,等. 涡流发生器对高负荷扩压叶栅性能影响的机理分析［J］. 推进技术,2016,37(1)：49－56.

［116］ Wallis R A. The use of air jets for boundary layer control［R］. Australia：Aeronautical Research Labs Melbourne, 1952.

［117］ 张漫,乔渭阳.射流式旋涡发生器对涡轮流动分离控制［J］.航空动力学报,2008,29(1)：67－74.

第二章
轴流压气机缝式机匣处理扩稳技术

本章首先介绍缝式机匣处理目前的一些研究进展,然后主要以西北工业大学高亚声轴流压气机转子为研究对象,采用试验与数值模拟方法对轴向倾斜缝机匣处理、叶片角向缝机匣处理、反叶片角向缝机匣处理进行了研究,揭示了不同缝式机匣处理对高亚声轴流压气机性能的影响及相应的扩稳机制,此外,还针对角向缝机匣处理,开展了系统性的参数优化数值研究,以期揭示不同角向缝设计参数对压气机稳定性和性能的影响规律。最后本章还以 NASA Rotor 35 为研究对象,针对反叶片角向缝机匣处理,开展了系统性的参数优化数值研究,以期揭示不同反叶片角向缝设计参数对压气机稳定性和性能的影响规律,进一步丰富缝式机匣处理设计准则。

2.1 缝式机匣处理研究进展

"机匣机匣"结构能够改善压气机稳定性最早是在美国国家航空航天局(National Aeronautics and Space Administration, NASA)的一次实验过程中偶然发现的[1],之后"机匣处理"这一概念被提出,并得到广泛的研究。经过长期的研究与发展,机匣处理的结构形式主要可分为两大类,一类是"槽式"机匣,其特点是开槽的方向沿着转子圆周方向,通常被称为周向槽,它可以基本不降低压气机的原有效率而获得 10% 以内的稳定裕度改进[2-4];另一类是"缝式"机匣,其特点是开缝的方向主要沿着轴向或与轴向呈一定夹角,常见的有轴向缝、轴向倾斜缝、叶片角向缝、反叶片角向缝和折线缝等;缝式机匣处理具有较强的扩稳能力,一般能够获得 20% 及以上的稳定裕度改进,但同时也伴随着较大的效率损失。

由于"缝式"机匣处理优秀的扩稳能力,研究者们对缝式机匣处理开展了很多研究。最早关于缝式机匣处理的研究是由 NASA[5,6] 开展进行的,他们对不同类型的机匣处理进行了试验研究并比较了它们的扩稳能力,其中包括缝式机匣处理;研究结果指出缝式机匣处理扩稳能力要强于周向槽等其他机匣处理,但是对于缝式机匣处理扩稳的内在机制并没有充分地揭示。1975 年,Takata 等[7,8] 在某低速轴流压气机上开展了缝式机匣处理的试验研究,并试图揭示缝式机匣扩稳的内在机制,他们认为缝内形成的高速喷射流与主流之间的动量交换在扩稳过程中扮演了重要的角色。1976 年,Moss[9,10]在对缝式机匣处理的试验研究中发现,沿转子旋转方向径向倾斜的缝能获得更高的稳定裕度提升,而沿转子旋转反方向径向倾斜的缝将降低压气机的稳定裕度。1984 年,Fujita 等[11]对一系列的缝式机匣处理开展了试验研究,以期得到在提高压气机稳定裕度的同时,效率损失较小的缝式机匣处理结构。1990 年,Pundhir 等[12]在某一对转轴流压气机级上开展了轴向缝、轴向倾斜缝和轴向槽的试验研究,结果表示压气机的稳定裕度和效率均能得到一定的提升。1985 年,国内的刘志伟等[13,14]也开展了关于缝式机匣处理的试验研究,对不同的缝式机匣处理类型(如轴向缝、轴向倾斜缝和叶片角向缝等)及不同的缝结构参数(如轴向位置、径向倾斜角等)均开展了试验研究,试验件相片如图 2-1 所示。

(a) 轴向缝　　　　　(b) 轴向倾斜缝　　　　　(c) 叶片角向缝

图 2-1　三种缝式机匣处理结构相片

　　早期关于缝式机匣处理的研究基本是采用试验手段开展的,近年来,随着计算机技术和计算流体动力学(Computational Fluid Dynamics, CFD)技术的发展,数值模拟计算被广泛运用于缝式机匣处理研究中。结合试验与数值模拟计算手段,能更全面地、更深入地揭示缝式机匣处理对压气机稳定性和性能的影响及其内在的流动机制。下面从不同缝结构类型的角度进一步回顾了缝式机匣处理的研究现状。

　　对于轴向缝,其主要特征是开缝方向沿轴向且在径向没有倾斜。Wike 等[15-17]在某跨声速轴流压气机上对轴向缝开展了定常数值模拟研究,研究结果表明在80% 设计转速下,轴向缝能够降低 6.5% 的失速流量,但同时效率降低了 5%;其内在机制是轴向缝抑制或削弱了叶顶间隙泄漏的卷起。之后,他们利用非定常数值模拟研究了两个具有不同轴向位置的轴向缝对压气机稳定性和效率的影响,研究结果显示两种轴向缝均能获得相当的稳定裕度改进,但轴向位置前移的轴向缝降低了对压气机效率的负面影响。随后,他们为 NASA 跨声速转子 37 设计了一个适合的轴向缝机匣处理,并获得了不错的效果。Streit 等[18]利用非定常数值模拟研究了轴向缝对重新设计的转子(减少了叶片数)稳定性和性能影响,结果表明轴向缝能够补偿了转子叶片数减少带来的失速裕度和效率降低,并且效率有0.7%的提升潜力。Goinis等[19]利用非定常数值模拟方法,以效率和稳定裕度提升为目标,对轴向缝机匣处理进行了优化设计研究,得到了一种最优轴向缝机匣处理结构。研究结果指出能有效提高压气机稳定裕度的缝式机匣应具有以下特征:轴向位置靠近前缘、缝的安装角与叶片安装角相反、缝沿径向倾斜;并且缝的开口面积和形状决定了扩稳作用的有效性。Inzenhofer等[20]在1.5级跨声速轴流压气机上对叶顶喷气和轴向缝开展了非定常数值研究,研究结果表明缝内形成的循环流动能较好地抑制叶顶间隙泄漏涡及其导致的叶顶堵塞,这是缝式机匣扩稳的主要内在流动机制。

对于轴向倾斜缝,其主要特征是开缝方向沿轴向且沿径向倾斜。Danner等[21]在某单级跨声速轴流压气机上对轴向倾斜缝进行了试验和非定常数值研究,研究结果表明轴向倾斜缝能明显拓宽压气机的稳定工作范围,并提高了总压比和设计点的效率。Brandstetter等[22]在某单级跨声速压气机上利用粒子图像测速(particle image velocimetry, PIV)测量技术试验研究了轴向倾斜缝,研究结果表明轴向倾斜缝能够通过减小堵塞区的面积并推迟堵塞区的发展,进而拓宽压气机的稳定工作范围。Djeghri等[23]采用定常及非定常数值方法研究了轴向倾斜缝的几何参数对亚声速混流转子稳定裕度和峰值效率的影响。研究结果表明,对稳定裕度和峰值效率影响最大的几何设计参数为:开口面积比、径向倾斜角、轴向长度和轴向位置;而缝的深度和缝的形状对转子性能的影响有限。Brignole等[24]将四种不同的轴向倾斜缝应用于跨声速轴流压气机,并进行了数值模拟及试验验证,结果表明应用轴向倾斜缝后压气机的工作范围、设计点的效率和总压力均有提高。樊琳等[25,26]采用试验和非定常数值方法在某跨声速轴流压气机转子上研究了轴向倾斜缝,结果表明轴向倾斜缝使得压气机的失速裕度有所提升,但效率有所下降。同样地,张皓光等[27]对轴向倾斜缝的试验和数值研究显示轴向倾斜缝能够有效提高压气机稳定裕度,但降低了压气机的效率;他们认为缝中形成的回流能够抽吸移除叶顶的低能流体,从而达到了推迟压气机失速的目的。杜辉等[28]利用定常数值方法研究了轴向倾斜缝对某一跨声速压气机稳定性和性能的影响。结果显示,轴向倾斜缝不仅能够提高压气机稳定性,还能对峰值效率略有提高。

对于叶片角向缝和反叶片角向缝,其主要特征是开缝方向与轴向呈一定角度。Emmrich等[29,30]在某亚声速压气机级上开展的试验和数值研究中发现,在设计工况时叶片角向缝能够获得50%的失速裕度提升,但也导致了1.4%的效率损失;其扩稳的内在机制是因为缝能够消除近机匣区域的分离区。Moore等[2]和Osborn等[5]在对缝式机匣处理的试验研究中发现叶片角向缝的扩稳能力要比轴向缝或轴向倾斜缝差,但是叶片角向缝造成的效率损失要低于轴向缝或轴向倾斜缝。然而,Donald[31]对叶片角向缝的试验研究指出叶片角向缝的扩稳能力与轴向倾斜缝相同,但采用叶片角向缝的压气机转子性能要低于采用轴向倾斜缝的压气机性能。朱俊强等[32]在亚声速轴流压气机上试验研究了缝式机匣处理,结果表明轴向倾斜缝的扩稳效果要比叶片角向缝好,而且带背腔的叶片角向缝扩稳效果要比无背腔的叶片角向缝更好。卢家玲等[33]在某高负荷跨声速风扇级上进行了缝式机匣处理的数值研究,结果指出叶片角向缝的扩稳能力要低于轴向缝的扩稳能力,并总结了最佳的缝轴向位置和倾斜角。张皓光等[34,35]对叶片角向缝进行了结构优化,数值计算结果显示优化后的叶片角向缝可以获得50%左右的稳定裕度提升,并且稍微提升峰值效率。旷海洋等[36]对不同轴向偏转角的缝式机匣开展了试验和数值研究,结果表明反叶片角向缝的扩稳效果最好,但其造成的效率损失要大于周向槽和叶片角向缝的效率损失。同时,张皓光等[37]在亚声速轴流压气机上开展了反叶片角向缝的数值研究,数值结果显示反叶片角向缝可以获得30%左右的失速裕度改进量,但对效率的损失较大;将反叶片角向缝前移后,造成的效率损失得到降低,但同时也降低了失速裕度改进量。

对于折线缝,其主要特征是部分开缝方向沿轴向和与轴向呈一定角度。楚武利等[38]为降低缝式机匣处理对效率的负面影响,在传统机匣处理的基础上,设计了一种新型的折线倾斜缝式机匣处理,并在亚声速轴流压气机上开展了一系列的试验研究,机匣处理结构如图2-2所示。研究结果表明,折线缝不仅可以提高压气机的稳定裕度,而且可以使效率有所提高。卢新根等[39]通过试验和数值模拟手段研究了折线倾斜缝提高亚声速轴流压气机失速裕度的内在流动机制。Voges等[40]在某跨声速轴流压气机转子上运用PIV测量技术研究了折线缝机匣处理对叶顶流场的影响,并分析了折线缝对压气机性能和稳定性的影响。Alone等[41-43]在某跨声轴流压气机上对折线缝开展了一系列的参数化研究,如折线缝的轴向位置、开缝面积比和背腔容积;其研究结果为折线缝的优化设计提供了理论依据。结合径向倾斜缝和叶片角向缝的结构特点,李玲等[44]设计了一种圆弧斜槽机匣处理结构,在单级跨声速风扇进行试验测试后表明,圆弧斜槽机匣处理能使风扇的失速

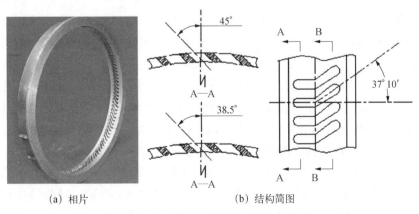

(a) 相片　　　　　　　(b) 结构简图

图2-2　折线倾斜缝机匣处理结构

裕度提高 20% 以上,同时使得风扇的峰值效率提高 1%~2%。

通过以上对缝式机匣处理研究现状的回顾可以发现,研究者们针对缝式机匣处理已经开展了大量研究,研究方向主要集中在两个方面:一是对缝式机匣处理的扩稳能力进行试验和数值研究,并试图揭示缝式机匣处理扩稳的内在流动机制;二是对缝式机匣处理的几何设计参数开展参数化研究,以揭示缝式机匣处理的设计规律并积累设计经验。但是,现有的缝式机匣处理研究大多基于轴向缝和轴向倾斜缝,对叶片角向缝和反叶片角向缝的相关研究较少。

2.2　单级轴流压气机实验装置简介

课题组在西北工业大学单级轴流压气机实验台上开展了各种缝式机匣处理对压气机性能影响的实验研究。

2.2.1　单级轴流压气机实验台简介

单级轴流压气机实验台的结构如图 2-3 所示。压气机实验台主要由直流电动机、增速器、扭力测功仪、进气段、试验段、排气段和堵锥式节气门七部分组成。

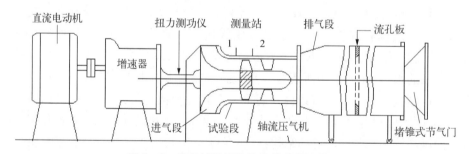

图 2-3　单级轴流压气机实验台结构简图

动力是一台 350 kW 的直流电动机,其额定转速为 1 250 r/min,能实现无级调速。电动机的转动轴连接到传动比为 12.15 的增速器上,并连同扭力测功仪一起带动转子转动,压气机转子的最高工作转速可达 15 200 r/min。气流经过进气罩沿径向吸入通道,并经过进气装置的转折变成沿轴向的流动,经过实验段的转子和静子压缩后流入排气段。在排气段的中部装有测量流量的孔板式流量计,尾部装有堵锥式节气门装置,用于改变压气机的节流程度。排气段可以与实验段分离,便于快速地更换试件和安装测针。实验段和排气段的结构和尺寸均可根据需要进行灵活地调整。每改变一次来流速度,都需调整三孔探针,使其对准气流方向(即 $p_1 = p_3$),然后测出总压 p^*。

单级轴流压气机孤立转子的主要设计参数如表 2-1 所示。试验转子是一个沿叶高按变功变熵设计的亚声速转子,其内壁的直径,在进口和出口处均相等。经试验判明该转子首先在叶尖部位发生旋转失速,并同时波及整个环面。在级间轴向间隙大于 3.5 倍转子弦长时,出现的是双团全叶高旋转失速形态。当相对转速超过 0.71 时,才出现含有振荡频率为 4 Hz 的喘振和旋转失速兼有的混合不稳定形态。试验过程中将静子叶排后移至离转子叶片尾缘约 5.7 倍的动叶轴向弦长处,作为整流叶片使用,仅对孤立转子进行研究。

表 2-1　压气机转子设计条件下的主要几何与性能参数

名　　称	转 子 参 数
设计流量/(kg/s)	5.6
设计等熵绝热效率	0.905
设计总压比	1.245
最大工作转速/(r/min)	15 200
叶尖相对马赫数	0.78
轮毂比	0.61
叶片数	30
叶片展弦比	1.94

2.2.2　参数测量系统简介

为了获得转子的总压比及效率,在实验中必须测量压力、温度、流动方向、扭矩以及转速等参数。实验过程中气流总压、静压和流动方向是在相应截面上测量而得,压气机转子的扭矩和转速等参数通过仪器录取。试验中所有数据采集、实时处理、记录和测量设备控制均通过计算机完成。

在实验研究中,使用两组三孔压力探针测量转子进出口总压、静压及气流角等,两组三孔压力探针分别安装于单级轴流压气机实验台转子叶片的进、出口截面上,与图 2-3 中的测量站 1 和 2 相对应。图 2-4 为三孔压力探针的轴向和周向安装位置示意图,转子前的探针离转子叶片前缘约 1/2 轴向弦长,转子后的探针离转子叶片尾缘约 2/5 轴向弦长,探针可以沿径向方向上下移动。探针的头部结构如图 2-5 所示,在每个三孔测头位置沿径向偏离 1.6 mm 的地方布置有一个热电偶,在总压孔上方 3 mm 处有一静压孔。试验过程中,探针安装在坐标架上,探针的气动零点与坐标架的原点重合,各基元截面上的总压、静压和气流角均采用对向测量方法而得。为确保三孔压力探针测量的可靠性,于测量前在同一亚声速风洞中校准每个三孔针的测量特性。

每支探针可以同时测量一个基元截面上的总压、静压、气流方向角。在试验过程中,对于每一个试验工况,通过不断调整探针的径向位置依次测量同一工况下 7

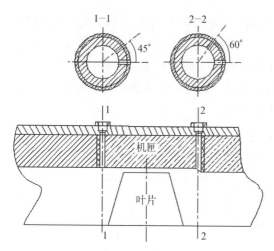

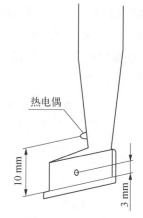

图 2-4　三孔探针的轴向和周向安装示意图　　图 2-5　三孔探针的探头结构示意图

个不同径向基元截面上的气动参数,最后通过算术平均 7 个基元面上的数据得到孤立转子的总性能。

1. 压力参数测量

实验时需采集的压力参数包括大气压力、压气机各截面上沿叶高方向的压力分布、流孔板前后压力。其中除大气压力用水银压力计测量外,其他压力参数均由计算机自动采集,包括转子前、后测量截面上沿叶高方向变化 7 个位置的压力分布、孔板流量计前后的压力。转子前、后截面的压力信号用前面提到的三孔压力探针感受完成,利用三孔探针感受的压力信号和孔板流量计前后的压力信号借助 Esterline 公司的电子式压力扫描阀采集(图 2-6)。该设备共配备三个采集模块,最高可同时测量 48 组压力信号。

图 2-6　48 路压力扫描阀

2. 温度参数测量

大气温度由水银温度计测量。

由于压气机的温升较小,采用温度计算压气机效率会产生较大的误差,因此采用扭矩计算压气机的效率。试验中通过扭力测功仪同步测量扭矩和物理转速,与孔板流量计测得的流量进行迭代计算压气机的效率。

3. 其他参数的采集

压气机转子的转速和扭矩均由四川诚邦公司制造的 NC-2A 扭矩仪测得,测量精度分别为±0.1%、±0.5%。测量结果直接显示在测量仪的显示面板上,同时通过串口连接将测量结果输入到工控计算机。通过压气机的流量用孔板流量计测量,流孔板的直径为 318.5 mm,安装在排气管道的中后部,测量精度为±1.0%。

2.3 轴向倾斜缝的中心偏移度对压气机性能的影响

目前的研究表明轴向倾斜缝的轴向覆盖率对压气机的稳定性和效率有重要影响。周小勇[45]通过非定常数值模拟研究半圆弧形轴向倾斜缝的轴向叠合量对跨声压气机性能的影响,结论显示: 0.8 的轴向叠合量能获得最大的失速裕度改进量,0.5 的轴向叠合量的峰值效率损失最小。Wilke 等[15,17]以 NASA Rotor 37 为研究对象,通过数值模拟研究半圆形缝式机匣处理对压气机性能和流场的影响,结果显示:轴向覆盖率为 0.5 的缝比轴向覆盖率为 0.25 的缝的扩稳效果好。Emmrich 等[29,30]通过实验和非定常数值模拟的方法,以高亚声速轴流压气机级为研究对象,研究轴向倾斜缝对压气机效率的影响,结果表明:轴向覆盖率为 0.38 的轴向倾斜缝的峰值效率损失最小。Danner 等[21]通过实验研究三种轴向覆盖率的半圆形缝式机匣处理对单级轴流跨声速压气机的影响,结果显示:最小的轴向覆盖率的缝的扩稳效果最好。

相对于轴向覆盖率,中心偏移度(Cod)是更合适的参数用来描述缝和叶顶截面的相对位置。一些研究结果显示中心偏移度较大的轴向倾斜缝的扩稳效果更好,而其他的一些研究却得到了相反的结论。另外,本书研究了轴向倾斜缝沿上游移动到与叶顶无重叠的位置以及轴向倾斜缝向下游移动的位置,这在其他国内外研究中很少涉及。为此,本节研究了轴向倾斜缝的中心偏移度对西北工业大学单级轴流压气机转子性能和稳定性的影响,并通过对内部流场的分析阐述不同中心偏移度下的影响机制。

2.3.1 轴向倾斜缝机匣处理结构

5 种缝式机匣处理的详细几何参数列举在表 2-2 中,径向偏转角以沿转子旋转方向为正,中心偏移度定义为转子叶顶截面和缝的中心距离与叶顶轴向弦长之比,当缝向上游偏移时，中心偏移度为正。SL5 是在 SL2 基础上仅将缝数减少为原来的一半。Exp、Cal 分别代表实验、数值计算。图 2-7 给出了轴向倾斜缝的结构示意图。

表 2-2 机匣处理设计参数

	SL1_Exp	SL2_Exp	SL3_Exp	SL4_Exp	SL5_Cal
缝数	183	183	183	183	90
缝片宽/mm	1.73	1.73	1.73	1.73	7.06
缝宽/mm	3.46	3.46	3.46	3.46	3.46
缝深/mm	11	11	11	11	11
轴向偏转角/(°)	0	0	0	0	0
径向偏转角/(°)	60	60	60	60	60
中心偏移度	0	0.608	1.16	−0.36	0.608
缝轴向长度/mm	24	24	24	24	24

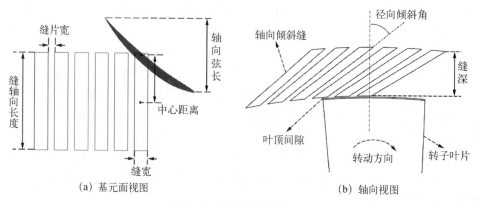

(a) 基元面视图　　　　　　　(b) 轴向视图

图 2-7 轴向倾斜缝的结构

2.3.2 数值计算方法简介

采用 NUMECA_FINE/Turbo 软件包对压气机进行单通道非定常数值模拟。使用 Autogrid5 进行网格划分，叶片通道采用 O 型网格，叶顶间隙采用蝶形网格，缝式机匣处理、进口延伸段和出口延伸段采用 H 型网格，具体的网格节点分布在表 2-3 中列出。叶片表面、轮毂和机匣内表面附近网格进行加密处理，以保证近壁面处 $y^+ <10$，单通道网格分布如图 2-8 所示。为了满足非定常计算中区域约化的要求，SL1、SL2、SL3、SL4 的缝数在数值计算中设置为 180，因此，数值计算中叶片数和缝数的比例是 1∶6。实壁机匣和缝式机匣的单通道网格总数分别为 88 万和 119 万。缝式机匣处理与机匣相接触的截面和机匣形成完全非匹配连接，以保证流场数据的传递。

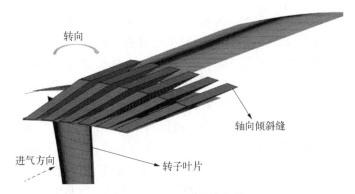

图 2-8　单通道网格拓扑

表 2-3　数值模拟网格拓扑

		周　向		径　向	轴　向
主通道	O	25		69	233
叶顶间隙	Butterfly	O	9	13	233
		H	17	13	121
缝	H	17		57	37
进口段	H	41		53	49
出口段	H	57		69	33

数值计算时采用 k-ε 湍流模型对三维雷诺时均 Navier-Stokes 方程在相对坐标系下求解,空间离散格式采用二阶迎风的 TVD 格式,定常计算的时间离散格式采用当地时间步长格式,非定常计算的时间离散格式采用隐式双时间步长格式,单通道非定常计算的物理时间步和虚拟时间步均设置为 20,收敛解的判断准则是要经过至少 6 个旋转周期才能判断解的收敛性,每个非定常算例以相同背压的定常计算结果或相邻背压的非定常计算结果为初场。

在整个计算域内,进气延伸段和缝式机匣处理设置为静止块,转子域和出口延伸段设置为旋转块,定常计算时转静交界面采用完全非匹配冻结转子法,非定常计算时转静交界面采用区域缩放法。

数值模拟中进口气体的绝对总温和绝对总压分别为 288.15 K、101 325 Pa;出口边界条件给定平均静压,计算时通过改变出口平均静压获得压气机总性能曲线;固体壁面采用绝热无滑移边界条件。

2.3.3　结果与分析

试验及数值计算均在 10 765 r/min 换算转速下进行,其相对转速为 0.71。

1. 总性能分析

图 2-9 给出了在 71% 设计转速下实壁机匣和 4 种缝式机匣处理的实验和数

值计算的总性能曲线。图中 SW 代表实壁机匣，SL1～SL5 分别代表 5 种轴向倾斜缝式机匣处理，Exp 代表实验值，Cal 代表非定常数值计算值。由于 SL3 和 SL4 的扩稳能力比其他轴向倾斜缝低，因此 SL3 和 SL4 在实验和数值模拟中只给出了近失速工况下的性能。实验和数值结果均显示：在实壁机匣工作流量范围内时，实壁机匣的总压比比 SL1、SL2 和 SL3 高；而且在整个流量范围内，SL2 的总压比均比 SL1 高，SL4 的总压比和 SL1 几乎相等。通过图 2-9(a) 中的实验和计算值的对比分析可知，数值模拟结果可以很好地预测实验总压比性能的变化趋势。

实验和计算结果均显示除 SL3 外其他轴向倾斜缝都拓宽了转子稳定工作范围，但是效率相对于实壁机匣均下降，其中 SL1 的下降幅度最大。当轴向倾斜缝向上游偏移时，能够在相对较低的效率损失下实现扩稳。图 2-9(b) 中的实验和计算

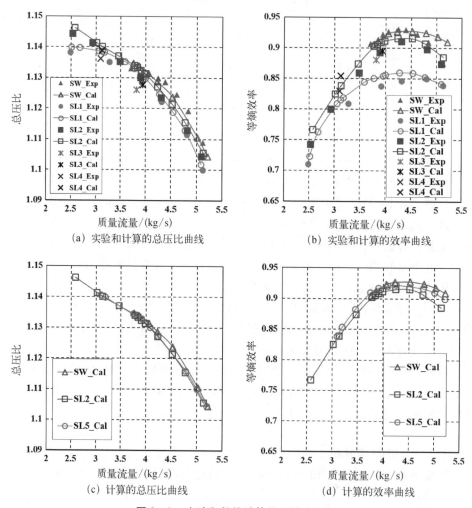

（a）实验和计算的总压比曲线　　（b）实验和计算的效率曲线

（c）计算的总压比曲线　　（d）计算的效率曲线

图 2-9　实验和数值计算的总性能曲线

值对比分析可知,数值模拟结果可以很好地预测实验效率性能的变化趋势。另外,综合考虑到扩稳效果和效率损失,将 SL2 的缝数由 180 减少到 90,设计出新的轴向倾斜缝 SL5。图 2-9(c)中的计算结果显示:SL5 的总压比和 SL2 的总压比几乎相等;图 2-9(d)显示 SL5 的效率比 SL2 的效率大,但 SL5 的扩稳能力只是 SL2 的一半。

为了定量评估轴向倾斜缝对于转子性能和稳定性的影响,表 2-4 列出了实壁机匣和 5 种缝式机匣的失速裕度改进量(SMI)和峰值效率损失(PEL)。SMI 和 PEL 的表达式如下:

$$ \text{SMI} = \left[\left(\frac{\pi_{SL}^*}{\pi_{SW}^*} \right)_{NS} \cdot \left(\frac{m_{SW}}{m_{SL}} \right)_{NS} - 1 \right] \times 100\% \qquad (2-1) $$

$$ \text{PEL} = \left[1 - \frac{(\eta_p^*)_{SL}}{(\eta_p^*)_{SW}} \right] \times 100\% \qquad (2-2) $$

式中,π^*、m、η_p^* 和分别代表总压比、换算质量流量、峰值效率,下标 SW、SL、NS 分别代表实壁机匣、缝式机匣、近失速工况。表 2-4 中实验和计算结果显示:在五种轴向倾斜缝中,SL1 能够产生最大的 SMI 同时 PEL 也最大,SL3 产生的 SMI 最小;数值模拟能很好地预测不同轴向倾斜缝的 SMI 和 PEL 的实验值变化趋势。对比分析显示:中心偏移度对转子的效率和稳定性有重要的影响,对于亚声速轴流转子,在轴向倾斜缝的设计中不推荐采用负的中心偏移度;SL2 和 SL5 对比发现:缝数对 SMI 和 PEL 有重要的影响,同时缝数是扩稳能力和效率损失折中考虑的一个关键参数。

表 2-4 不同机匣的 SMI 和 PEL

	SMI/Exp	SMI/Cal	PEL/Exp	PEL/Cal
SW	0	0	0	0
SL1	50%	49.87%	8.67%	7.27%
SL2	48.5%	47.16%	2.12%	1.25%
SL3	-3.41%	-5.35%	—	—
SL4	20.1%	20.51%	—	—
SL5	—	22.28%	—	0.485%

2. 实壁机匣和无重叠正中心偏移度的轴向倾斜缝的流场对比分析

根据之前的分析,中心偏移度为 1.16 的缝式机匣处理(SL3)使压气机相比于实壁机匣近失速流量增大,近失速工况下压比和效率均有明显下降,稳定性降低,即 SL3 对压气机的总性能和稳定性都产生了负面影响，因此本节通过对 SL3 和 SW 的内部流场对比分析，探究中心偏移度过大对压气机稳定性和总性能的影响机制。本节的 SW 和 SL3 的所有流场均处于同一流量下工作，即 SL3 近失速流量，此流量为 4.012 kg/s。

　　图 2-10 为某一时刻下实壁机匣和 SL3 在转子 99%叶高截面的相对速度矢量的瞬时分布，图中的数字为当地相对速度的数值，黑色矩形框代表缝的开口截面在机匣上的位置。图 2-10(a)显示实壁机匣时，转子叶尖通道流体可以顺利流过通道，流体的流动方向几乎与转子通道的流通方向一致，无回流区；两图对比分析可知实壁机匣叶顶通道中的大部分区域的相对速度值要比 SL3 中的高，应用 SL3 缝式机匣处理后，叶顶通道中部出现大面积回流区，来流无法顺利通过叶顶通道，因此一个明显的堵塞出现在叶顶通道中。

　　根据之前的研究[46]结果显示：叶顶间隙泄漏流引发的叶顶通道堵塞是实壁机匣下该转子失速的诱因。为了揭示 SL3 叶顶通道回流区出现的原因，图 2-11 给出了某一时刻下实壁机匣和 SL3 的间隙泄漏流流线的瞬时分布。对比分析结果显示：实壁机匣的大部分间隙泄漏流的流速比 SL3 的高。应用 SL3 缝式机匣处理后，间隙泄漏流出现了明显的低速流线区，低速区的位置和图 2-10(b)中回流区的位置一致，这说明 SL3 叶顶通道的回流区是由低速的间隙泄漏流引发；而且 SL3

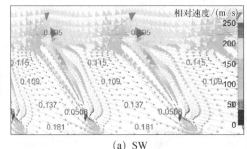

(a) SW

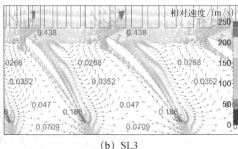

(b) SL3

图 2-10　99%叶高相对流动参数分布

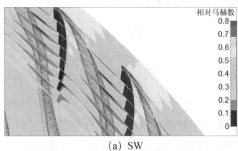

(a) SW

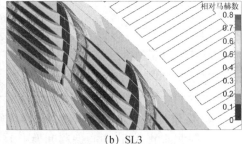

(b) SL3

图 2-11　泄漏流流线图

的间隙泄漏流的周向传播范围比实壁机匣的大,因此 SL3 的叶顶通道中出现了前缘溢流,前缘溢流会阻碍来流进入叶顶通道。图 2-10 和图 2-11 的分析说明叶顶间隙泄漏流对转子的失速有重要影响,SL3 缝内流体与主流的干涉出现在叶顶前缘之前,这对叶顶间隙泄漏流的发展很不利,因此 SL3 可以使转子提前失速。

图 2-12 给出了实壁机匣和 SL3 叶片进口处无量纲绝对轴向速度沿叶展方向的分布,其中无量纲绝对轴向速度是周向平均的绝对轴向速度与转子进口截面平均轴向速度的比值,转子进口截面设置在 SL3 右壁面和叶片前缘之间。图 2-12结果显示:在 60%~100%叶展下,实壁机匣的进口轴向速度比 SL3 大。对比分析可知:由于 SL3 的作用使叶顶的来流受到缝产生的流动的影响,这会使叶顶区域来流的绝对轴向速度减小,因此给间隙泄漏流的发展带来了不利的影响,最终由叶顶泄漏流导致的回流区提前出现。

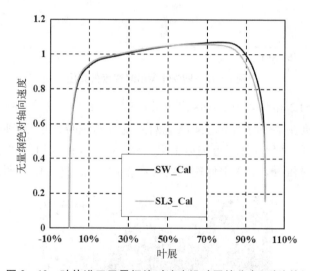

图 2-12 叶片进口无量纲绝对速度沿叶展的分布(时均值)

3. 多种轴向倾斜缝的流场对比分析

图 2-13 给出了三种不同中心偏移度的轴向倾斜缝在某一时刻 99%叶高下的相对速度矢量的瞬时分布,图中给出了缝在机匣上的位置,三种不同机匣对应的压气机流量约为 3.114 kg/s,SL4 处于近失速工况。对于 SL2 和 SL4,叶顶通道中有低速区的存在,但 SL4 中的低速区比 SL2 中的低速区更靠近相邻叶片的压力面。很明显可以看出 SL4 中的流动方向朝着相邻叶片的压力面,并且在前缘附近出现反流。SL2 中来流可以顺利进入叶片通道,尽管叶片通道下游出现低速区,但是低速区并未完全堵塞通道出口。SL1 的叶顶通道中没有低速区。另外对比分析 SL1和 SL2,结果显示:SL2 中来流比 SL1 的更容易进入叶顶通道,SL1 中气流比 SL2 中更容易流出通道。

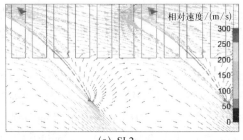

(a) SL2

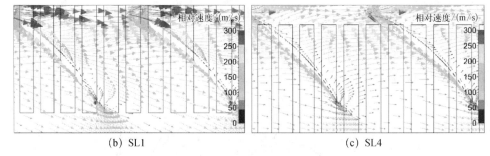

(b) SL1   (c) SL4

图 2‑13   99%叶高相对速度矢量图

为了揭示 SL2 和 SL4 中低速区出现的原因,图 2‑14 给出了三种不同中心偏移度的缝式机匣在某一时刻下的间隙泄漏流流线的瞬时分布,三种缝式机匣工作在同一流量下,此时 SL4 处于近失速工况。SL2 和 SL4 的通道的后半部分,低速泄漏流的分布范围和图 2‑13 中低速区的分布范围一致,这可以说明是低速的泄漏

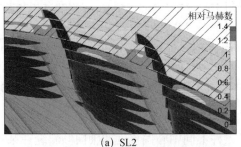

(a) SL2

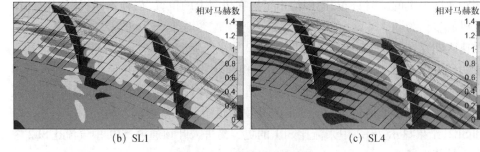

(b) SL1   (c) SL4

图 2‑14   间隙泄漏流流线

流流线导致了 SL2 和 SL4 叶顶通道中的低速区的出现。另外,SL4 中的间隙泄漏流的传播范围比 SL1 和 SL2 的范围大得多,在 SL4 中前缘溢流即将出现。即使 SL1 和 SL2 的间隙泄漏流的传播范围一致,但是 SL2 中的部分流线被缝式机匣处理吸除,而这种抑制间隙泄漏流的现象没有出现在 SL1 中。三种不同中心偏移度的轴向倾斜缝内均存在明显的抽吸和喷射流,由于 SL4 的前缘没有被缝式机匣处理覆盖,因此缝内形成的喷射流不能作用在前缘附近发出的间隙泄漏流,间隙泄漏流的发展没有被限制,最终导致了转子失速。由于叶顶截面的后半部分没有被缝式机匣处理覆盖,缝内形成的抽吸流不能作用在尾缘附近发出的间隙泄漏流,因此 SL2 中的低速区出现在叶顶吸力面尾缘附近。SL2 仅受缝内抽吸流影响,SL4 仅受缝内喷射流影响,而表 2 - 4 中显示 SL2 的 SMI 比 SL4 的高,这说明针对亚声速轴流转子使用轴向倾斜缝,抽吸流比喷射流更容易扩稳。至于 SL1,前缘附近发出的泄漏流被缝内形成的喷射流作用,尾缘附近发出的间隙泄漏流被缝内形成的抽吸流作用,因此间隙泄漏流被抑制的效果最好。

图 2 - 15 给出了某一时刻实壁机匣、SL1、SL2 和 SL5 沿子午面周向平均的熵和流线的瞬时分布,所有机匣工作在流量为 4.214 kg/s 的工况,此时实壁机匣处于峰值效率工况。对比分析结果显示:实壁机匣的高熵增范围在四种机匣中最小。通常情况下,机匣处理必然伴随着峰值效率损失,缝内形成的流动必定会与主流形成干涉,但 SL1 的回流中心在四种机匣中距离主流最近,同时 SL1 的缝完全覆盖叶顶截面,因此,SL1 对主流的干涉范围最大,相应的流动损失也最大。进一步分析

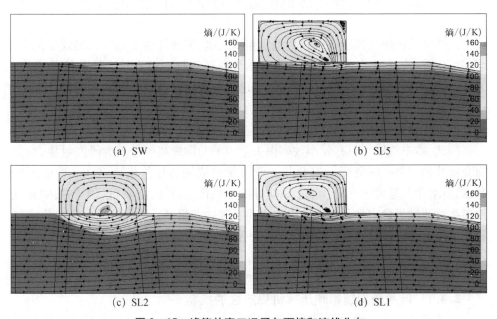

(a) SW

(b) SL5

(c) SL2

(d) SL1

图 2 - 15　峰值效率工况子午面熵和流线分布

SL2 和 SL5，当缝数由 180 减小到 90 时，缝内的高熵增范围减少，这说明 SL5 比 SL2 的缝内流动对主流的干涉效应小，因此，SL5 比 SL2 的流动损失小，这可以间接解释 SL5 的峰值效率比 SL2 的高。

4. 小结

通过轴向倾斜缝的研究可得到如下结论：

（1）轴向倾斜缝的中心偏移度对亚声速轴流转子的效率和稳定性有很大影响，中心偏移度为 0 的轴向倾斜缝能获得最大的失速裕度改进量同时峰值效率损失也最大。在轴向倾斜缝设计过程中，适当的正中心偏移度可以获得较高的失速裕度改进量同时峰值效率损失较小，同时，缝数是扩稳能力和效率损失折中考虑的一个关键参数。

（2）当正的中心偏移度过大，使缝的开口面和叶顶区域无重叠时，轴向倾斜缝的扰动作用使叶顶区域来流轴向速度减小，这对间隙泄漏流的发展很不利，因此由间隙泄漏流引发的堵塞区提前出现。

（3）由于负的中心偏移度的轴向倾斜缝没有覆盖到叶尖前缘，因此前缘附近发出的间隙泄漏流没有被缝内形成的喷射流抑制，这导致了其消除低速区的能力不如正的中心偏移度的轴向倾斜缝。

（4）缝内形成的抽吸流比喷射流的扩稳能力强。当轴向倾斜缝的缝数减少时，扩稳能力和峰值效率损失均减小。

2.4　叶片角向缝机匣处理对压气机性能的影响

虽然缝式机匣处理能获得较大稳定裕度改进，但往往会造成较大的效率损失；而相关研究[2,5]指出角向缝造成的效率损失要低于轴向缝和轴向倾斜缝的损失。另外，目前对缝式机匣处理的设计仍依靠已有的设计经验进行试凑式的设计，缺乏一套系统性的缝式机匣优化设计理论及方法，而且对于不同类型的缝式机匣处理其几何设计参数变化对压气机性能和稳定性的影响有一定的差异。

因此，本书选取了具有较小效率损失潜力的角向缝机匣处理为研究对象，首先探究叶片角向缝机匣处理影响西北工业大学单级轴流压气机稳定性及性能的机制，然后对角向缝机匣处理开展了系统性的参数优化研究，以期揭示不同角向缝设计参数对压气机稳定性和性能的影响规律及其内在机制。研究结果可进一步丰富缝式机匣处理的设计经验，对现有缝式机匣处理的设计具有一定的指导意义，也为以后系统性的缝式机匣优化设计理论及方法的实现提供一定的理论依据。

2.4.1　叶片角向缝影响压气机稳定性的机制

本节研究的角向缝的主要特征是缝结构沿径向和轴向倾斜，其具体结构如图

2-16 所示。其中,径向倾斜角定义为缝沿转子旋转方向倾斜与径向形成的夹角;轴向偏转角定义为缝沿叶顶安装角方向倾斜与轴向的夹角;轴向叠合量定义为缝覆盖叶顶的轴向长度与叶顶轴向弦长的比值;开缝面积比定义为缝的开口面积与整个周向面积的比值,通常用缝片宽与缝宽的比值表示;缝深定义为缝在径向的深度;缝长定义为缝在轴向的长度;缝数定义为整个压气机采用的缝个数。表 2-5 给出了所研究的角向缝机匣处理结构的具体几何设计参数。图 2-17 给出了叶片角向缝机匣处理的实物照片,本小节设计了两种叶片角向缝机匣处理结构。

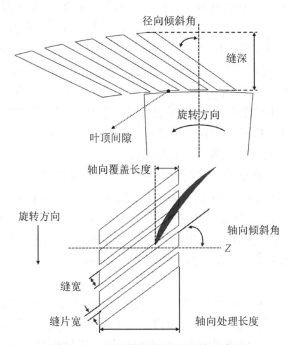

图 2-16　角向缝机匣处理结构示意图

表 2-5　角向缝机匣处理主要几何设计参数

参　　数	BSCT(Exp)	BSCT(Cal)	BSCT1(Cal)
缝数	144	150	150
缝片宽/缝宽	0.48	0.42	0.42
轴向偏转角/(°)	37.1	37.1	37.1
径向倾斜角/(°)	0	0	60
轴向叠合量	1	1	0.4
缝深/mm	11	11	11
缝轴向长度/mm	24	24	24

图 2-17 叶片角向缝实物图

试验结果显示叶片角向缝机匣处理（BSCT）在获得一定的失速裕度改进量时伴随着较大的效率损失，因此根据以往的缝式机匣设计经验，对 BSCT 进行了结构优化（径向倾斜角为 60°，轴向覆盖率为 40%，其他参数不变），即 BSCT1。表 2-5 给出了两种叶片角向缝机匣处理的主要几何设计参数，表中 Exp、Cal 分别为实验、数值计算。

本节所涉及的非定常数值计算均由 NUMECA 软件完成。非定常计算中选取了 k-ε 湍流模式，并采用具有二阶精度的 TVD 迎风格式来求解雷诺时均 N-S 方程。单通道计算时，一个转子栅距设置 20 个物理时间步，每个物理时间步下设置 20 个虚拟时间步，并且收敛结果至少经过 6 个完整的旋转周期得到。进口边界条件设置为：总压 101 325 Pa，总温 288.2 K。出口边界设置为平均出口静压。数值模拟的实壁机匣算例满足绝热和无滑移条件。

压气机通道中网格划分采用结构化网格和分区网格技术，转子通道网格分布为 69（径向）×57（切向）×233（轴向）。叶顶间隙采用蝶形网格，沿径向分布 17 个网格节点；叶片角向缝中网格分布为 41×21×57。为了在动静干涉面采用区域缩放法，数值模拟中叶片角向缝数目调整为 150，即每一个叶片通道具有 5 个叶片角向缝。采用 BSCT 的单通道计算中的网格总数约为 140 万。

1. 总性能分析

在 71% 转速下（10 765 r/min）对具有实壁机匣（SW）和 BSCT 的压气机进行了试验，并数值模拟研究了 BSCT 和 BSCT1。图 2-18 给出了试验和数值计算的 SW 和 BSCTs 的压气机总性能曲线。其中，无量纲换算质量流量为每个工况点的换算质量流量与试验中实壁机匣压气机最大换算质量流量的比值。

从图 2-18 中可以看到，SW 和 BSCT 的非定常数值计算结果很好地与试验的性能曲线相符合，而且它们试验与非定常计算的近失速点流量几乎一致。比较试验和计算结果可知，BSCT 能够以较大的效率损失为代价而提高压气机的稳定裕度，其中 BSCT 的峰值效率比 SW 的峰值效率低 11%。另外，从图中可以看出，在中低流量下 SW 和 BSCT 峰值效率的试验值要高于计算值；SW 和 BSCT 的总压比也有类似的结果，但最大相对误差小于 0.22%。虽然 SW 和 BSCT 的总性能在试验和数值计算中有一定的差异，这些差异可能是由湍流模型不够完善、数值计算的压气机模型与实际压气机存在差别等原因导致的，但是从图 2-18 的比较结果可以得到，SW 和 BSCT 的非定常计算结果能够准确地预测试验的总性能曲线。因此，本书所使用的数值计算方法很大程度上保证了计算结果的准确性和可信度。

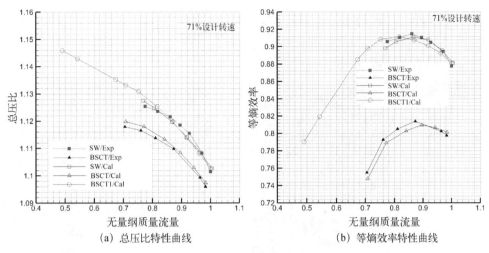

（a）总压比特性曲线　　　　　　　（b）等熵效率特性曲线

图 2-18　压气机总性能曲线

经过结构优化的 BSCT1 的非定常计算结果也表示在图 2-18 中,可以看出,BSCT1 获得的稳定裕度要远远大于 BSCT,并且能在较大流量下保持总压比和 SW 几乎一样。另外,任一工况下 BSCT1 的效率要高于 BSCT 的效率。特别是,BSCT1 的峰值效率比 SW 的峰值效率高 0.07%。表 2-6 给出了试验和计算的失速裕度改进量(SMI)和峰值效率损失(PEL),从以上的比较结果可以推测,叶片角向缝能够通过几何结构优化来获得较大的失速裕度改进量而几乎不伴随效率损失。下文将对 BSCTs 的扩稳机制和其对效率的影响做进一步的分析。

表 2-6　试验和计算的 SMI 与 PEL

Type	SMI(Exp)	SMI(Cal)	PEL(Exp)	PEL(Cal)
SW	0	0	0	0
BSCT	9.18%	7.78%	11.06%	11.11%
BSCT1	—	58.86%	—	-0.07%

2. 压气机内部流场分析

图 2-19 所示为 SW 和 BSCT 的叶顶间隙泄漏流和相对马赫数分布(其中,SW 和 BSCT 处于相同流量工况,且 SW 为近失速工况)。从图 2-19(a)中能明显看到叶顶通道存在大面积的低速区,几乎占据整个叶顶通道。另外,叶顶的间隙泄漏也十分严重,大量间隙泄漏流流经叶顶通道,导致了叶顶通道低速区的出现。而且,部分泄漏流线还跨过相邻叶片顶端进入下一个叶片通道中。上述间隙泄漏流及低速区的存在很大可能会导致叶顶通道堵塞,进而诱发失速。图 2-19(b)显示了应用 BSCT 后的叶顶间隙泄漏流及相对马赫数分布,可以看出在应用 BSCT 后,叶顶区域通道的低速区面积显著减小,间隙泄漏流集中在叶片吸力面附近,对通道内流

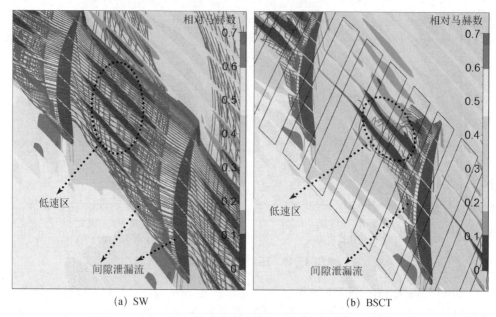

(a) SW　　　　　　　　　　(b) BSCT

图 2-19　SW 与 BSCT 的叶顶间隙泄漏流和相对马赫数分布

场的影响范围大大减小。由以上现象可以推测,在应用 BSCT 后,叶顶通道内的间隙泄漏流和低速区面积的减少,使得叶顶通道的堵塞程度减小,进而延迟了失速的起始,也就是说压气机的失速裕度得到了提高。

　　为进一步说明 BSCT 提高失速裕度的物理机制,图 2-20 给出了五个时刻的同一角向缝和叶顶通道内的流场参数分布,例如:同一缝的中间截面 A 的速度矢量和流线分布以及同一缝的近机匣截面 B 的无量纲静压分布等。从图中可以看出,每个时刻叶顶通道下游的气流被吸进缝中,并在通道上游喷射进入主流。缝的抽吸喷射效应是由于截面 B 左右位置处的无量纲静压存在差异形成的。当缝位于泄漏流上方时,缝中形成的抽吸流正好将低能间隙泄漏流吸入缝中,见图 2-20(e),叶顶的低能气流团得到了移除,从而减轻了叶顶通道的堵塞程度,扩大了稳定裕度。另外,喷射气流与主流的相互作用,导致了损失的急剧增加,详细的分析将在后文给出。

　　BSCT 在获得一定的稳定裕度的同时,伴随着较大的效率损失。为分析导致较大效率损失的内在原因,图 2-21 给出了某一时刻的 SW 和 BSCT 子午平面的无量纲径向速度分布(周向平均)。两者处于近似相等流量工况,且 SW 为近失速工况。从图中比较可得,SW 上游的无量纲径向速度绝对值要比 BSCT 小得多。由于 BSCT 的径向倾斜角为 0,缝中形成的喷射流和抽吸流对近机匣附近的流场干涉明显。也就是说 BSCT 的喷射与抽吸效应改变了转子进出口近机匣附近的径向流场分布。

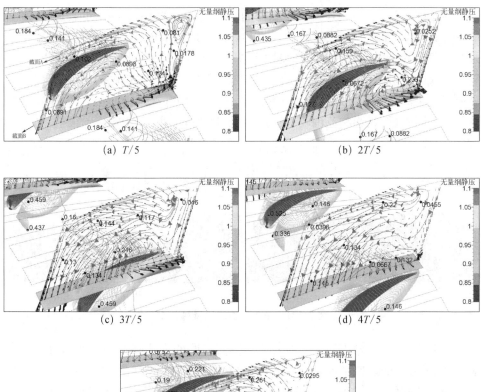

图 2-20　不同时刻叶顶及角向缝内流场参数分布

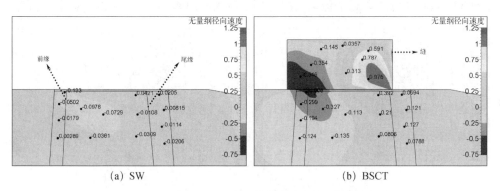

图 2-21　子午平面无量纲径向速度分布(周向平均)

　　为了进一步说明 BSCT 对转子效率的影响,图 2-22 给出了相同时刻子午平面的熵分布(周向平均)和流线分布。可以看出,在应用 BSCT 后,转子近机匣附近以及叶片角向缝中出现较大范围的熵增区域。从图 2-22(b)的流线分布可以得知,缝中形成的喷射流使来流向低叶高处偏转,结合叶顶附近高熵区的出现,可以得知喷射流与主流之间存在强烈的相互作用。另外,缝中存在两个回流区,一个在缝的中部近机匣附近,其影响范围较大;另一个在缝的右上角,但影响范围很小。

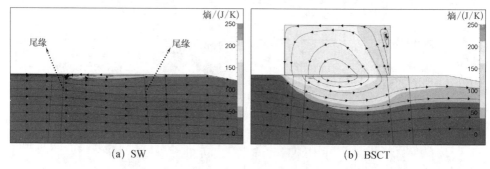

图 2-22　子午平面流线及熵分布

　　综上所述,由于缝中形成的喷射流与主流之间的强相互作用以及回流区的影响,导致了损失的急剧增加,从而 BSCT 的效率比 SW 的低很多。

　　经过结构优化后的 BSCT1,不仅能够获得较大的稳定裕度,还几乎不伴随效率损失。因此,有必要分析 BSCT1 比 BSCT 扩稳效果好且效率损失几乎为零的内在机制。图 2-23 给出了某一时刻 BSCT 与 BSCT1 在 99% 叶高处的速度矢量和相对马赫数等值线分布。其中,两者处于近似相等流量工况,且 BSCT 为近失速工况。从图 2-23(a)可以看出,叶顶通道靠近吸力面一侧存在大面积的回流,几乎横跨整个叶片通道,叶顶通道受到严重堵塞。另外,根据相对马赫数等值线分布,可以看出低马赫数区域正好位于回流区。然而,从图 2-23(b)可以看出,在应用BSCT1 后,转子叶顶附近的流动情况得到了较大的改善,尤其是叶顶通道中不再存

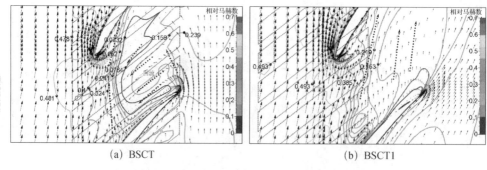

图 2-23　叶顶通道速度矢量及相对马赫数等值线分布

在回流区,来流能够顺利地流经叶顶通道。

　　为分析 BSCT1 改善流场的内在机制,图 2-24 给出了相同时刻叶顶间隙泄漏流分布以及同一叶片角向缝中流线分布。两者处于近似相等流量工况,且 BSCT 为近失速工况。从图 2-24(a)可以看出,应用 BSCT 的转子叶顶通道中存在大量的低能间隙泄漏流,结合上面的分析,大量间隙泄漏流的存在导致了低速区及回流的出现,这很大可能是叶顶通道堵塞的主要原因。为什么在近失速工况时,BSCT 不能有效地移除叶顶间隙泄漏流呢? 在图 2-24(a)可以明显地看到,虽然缝中形成了抽吸流和喷射流,但是间隙泄漏流位于缝中回流中心下方而远离抽吸流,抽吸效应并不能影响到间隙泄漏流。因此,缝的抽吸效应不能够有效地移除间隙泄漏流,进而导致叶顶通道堵塞,引发失速。反观图 2-24(b),在应用 BSCT1 后,叶顶通道中的低能间隙泄漏流得到了控制,大部分被缝中形成的抽吸流移除。由于 BSCT1 是在 BSCT 的基础上进行了轴向前移和径向倾斜,缝中的抽吸流位置靠近间隙泄漏流的位置,因此间隙泄漏流能被有效地移除,进而提高了失速裕度。

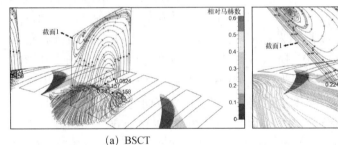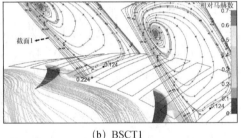

(a) BSCT　　　　　　　　　　　　　(b) BSCT1

图 2-24　叶顶及角向缝内流场分布

　　优化后的叶片角向缝 BSCT1 能够在几乎没有效率损失的前提下,获得较大的稳定裕度。而且 BSCT1 的峰值效率相对于 SW 的峰值效率有 0.07% 的提升,下面从流动机制方面来分析 BSCT1 对效率的影响。图 2-25 为某一时刻叶片角向缝靠近叶顶截面的无量纲径向密流分布。其中,正值代表缝中形成的喷射流,两者处于近似相等流量工况,且 BSCT 为近失速工况。从图 2-25(a)看出,在区域 A 中同时存在正的和负的无量纲径向密流值,而且它们的绝对值都小于 1;这说明区域 A 中同时存在喷射流和抽吸流,且它们的强度较弱。值得说明的是区域 A 的位置近似为叶顶间隙泄漏流的上方,故而可以得知 BSCT 很难有效地移除不利的间隙泄漏流。另外,区域 B 的无量纲径向密流值几乎都大于 2.5,且都为正值;这说明区域 B 中存在强烈的喷射流,喷射流与主流的强相互作用造成了大量的损失。反观图 2-25(b),相对应的区域 A(图示椭圆部分)中的无量纲密流的绝对值远大于 BSCT 对应区域,且几乎都为负值;这说明 BSCT1 区域 A 中存在强烈的抽吸流,能有效地移除不利的间隙泄漏流,从而叶顶通道的回流消失不见,压气机转子的稳定裕度得到了提高。最重要的是，BSCT1 中最大的正无量纲密流值几乎都小于 1，说明 BSCT 区域 B 中存在的强喷射流在 BSCT1 中几乎没有。从而，喷射流与主流的相互作用较弱，引起的效率损失很小。

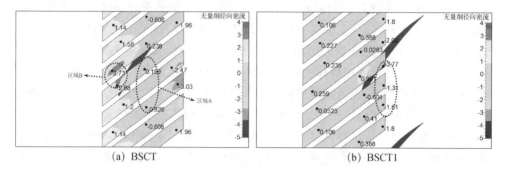

(a) BSCT　　　　　　　　(b) BSCT1

图 2 - 25　叶顶附近缝截面无量纲径向密流分布

为进一步说明 BSCT1 对压气机转子效率的影响，图 2 - 26 给出了相同时刻 BSCT 和 BSCT1 子午平面的熵分布云图，且流量工况与图 2 - 25 对应。从上面的分析可以得知，BSCT1 形成的喷射流要远弱于 BSCT。由于 BSCT1 的径向倾斜角为 60°，而 BSCT 的径向倾斜角为 0°，所以 BSCT1 形成的喷射流对叶顶流场干涉影响较小。故而，BSCT1 造成的流动损失远小于 BSCT 造成的损失。比较图 2 - 26 中流场，通过流线分布可以看出，BSCT 中形成的喷射流使来流向低叶高处偏转，且偏转程度较大；而 BSCT1 由于喷射流强度较弱且缝的径向倾斜角为 60°，所以叶顶附近流线偏转较小几乎没有，这与上文的分析结果一致。从图 2 - 26 中可以看出，BSCT 的高熵区域范围和最大当地值都远大于 BSCT1 的范围及当地值。BSCT 缝中存在两个回流区，一个处于叶顶附近，且范围较大，对叶顶流动影响较大，另一个位于缝的右上角，范围较小；而 BSCT1 缝中仅存在一个回流区，且离叶顶流场较远。另外，BSCT 缝中的最小熵值都要大于 BSCT1 的最大熵值。这些现象都说明 BSCT1 的流动损失要小于 BSCT 的流动损失。

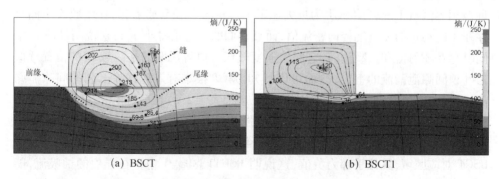

(a) BSCT　　　　　　　　(b) BSCT1

图 2 - 26　子午平面流线及熵分布

由于结构优化后,缝进行了轴向前移和径向倾斜,使得 BSCT1 缝中形成的喷射流强度较弱,且径向倾斜角为 60°,使得喷射流对叶顶流场影响较小;因此,BSCT1 的流动损失很小,对应的效率损失也很小。

3. 小结

在 71% 设计转速下,采用试验和数值模拟的方法研究了叶片角向缝对亚声速压气机转子稳定性和性能的影响,具体结论如下:

(1) 对于实壁机匣来说,由叶顶间隙泄漏流引起的回流导致了转子通道的堵塞,从而进一步诱发了失速。当应用 BSCT 后,缝中形成的抽吸流能有效地移除叶顶间隙泄漏流及低能气流团,减轻了叶顶通道的堵塞程度,因此,转子的稳定裕度得到了提升。

(2) 当应用 BSCT 后,压气机转子的总性能有很大程度地下降。造成转子性能下降的主要原因是缝中形成的强喷射流与主流的相互作用,造成了较大的流动损失。

(3) 对于 BSCT 来说,在更低的流量下,BSCT 已经无法有效地移除叶顶间隙泄漏流。而当应用结构优化后的 BSCT1 后,缝中形成的强抽吸流能够有效地将大部分间隙泄漏流移除,因此 BSCT1 对转子稳定性的提升要好于 BSCT 的提升。

(4) 结构优化后的 BSCT1 缝中形成的喷射流相较于 BSCT 的喷射流要弱得多,这样喷射流与主流的相互作用较弱,引起的流动损失也较小。因此,应用 BSCT1 的转子性能要好于应用 BSCT 的转子性能。

书中的计算结果表明,BSCT1 能够获得较大的失速裕度提升,并伴随着极小的峰值效率提升。这充分说明了对 BSCT 的结构优化是成功的。为此,后文将对角向缝机匣处理开展系统性的参数优化研究。

2.4.2　轴向位置变化对压气机性能的影响

1. 研究方案

在表 2-5 角向缝结构的基础上,通过单独改变缝的轴向叠合量,保持其余几何设计参数不变,设计了 6 种不同轴向位置的角向缝机匣处理,具体结构如图 2-27 所示,并用 BAS_0.2、BAS_0.3、BAS_0.4、BAS_0.6、BAS_0.8 和 BAS_1.0 分别代表轴向叠合量为 0.2、0.3、0.4、0.6、0.8 和 1.0 的角向缝机匣处理。

2. 总性能分析

图 2-28 给出了采用实壁机匣和不同轴向位置的角向缝机匣处理时的压气机转子总性能曲线。从图中可以看出,当角向缝的轴向叠合量为 0.2 时,压气机转子的近失速流量相较于实壁机匣时有所升高,这说明在采用轴向叠合量为 0.2 的角向缝机匣处理之后,压气机转子的稳定性反而有所恶化,其稳定裕度有所降低。而当角向缝的轴向叠合量大于 0.3 时,不同轴向叠合量的角向缝均能降低压气机转

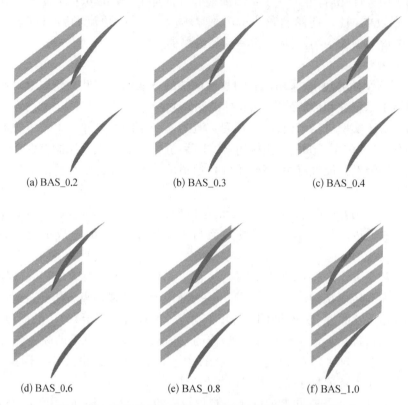

(a) BAS_0.2　　　　(b) BAS_0.3　　　　(c) BAS_0.4

(d) BAS_0.6　　　　(e) BAS_0.8　　　　(f) BAS_1.0

图 2 - 27　不同轴向位置的角向缝机匣处理几何结构示意图

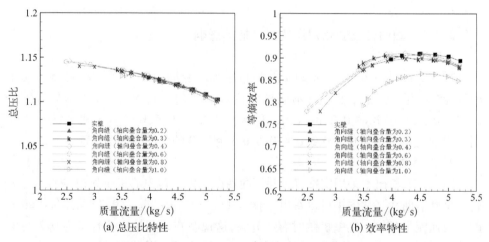

(a) 总压比特性　　　　　　　　　　(b) 效率特性

图 2 - 28　不同情况下转子的总性能曲线

子的近失速流量,而且随着轴向叠合量的逐渐增大,压气机的近失速流量呈现出先减小后增大的趋势。这说明当轴向叠合量大于 0.3 时,角向缝均能在一定限度上提升压气机的稳定裕度,但不同轴向叠合量的角向缝对压气机的扩稳程度有所不同,并存在最佳的轴向叠合量可使角向缝具有最好的扩稳效果。采用不同轴向叠合量的角向缝后,压气机的总压比相较于实壁机匣时变化较小,其在实壁机匣流量范围内有略微的降低和升高。关注到不同轴向位置的角向缝对压气机效率的影响,由图 2-28(b)可知,当角向缝的轴向叠合量为 0.2、0.8 和 1.0 时,压气机的效率相较于实壁机匣整体上有一定限度的下降,尤其是轴向叠合量为 1.0 的角向缝使得压气机效率的整体降低程度最大。而当采用其他轴向叠合量的角向缝后,压气机的效率在实壁机匣流量范围内有略微提高或降低。

　　表 2-7 给出了采用不同轴向叠合量的角向缝后,压气机的失速裕度改进量和峰值效率损失。从中可以看到,轴向叠合量为 0.2、0.3、0.4、0.6、0.8 和 1.0 的角向缝机匣处理分别使压气机的稳定裕度提高了 -5.28%、17.30%、58.86%、62.51%、47.63% 和 14.01%;但也分别导致了 1.35%、0.53%、-0.07%、0.30%、1.14% 和 5.02% 的峰值效率损失。通过定量的比较可以知道,当轴向叠合量小于 0.3 时,角向缝的扩稳能力很弱,尤其是当轴向叠合量为 0.2 时,角向缝使得压气机的稳定裕度相较于实壁机匣甚至有所降低。而当轴向叠合量大于等于 0.3 时,压气机的稳定裕度均相较于实壁机匣时有较大幅度的提升,随着轴向叠合量的增大,压气机的失速裕度改进量呈现出先增大后减小的趋势。当轴向叠合量为 0.6 时,角向缝对压气机稳定裕度的提升程度最大。对于压气机的峰值效率损失,随着轴向叠合量的增大,峰值效率损失呈现出先减小后增大的趋势,当轴向叠合量为 0.4 时,角向缝造成的峰值效率损失最小。

表 2-7　失速裕度改进量和峰值效率损失对比

	$M_{\text{stall}}/(\text{kg/s})$	SMI/%	PEL/%
SW	3.98	—	—
BAS_0.2	4.17	-5.28	1.35
BAS_0.3	3.41	17.30	0.53
BAS_0.4	2.54	58.86	-0.07
BAS_0.6	2.48	62.51	0.30
BAS_0.8	2.72	47.63	1.14
BAS_1.0	3.49	14.01	5.02

3. 压气机内部流场分析

　　由于 BAS_0.2 并不具有扩稳作用,故本节不对其内在流场进行分析。图

2 - 29 给出了采用不同轴向叠合量的角向缝机匣处理后的压气机叶顶泄漏流及相对马赫数分布。本节中的流场对比均在相同流量工况下进行,且均为实壁机匣近失速流量工况。从图中可以看到,当采用角向缝机匣处理后,压气机叶顶通道中存在的叶顶泄漏流相较于实壁机匣时明显减少,叶顶泄漏流更加集中且更靠近叶片吸力面,叶顶通道中的低速区明显减少。随着轴向叠合量的增加,叶顶通道中的叶顶泄漏流进一步减少,叶顶泄漏流的尺度进一步减小。当轴向叠合量为 0.6 时,叶顶通道中的泄漏流相对最少,此时压气机获得了最大的失速裕度改进量。当轴向叠合量进一步增加时,叶顶泄漏流的尺度开始增大,从而使得压气机的失速裕度改进量有所降低,尤其是轴向叠合量为 1.0 时,叶顶泄漏流尺度的明显增大导致压气机失速裕度改进量的大幅降低[图 2 - 29(f)]。

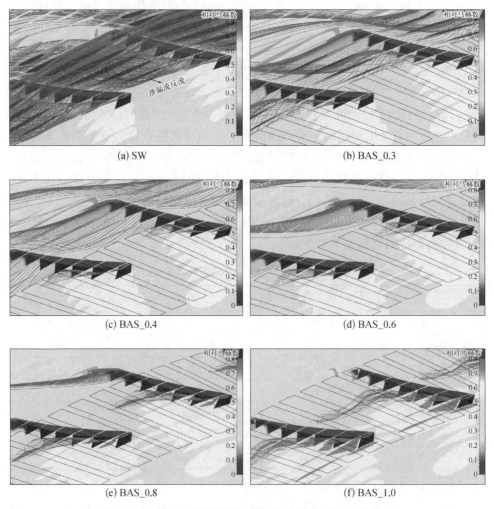

(a) SW

(b) BAS_0.3

(c) BAS_0.4

(d) BAS_0.6

(e) BAS_0.8

(f) BAS_1.0

图 2 - 29　压气机转子叶顶间隙泄漏流及相对马赫数分布

　　角向缝的抽吸作用改变了叶顶主流与泄漏流之间的动量平衡,使得主流/泄漏流交界面和涡核轨迹向有利于叶顶流动的方向偏转(向叶片吸力面偏转),从而降低了叶顶通道的堵塞程度,提高了压气机的稳定裕度。图 2 - 30 给出了 98%叶高处绝对涡量云图和静压等值线分布,并近似给出了主流/泄漏流交界面和涡核轨迹的相对位置。绝对涡量的定义为

$$\xi_{\mathrm{n}} = \frac{|\nabla \times V|}{2\omega} \qquad (2-3)$$

式中,V 代表绝对速度矢量;ω 代表压气机转子旋转角速度。绝对涡量反映了流体微元旋转运动的强度;在压气机叶顶区域,绝对涡量集中的区域可代表泄漏涡涡核,其大小代表了泄漏涡的强度。图中黑色虚线分别代表了主流与泄漏流的交界

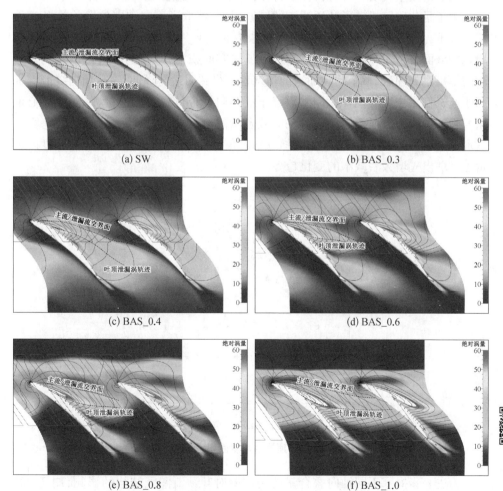

(a) SW

(b) BAS_0.3

(c) BAS_0.4

(d) BAS_0.6

(e) BAS_0.8

(f) BAS_1.0

图 2 - 30　98%叶高处绝对涡量云图和静压等值线分布

面和泄漏流的涡核轨迹,其中主流与泄漏流的交界面由高、低绝对涡量的分界线近似表示,而泄漏流的涡核轨迹由静压谷(静压极小值点)的连线近似表示。从图中可以看到,采用角向缝机匣处理后,实壁机匣由于泄漏涡膨胀破碎导致的低涡量区域基本消失,高涡量区域的周向尺度明显减小,主流/泄漏流交界面和叶顶前缘部分的涡核轨迹均向叶片吸力面方向偏转,改善了叶顶通道的流通状况。随着轴向叠合量的增加,主流/泄漏流交界面和涡核轨迹向叶片吸力面的偏转程度逐渐变大,高涡量区域的尺度逐渐减小。当轴向叠合量为 0.6 时,主流/泄漏流交界面和涡核轨迹向叶片吸力面的偏转程度最大,高涡量区域的尺度最小,此时压气机获得了最大的失速裕度改进量。当轴向叠合量进一步增加时,高涡量区域的尺度开始增大,主流/泄漏流交界面和叶顶中后部的涡核轨迹开始远离叶片吸力面,加剧了叶顶通道的堵塞程度,从而使得压气机的失速裕度改进量显著地降低。

　　为了量化压气机转子叶顶通道的堵塞程度,截取了不同轴向位置的等 Z 流面并定义 $W_z < 0$ 的区域为堵塞区域,对截取流面上 $W_z < 0$ 的区域进行面积积分得到堵塞区域面积。图 2-31 给出了叶顶通道堵塞面积沿轴向的分布,可以看到采用角向缝机匣处理后,整个叶顶通道的堵塞程度得到明显的降低,这是角向缝能够提高压气机稳定裕度的主要原因。对于不同轴向叠合量的角向缝,其降低叶顶通道堵塞程度的能力有所不同。随着轴向叠合量的增加,压气机叶顶通道的堵塞程度呈现先减小后增大的趋势。由此,随着轴向叠合量的增加,压气机的失速裕度改进量也呈现出先增大后减小的变化趋势。

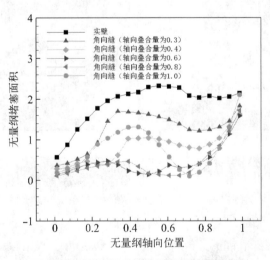

图 2-31　叶顶通道堵塞面积沿轴向分布

　　为进一步揭示不同轴向叠合量的角向缝对叶顶泄漏涡结构的影响,图 2-32给出了采用不同轴向叠合量时压气机的叶顶泄漏涡涡核分布。同时,图 2-33 利

用 Q 准则涡识别方法给出了不同轴向叠合量时压气机的叶顶泄漏涡结构识别图，图中泄漏涡结构由 $Q = 8 \times 10^6$（该阈值根据经验人为给定）的等值面构成，并用无量纲螺旋度渲染等值面。无量纲螺旋度的定义为

$$H_n = \frac{\boldsymbol{W} \cdot \boldsymbol{\xi}}{|\boldsymbol{W}| \, |\boldsymbol{\xi}|} \qquad (2-4)$$

式中，$\boldsymbol{W}$ 为相对速度矢量；$\boldsymbol{\xi}$ 为涡量矢量。无量纲螺旋度代表了泄漏流线缠绕泄漏涡涡核的紧密程度，其取值范围为 -1 到 1，并且泄漏涡涡核的无量纲螺旋度接近 1；当无量纲螺旋度的量值发生突变且符号改变时（如 H_n 从 1 突变为 -1），一般都预示着泄漏涡的膨胀破碎。由图 2 - 32 可知，采用角向缝机匣处理后、实壁机匣时由于主泄漏涡破碎导致的低速区消失，叶顶通道叶顶前缘部分的泄漏涡涡核变得

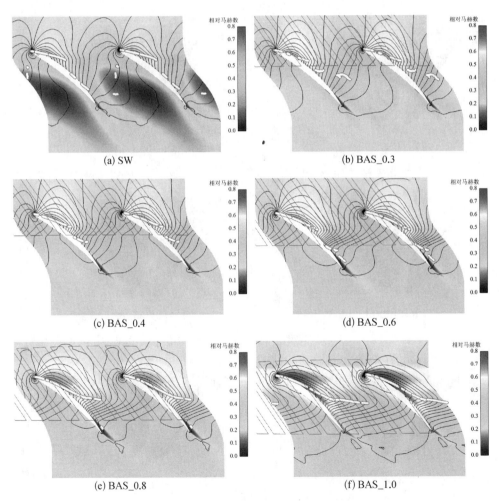

(a) SW

(b) BAS_0.3

(c) BAS_0.4

(d) BAS_0.6

(e) BAS_0.8

(f) BAS_1.0

图 2 - 32　叶顶泄漏涡涡核分布

更靠近叶片吸力面,而且随着轴向叠合量的增加,泄漏涡涡核的轴向尺度呈现先减小后增大的趋势。同时,由图2-33可知,叶顶通道中存在着明显的主/次泄漏涡结构,并且采用角向缝机匣处理后、原来实壁机匣时主泄漏涡的膨胀破碎现象消失。随着轴向叠合量的增加,主泄漏涡的尺度逐渐增大,而次泄漏涡的尺度逐渐减小。当轴向叠合量为1.0时,虽然次泄漏涡几乎消失,但主泄漏涡完全堵塞了叶顶通道,使得角向缝的扩稳能力显著降低。图2-34继续给出了叶顶主/次泄漏涡的流线分布图,从图中可以发现,随着轴向叠合量的增加,主泄漏流(红色)先减少后增多,次泄漏流(蓝色)一直减小。

由上节的分析可知,角向缝内回流对叶顶泄漏流的抽吸作用是提高压气机稳定裕度的主要原因。为揭示不同轴向叠合量对缝内形成回流的影响,图2-35给

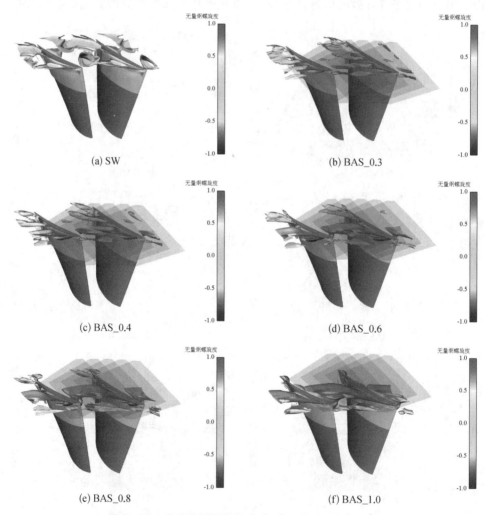

(a) SW

(b) BAS_0.3

(c) BAS_0.4

(d) BAS_0.6

(e) BAS_0.8

(f) BAS_1.0

图2-33　叶顶泄漏涡结构 Q 准则识别图(Q=8×10⁶)

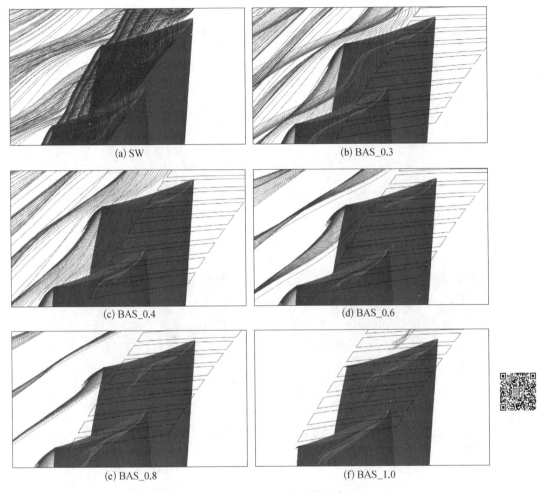

(a) SW

(b) BAS_0.3

(c) BAS_0.4

(d) BAS_0.6

(e) BAS_0.8

(f) BAS_1.0

图 2-34 叶顶主/次泄漏涡的流线分布图

出了任意一个缝开口面无量纲静压随物理时间步的变化,无量纲轴向位置从 0 到 1 代表从缝的前缘到缝的尾缘,图中虚线代表叶顶前缘的位置。随着轴向叠合量的增加,缝开口面感受的静压分布发生改变,缝尾缘感受的静压在时间和空间分布上逐渐增大,缝前缘感受的静压分布变化较小,由此缝开口面感受的压力差逐渐增大。另外,随着转子的转动,整个缝开口面的压力同样呈现出强烈的非定常性。

与图 2-35 相对应,图 2-36 给出了相同缝开口面无量纲径向速度随物理时间步的变化。由图可知,随着轴向叠合量的增加,缝内形成抽吸流的时间分布和空间分布逐渐增大,且其强度逐渐增加,而且抽吸流作用于叶顶通道中的位置逐渐向通道下游移动。对于 BAS_0.3 而言,缝内形成抽吸流的强度较小,对叶顶前缘泄漏流的移除作用较弱,因此压气机的失速裕度改进量较小。对于 BAS_1.0 而言,虽然缝内形成回流的强度较大,但其抽吸位置比较靠后,很难移除叶顶前缘部分的

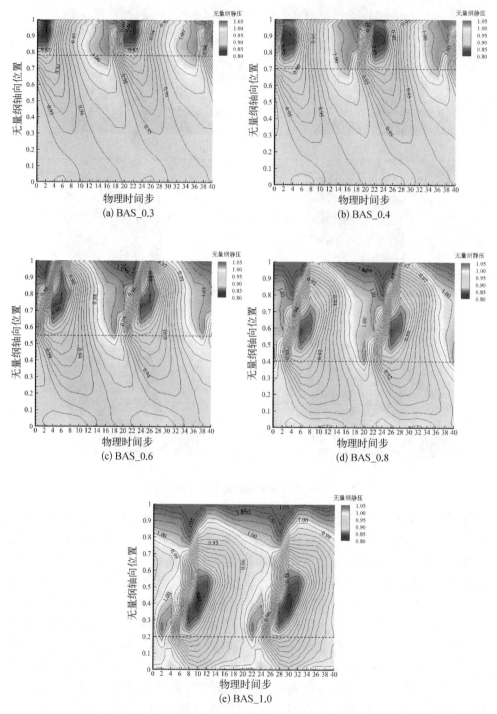

图 2-35 缝开口面无量纲静压随物理时间步的变化

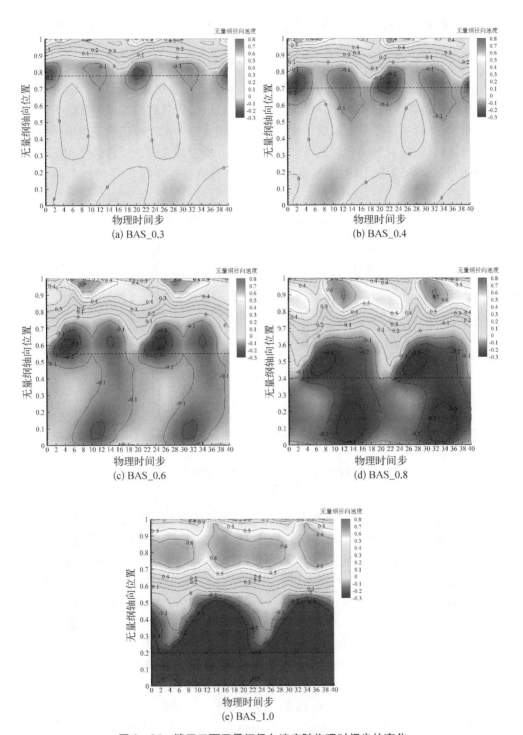

图 2-36　缝开口面无量纲径向速度随物理时间步的变化

泄漏流,从而叶顶通道前中部的堵塞程度加重,压气机的失速裕度改进量显著降低。

图 2-37 继续给出了缝内抽吸/喷射流量量级随轴向叠合量的变化,可以看到,随着轴向叠合量的增加,缝内形成的抽吸/喷射流量量级也是不断增加的,这与图 2-36 中抽吸流的范围和大小的增大相符合。但是压气机的失速裕度改进量并不与缝内抽吸/喷射流量量级成正比,其还应与抽吸流作用于叶顶通道中的位置有关。综上所述,随着轴向叠合量增加,角向缝对叶顶泄漏流的抽吸移除作用呈现出先增强后减弱的趋势,因此压气机的失速裕度改进量也呈现出先增加后减小的趋势。

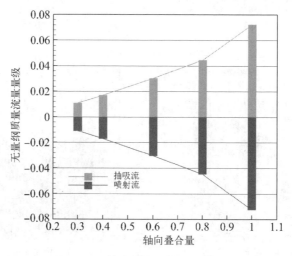

图 2-37　缝内抽吸/喷射流量量级随轴向叠合量的变化

角向缝对压气机叶顶流场的作用具有强烈的非定常性。为揭示不同轴向叠合量的角向缝对叶顶流场非定常作用的差异,图 2-38 给出了 99% 叶高处静压扰动均方根分布。从图中可以看到,随着轴向叠合量的增加,角向缝对叶顶通道的覆盖范围变大,由此叶顶通道中静压非定常波动的尺度不断变大。同时,叶顶通道中的静压非定常波动的强度随着轴向叠合量的增加而变得愈加强烈。上述结果说明,角向缝的轴向叠合量越大,缝内回流对叶顶流场的非定常作用的强度和范围越大。结合上面的分析可知,角向缝非定常作用的大小与压气机稳定裕度的提高并没有直接的联系。图 2-39 给出了叶顶压力面 L3 处(约 25% 轴向弦长处)的静压频谱分析,利用转子叶片通过频率(BPF)对图中横坐标的频率进行了无量纲化,其中转子叶片通过频率 BPF = 5 382.5 Hz。从图中可以知道,不同轴向叠合量的角向缝对叶顶流场的非定常作用均体现为 5 倍 BPF 的非定常扰动基频及其二阶倍频。

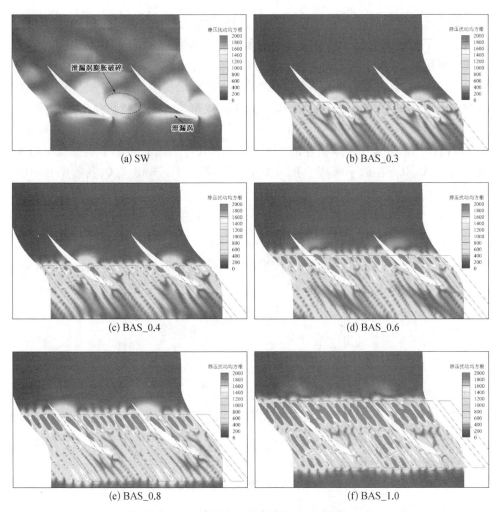

图 2－38　99%叶高处静压扰动均方根分布

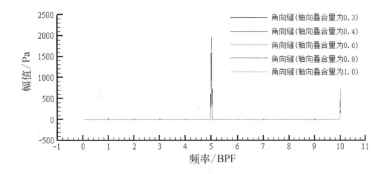

图 2－39　叶顶压力面 L3 处的静压频谱分析

为揭示不同轴向叠合量的角向缝对压气机效率的影响。图 2-40 给出了相同流量工况下实壁机匣及不同轴向叠合量角向缝的转子基元级效率沿叶高的分布，从图中可以看出，对于不同轴向叠合量的角向缝，其转子效率沿叶高的分布有所不同。在 70% 叶高以下时，采用角向缝的压气机效率均要略低于实壁机匣的效率。而在 70% 叶高以上时，BAS_0.3 和 BAS_0.4 的效率均大于实壁机匣时的效率，但 BAS_0.3 的效率要略低于 BAS_0.4 的效率；BAS_0.6 和 BAS_0.8 的效率在 70%～90% 叶高范围内要大于实壁机匣时的效率，在 90% 叶高以上要小于实壁机匣时的效率，且 BAS_0.6 的效率略高于 BAS_0.8 的效率。对于 BAS_1.0，其效率在 70% 叶高以上要显著小于实壁机匣时的效率。

图 2-41 给出了相同流量工况下不同轴向位置处等 Z 截面的熵值积分分布。

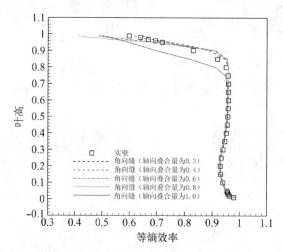

图 2-40 转子基元级效率沿叶高的分布

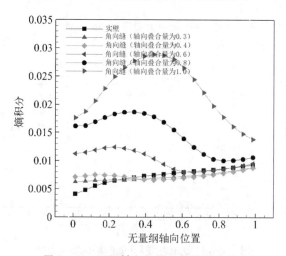

图 2-41 不同轴向位置处熵值积分分布

从图中可以看出,当轴向叠合量大于0.4时,随着轴向叠合量的增加,不同轴向位置处的熵值积分整体上不断增大,这意味着压气机内流动损失的增大。而BAS_0.3与BAS_0.4的熵值积分分布差别较小,在0~30%轴向范围内,BAS_0.3的熵值积分略小于BAS_0.4的熵值积分,但在30%~100%轴向范围内时,BAS_0.4的熵值积分略小于BAS_0.3的熵值积分。

图2-42同样给出了相同流量工况下压气机子午平面上熵增分布云图和流线分布。由图可知,当轴向叠合量大于0.4时,随着轴向叠合量的增加,缝内形成的回流对叶顶通道的影响范围逐渐增大,由缝内回流与叶顶主流相互作用导致的高熵区域的范围和大小也不断增大,且缝内漩涡中心不断靠近叶顶通道,从而压气机的流动损失也随着不断增大。而BAS_0.3与BAS_0.4的熵增分布差别较小,相较于BAS_0.4、BAS_0.3的缝与叶顶通道交界处的熵增略小,但叶顶通道中后部熵增

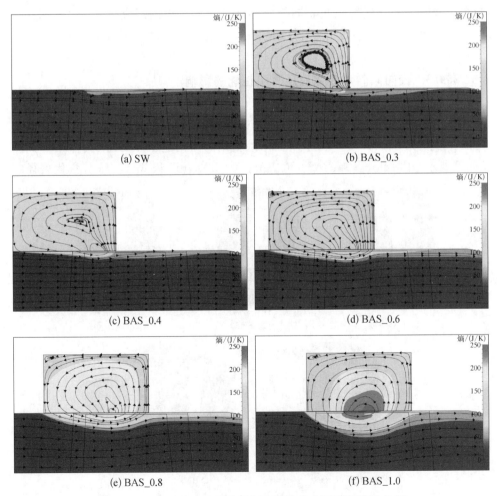

(a) SW

(b) BAS_0.3

(c) BAS_0.4

(d) BAS_0.6

(e) BAS_0.8

(f) BAS_1.0

图2-42　子午平面上熵增(周向平均)分布云图和流线分布

径向范围略大。结合图 2 – 40 的分析可知,随着轴向叠合量的增大,角向缝内回流与主流相互作用的强度和范围先减小后增大,其导致的流动损失先减小后增大,对压气机效率的影响程度也先减小后增大。

4. 小结

通过轴向位置变化的研究,可得到以下结论:

(1) 随着角向缝轴向叠合量的不断增加,角向缝的扩稳能力呈现出先增强后减弱的趋势。这是因为,随着轴向叠合量的增加,虽然缝内抽吸流强度逐渐增大,但缝内抽吸流在叶顶通道中的抽吸位置不断后移,其对叶顶泄漏流的抽吸抑制作用呈现出先增强后减弱的趋势,主流/泄漏流交界面和涡核轨迹靠近叶片吸力面的程度也先增大后减小。

(2) 随着角向缝轴向叠合量的不断增加,角向缝对压气机效率的降低程度先减小后增加。这是因为,随着轴向叠合量的增加,角向缝内回流与主流之间相互作用的尺度和强度先减小后增大,从而使得压气机内流动损失先降低后升高。

2.4.3　径向倾斜角变化对压气机性能的影响

1. 研究方案

在表 2 – 5 角向缝结构的基础上,通过单独改变缝的径向倾斜角,保持其余几何设计参数不变,设计了 5 种不同径向倾斜角的角向缝机匣处理,具体结构如图 2 – 43 所示,并用 BAS_r00、BAS_r30、BAS_r45、BAS_r60 和 BAS_r75 分别代表径向

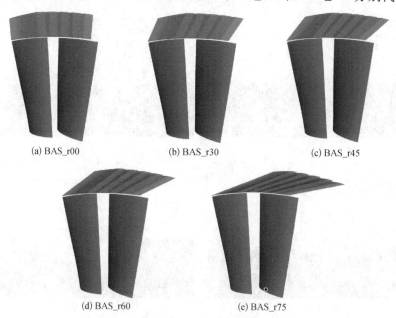

(a) BAS_r00　　　　　(b) BAS_r30　　　　　(c) BAS_r45

(d) BAS_r60　　　　　(e) BAS_r75

图 2 – 43　不同径向倾斜角的角向缝机匣处理几何结构示意图

倾斜角为 0°、30°、45°、60° 和 75° 的角向缝机匣处理。

2. 总性能分析

图 2-44 给出了不同机匣情况的压气机转子总性能曲线。从图中可以看出，不同径向倾斜角的角向缝均能降低压气机转子的近失速流量，而且随着径向倾斜角的逐渐增大，压气机的近失速流量呈现出先减小后增大的趋势。这说明不同径向倾斜角的角向缝均能在一定程度上提升压气机的稳定裕度，但不同径向倾斜角的角向缝对压气机的扩稳程度有所不同，并存在最佳的径向倾斜角可使角向缝具有最好的扩稳效果。采用不同径向倾斜角的角向缝后，压气机的总压比相较于实壁机匣时变化较小，其在实壁机匣流量范围内有略微的降低和升高，其中 BAS_r00 对压气机总压比的降低程度相对最大。此外，由图 2-44(b) 可知，当角向缝的径向倾斜角为 0° 和 30° 时，压气机的效率相较于实壁机匣整体上有较大程度地降低。而当角向缝的径向倾斜角大于 30° 时，压气机的效率在实壁机匣某些流量范围内有略微提高。

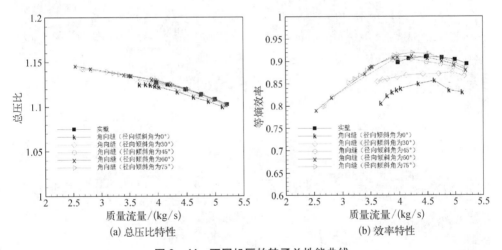

(a) 总压比特性　　　　　　　　(b) 效率特性

图 2-44　不同机匣的转子总性能曲线

表 2-8 给出了采用不同径向倾斜角的角向缝后，压气机的失速裕度改进量和峰值效率损失，从表中可以知道，径向倾斜角为 0°、30°、45°、60° 和 75° 的角向缝机匣处理分别使压气机的稳定裕度提高了 7.67%、10.04%、51.48%、58.86% 和 29.22%；但也分别导致了 5.94%、3.89%、0.66%、-0.07% 和 -0.88% 的峰值效率损失。通过定量的比较可以知道，随着径向倾斜角的增大，压气机的失速裕度改进量呈现出先增大后减小的趋势。当径向倾斜角为 60° 时，角向缝对压气机稳定裕度的提升程度最大。对于压气机的峰值效率损失，随着径向倾斜角的增大，峰值效率损失逐渐减小。当径向倾斜角为 75° 时，角向缝给压气机造成的峰值效率损失最小。

表 2－8   不同径向倾斜角角向缝失速裕度改进量和峰值效率损失

	$M_{stall}/(kg/s)$	SMI/%	PEL/%
SW	3.98	—	—
BAS_r00	3.68	7.67	5.94
BAS_r30	3.62	10.04	3.89
BAS_r45	2.66	51.48	0.66
BAS_r60	2.54	58.86	−0.07
BAS_r75	3.11	29.22	−0.88

3. 压气机内部流场分析

图 2－45 给出了采用不同径向倾斜角的角向缝机匣处理后的压气机叶顶泄漏流及相对马赫数分布。本节中的流场对比均在相同流量工况下进行，且均为实壁

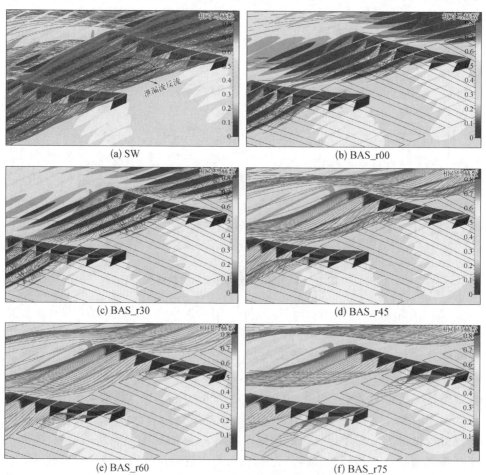

(a) SW

(b) BAS_r00

(c) BAS_r30

(d) BAS_r45

(e) BAS_r60

(f) BAS_r75

图 2－45   压气机转子叶顶间隙泄漏流及相对马赫数分布

机匣近失速流量工况。从图中可以看到,当采用角向缝机匣处理后,叶顶前缘部分的泄漏流更加集中且更靠近叶片吸力面。然而,当径向倾斜角为 0°和 30°时,叶顶通道中仍然存在较大范围的低速区,同时在叶顶通道中部出现叶顶泄漏涡破碎的现象,此时压气机的失速裕度改进量都较小。随着径向倾斜角增加到 45°,叶顶泄漏流的破碎现象消失且通道中的低速区明显减少,叶顶通道的堵塞程度显著降低,从而压气机的失速裕度改进量显著提高。随着径向倾斜角的进一步增加,叶顶通道中的叶顶泄漏流进一步减少,叶顶泄漏流的尺度进一步减小。当径向倾斜角为 60°时,叶顶通道中的泄漏流尺度最小,此时压气机获得了最大的失速裕度改进量。当径向倾斜角进一步增加到 75°时,叶顶泄漏流明显远离叶片吸力面,在一定程度加重了叶顶通道的堵塞程度,从而使得压气机的失速裕度改进量有所降低。

图 2-46 给出了 98%叶高处绝对涡量云图和静压等值线分布,并近似给出了

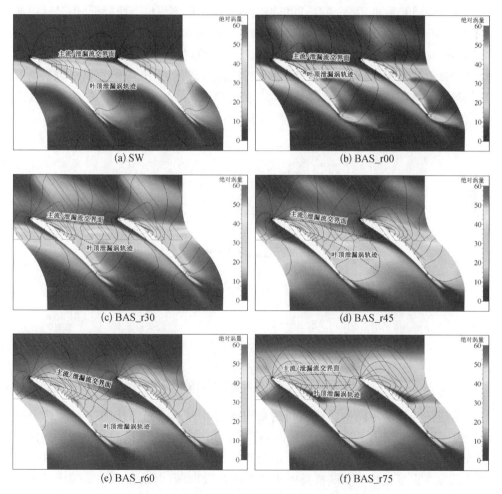

图 2-46　98%叶高处绝对涡量云图和静压等值线分布

主流/泄漏流交界面和涡核轨迹的相对位置。从图中可以看到,当径向倾斜角为0°和30°时,叶顶通道中存在泄漏涡破碎导致的低涡量区域,叶顶前缘部分的涡核轨迹向叶片吸力面偏转,但主流/泄漏流交界面的位置几乎与实壁机匣时一致,叶顶通道的堵塞程度仍然较大,此时压气机的失速裕度改进量较小。随着径向倾斜角增加到45°,叶顶通道中由泄漏涡破碎导致的低涡量区域消失,主流/泄漏流交界面和涡核轨迹向叶片吸力面的偏转,压气机的失速裕度改进量显著提高。当径向倾斜角为60°时,主流/泄漏流交界面和涡核轨迹向叶片吸力面的偏转程度最大,高涡量区域的轴向尺度相对最小,此时压气机获得了最大的失速裕度改进量。当径向倾斜角进一步增加到75°时,主流/泄漏流交界面和涡核轨迹向远离叶片吸力面的方向偏转,加剧了叶顶通道的堵塞程度,从而使得压气机的失速裕度改进量有所降低。

　　图2-47给出了叶顶通道堵塞面积沿轴向的分布,从图中可以看到,当径向倾斜角为0°和30°时,叶顶通道0~20%轴向范围内的堵塞程度有所降低,但是叶顶通道20%轴向范围以上的堵塞程度要显著高于实壁机匣时的程度。当径向倾斜角为45°和60°时,叶顶通道的堵塞程度均要低于实壁机匣时,且BAS_60时的叶顶通道堵塞程度要略低于BAS_45时。当径向倾斜角为75°时,叶顶通道0~30%轴向范围内的堵塞程度明显增大,甚至部分略高于实壁机匣时,从而压气机的失速裕度改进量有所降低。上述结果与图2-45和图2-46所对应的流场分布相吻合。

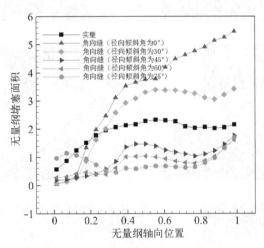

图2-47　叶顶通道堵塞面积沿轴向分布

　　为进一步揭示不同径向倾斜角的角向缝对叶顶泄漏涡结构的影响,图2-48和图2-49分别给出了采用不同径向倾斜角的角向缝时压气机的叶顶泄漏涡涡核分布和叶顶泄漏涡Q准则识别图。由图2-48可知,当径向倾斜角为0°和30°时,叶顶泄漏涡涡核相较于实壁机匣时更靠近叶片吸力面,但是在涡核末端出现了大面积的低马赫数区域,这是由于泄漏涡破碎导致的。随着径向倾斜角的进一步增

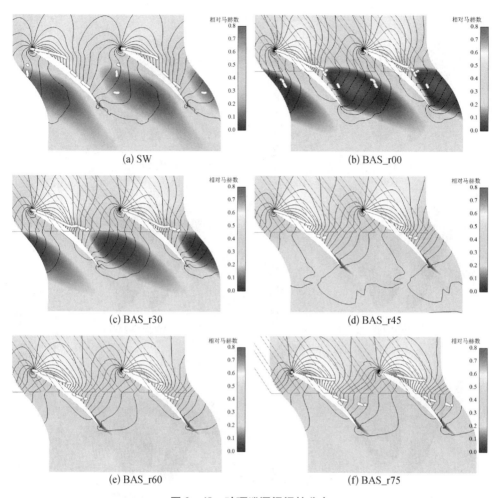

(a) SW

(b) BAS_r00

(c) BAS_r30

(d) BAS_r45

(e) BAS_r60

(f) BAS_r75

图 2-48　叶顶泄漏涡涡核分布

加,叶顶通道中的低速区消失,泄漏涡的轴向尺度变小且涡核向叶片吸力面方向偏转,压气机的失速裕度改进量显著提高。当径向倾斜角增加到 75°时,涡核轨迹向远离叶片吸力面方向偏转,加重了叶顶通道的堵塞程度。

与此同时,由图 2-49 可知,叶顶通道中同样存在着明显的主/次泄漏涡结构,当径向倾斜角为 0°和 30°时,主泄漏涡发生了破碎,同时叶顶通道中下游存在明显的次泄漏涡,叶顶通道的堵塞程度严重。随着径向倾斜角的增加,主泄漏涡的破碎现象消失,次泄漏涡的尺度明显减小,叶顶通道的堵塞程度显著降低。然而,当径向倾斜角增加到 75°时,主泄漏涡的尺度显著增大,几乎堵塞了整个叶顶前缘通道,使得角向缝的扩稳能力降低。图 2-50 继续给出了叶顶主/次泄漏涡的流线分布图,由图可知,随着径向倾斜角的增加,主泄漏流的破碎反流现象逐渐消失,且主泄漏流先减少后增多,而次泄漏流逐渐减少。

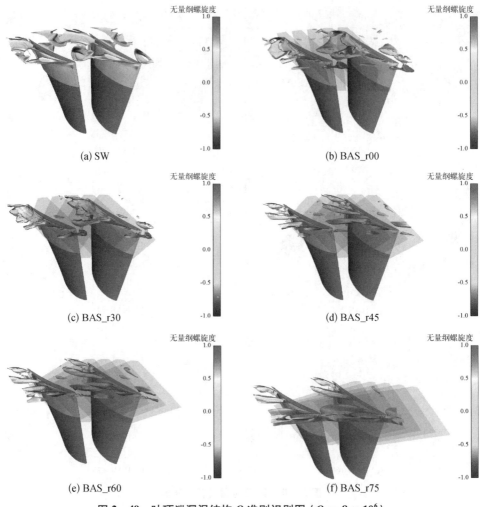

(a) SW

(b) BAS_r00

(c) BAS_r30

(d) BAS_r45

(e) BAS_r60

(f) BAS_r75

图 2 - 49　叶顶泄漏涡结构 Q 准则识别图（$Q = 8 \times 10^6$）

　　为揭示不同径向倾斜角对缝内形成回流的影响,图 2 - 51 给出了任意一个缝开口面无量纲静压随物理时间步的变化,无量纲轴向位置从 0 到 1 代表从缝的前缘到缝的尾缘,图中虚线代表叶顶前缘的位置。随着径向倾斜角的增加,缝开口面感受的静压分布发生改变,缝尾缘的静压随时间的变化程度逐渐增大,且逐渐出现明显的蓝色低压区域,而缝前缘的静压随时间的变化程度逐渐平缓;缝开口面静压在空间上的变化程度逐渐增大。随着转子的转动,整个缝开口面的压力同样呈现出强烈的非定常性。

　　与图 2 - 51 相对应,图 2 - 52 给出了相同缝开口面无量纲径向速度随物理时间步的变化。从图中可以观察到,当径向倾斜角为 0° 和 30° 时,图中出现了狭长的抽吸和喷射轨迹,且抽吸流的强度较小而喷射流的强度较大,此时对叶顶泄漏流的

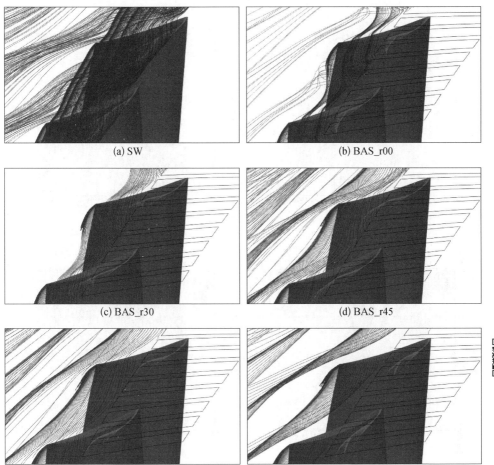

(a) SW

(b) BAS_r00

(c) BAS_r30

(d) BAS_r45

(e) BAS_r60

(f) BAS_r75

图 2-50 叶顶主/次泄漏涡的流线分布图

移除作用较弱。随着径向倾斜角的增加,缝内形成抽吸流的强度逐渐增加且逐渐集中于缝尾缘,喷射流的范围和强度明显降低,对叶顶泄漏流的移除能力显著增强。然而,当径向倾斜角进一步增加到 75°时,缝尾缘部分的抽吸流强度明显降低,从而导致角向缝的扩稳能力有所降低。

图 2-53 继续给出了缝内抽吸/喷射流量量级随径向倾斜角的变化。由图 2-53 可知,随着径向倾斜角的增加,缝内形成的抽吸/喷射流量量级呈现出先增加后减小的趋势。综上所述,随着径向倾斜角的增加,角向缝对叶顶泄漏流的抽吸移除作用呈现出先增强后减弱的趋势,因此压气机的失速裕度改进量也呈现出先增加后减小的趋势。

为揭示不同径向倾斜角的角向缝对叶顶流场非定常作用的差异,图 2-54 给出了 99%叶高处静压扰动均方根分布。由图 2-54 可知,随着径向倾斜角的增加,叶顶

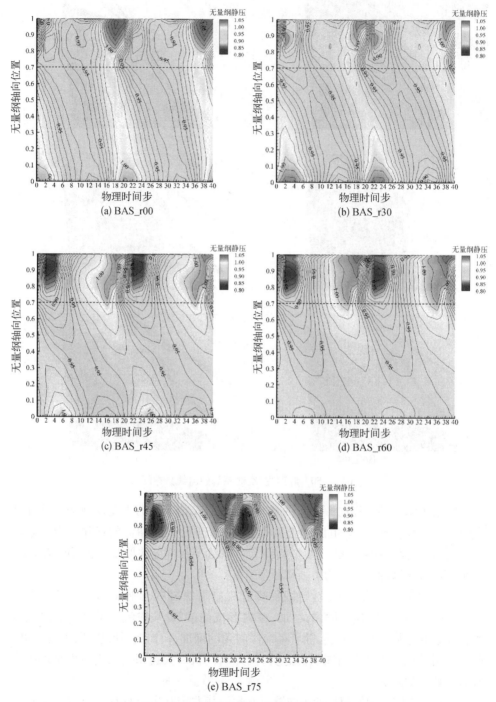

(a) BAS_r00

(b) BAS_r30

(c) BAS_r45

(d) BAS_r60

(e) BAS_r75

图 2-51　缝开口面无量纲静压随物理时间步的变化

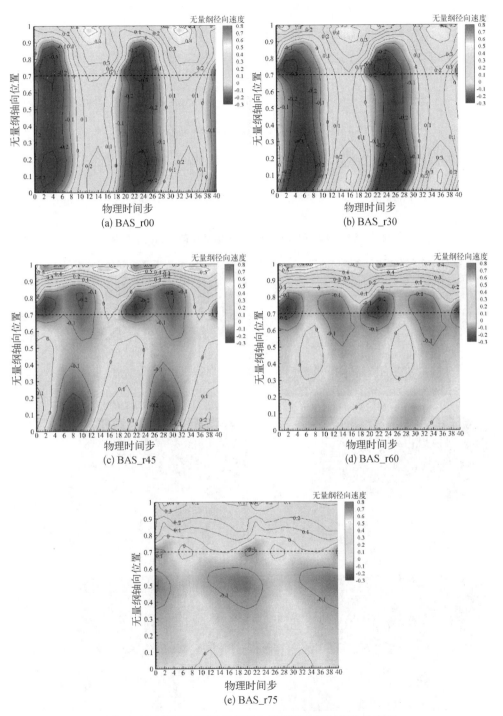

图 2-52　缝开口面无量纲径向速度随物理时间步的变化

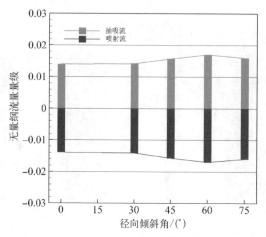

图 2-53 缝内抽吸/喷射流量量级随径向倾斜角的变化

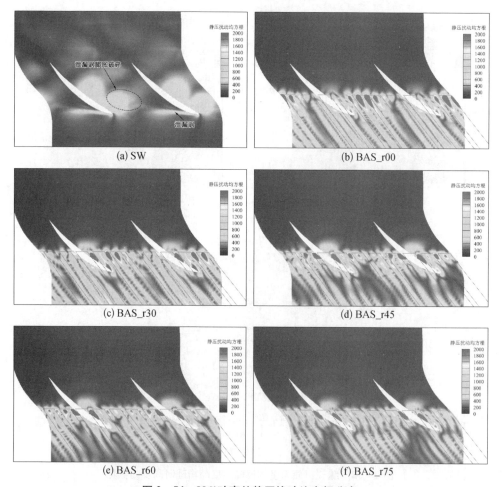

(a) SW

(b) BAS_r00

(c) BAS_r30

(d) BAS_r45

(e) BAS_r60

(f) BAS_r75

图 2-54 99%叶高处静压扰动均方根分布

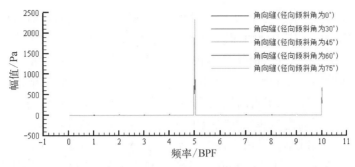

图 2 - 55　叶顶压力面 L3 处的静压频谱分析

通道中的静压非定常波动的强度和尺度整体上差别较小,但非定常波动的空间分布有所变化。图 2 - 55 给出了叶顶压力面 L3 处的静压频谱分析,从图 2 - 55 中可以知

道,不同径向倾斜角的角向缝对叶顶流场的非定常作用均体现为 5 倍 BPF 的非定常扰动基频及其二阶倍频。

为揭示不同径向倾斜角的角向缝对压气机效率的影响。图 2 - 56 给出了相同流量工况下实壁机匣及不同径向倾斜角角向缝的转子基元级效率沿叶高的分布。由图 2 - 56 可知,对于不同径向倾斜角的角向缝,其转子效率沿叶高的分布有所不同,主要差异集中在 70% 叶高以上。BAS_r00 和 BAS_r30 的效率在 70% 叶高以上均小于实壁机匣时的效率,但 BAS_r00 的效率要低于 BAS _ r30 的效率。BAS_r45、BAS_r60 和 BAS_r75 的效率在 70% 叶高以上均要略大于实壁机匣时的效率,且它们的效率由低到高依次是 BAS_r45、BAS_r60、BAS_r75。

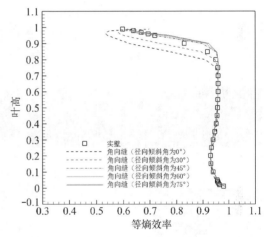

图 2 - 56　转子基元级效率沿叶高的分布

图 2 - 57 给出了相同流量工况下不同轴向位置处等 Z 截面的熵值积分分布。由图 2 - 57 可知,BAS_r00 和 BAS_r30 的不同轴向位置处的熵值积分远大于实壁机匣时的熵值积分,这意味着压气机内流动损失要大于实壁机

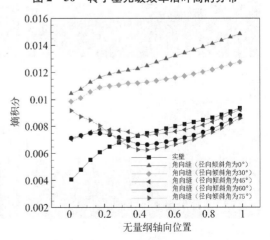

图 2 - 57　不同轴向位置处熵值积分分布

匣时,而且 BAS_r00 的流动损失要大于 BAS_r30 的流动损失。随着径向倾斜角的增加,在 30%~100%轴向范围内,熵值积分逐渐减小且均要小于实壁机匣时的熵值积分;而在 0~30%轴向范围内,熵值积分先减小后增大且均大于实壁机匣时的熵值积分。

图 2-58 给出了相同流量工况下压气机子午平面上熵增分布云图和流线分布。由图 2-58 可知,采用角向缝后,随着径向倾斜角的增加,角向缝与压气机叶顶交界处内高熵区的范围和强度先减小后增大;而在叶顶通道中后部,高熵区的径向范围和大小不断减小。虽然当径向倾斜角为 75°时,角向缝与压气机叶顶交界处的流动损失略有增加,但叶顶通道中后部的流动损失却减小,结合图 2-56 的分析,压气机的流动损失总体上表现为降低。通过上述分析可知,随着径向倾斜角的增大,角向缝内回流与主流相互作用的强度和范围逐渐减小,其导致的流动损失逐渐减小,对压气机效率的影响程度也逐渐减小。

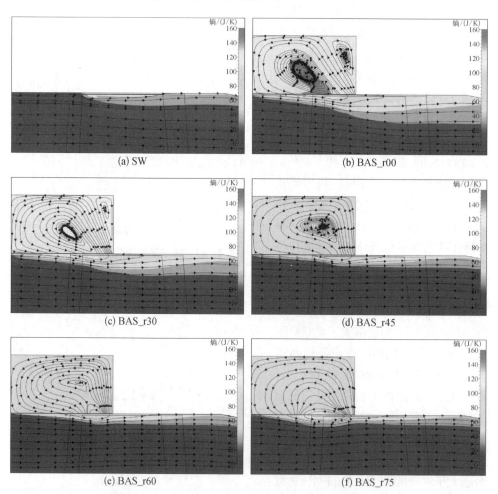

图 2-58　子午平面上熵增(周向平均)分布云图和流线分布

4. 小结

通过径向倾斜角变化的研究,可得到以下结论:

(1) 随着角向缝径向倾斜角的不断增加,角向缝的扩稳能力呈现出先增强后减弱的趋势,而当径向倾斜角小于45°时,其扩稳能力较弱。这是因为随着径向倾斜角的增加,角向缝对叶顶泄漏流的抽吸抑制作用呈现出先增强后减弱的趋势,主流/泄漏流交界面和涡核轨迹靠近叶片吸力面的程度也先增大后减小。

(2) 随着角向缝径向倾斜角的不断增加,角向缝对压气机效率的降低程度逐渐减小。这是因为,随着径向倾斜角的增加,角向缝内回流与主流之间相互作用的尺度和强度逐渐减小,从而压气机内流动损失逐渐降低。

2.4.4 轴向偏转角变化对压气机性能的影响

1. 研究方案

在表2-5角向缝结构的基础上,通过单独改变缝的轴向偏转角,保持其余几何设计参数不变,设计了5种不同轴向偏转角的角向缝机匣处理,具体结构如图2-59所示,并用 BAS_a00、BAS_a30、BAS_a37.1、BAS_a45 和 BAS_a60 分别代表轴

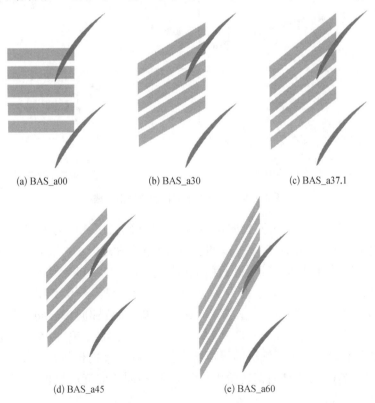

(a) BAS_a00 (b) BAS_a30 (c) BAS_a37.1

(d) BAS_a45 (e) BAS_a60

图2-59 不同轴向偏转角的角向缝机匣处理几何结构示意图

向偏转角为 0°、30°、37.1°、45°和 60°的角向缝机匣处理。

2. 总性能分析

图 2-60 给出了不同机匣的压气机转子总性能曲线。从图中可以看出，不同轴向偏转角的角向缝均能降低压气机转子的近失速流量，而且随着轴向偏转角的逐渐增大，压气机的近失速流量呈现出先减小后增大的趋势。这说明不同轴向偏转角的角向缝均能在一定限度上提升压气机的稳定裕度，但不同轴向偏转角的角向缝对压气机的扩稳程度稍有差异。采用不同轴向偏转角的角向缝后，压气机的总压比几乎与实壁机匣时一致。关注到不同轴向偏转角的角向缝对压气机的效率的影响，由图 2-60(b)可知，当角向缝的轴向偏转角为 0°时，压气机的效率相较于实壁机匣有较大限度的降低。而当角向缝的轴向偏转角大于 0°时，压气机的效率在实壁机匣某些流量范围内有略微提高，且不同轴向偏转角角向缝的转子效率之间的差异较小。

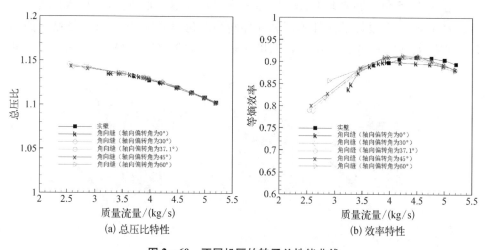

图 2-60　不同机匣的转子总性能曲线

表 2-9 给出了采用不同轴向偏转角的角向缝后，压气机的失速裕度改进量和峰值效率损失，从表 2-9 中可以知道，轴向偏转角为 0°、30°、37.1°、45°和 60°的角向缝机匣处理分别使压气机的稳定裕度提高了 23.43%、54.66%、58.86%、56.58% 和 39.19%；但也分别导致了 1.28%、0.07%、-0.07%、-0.22% 和 -0.37%的峰值效率损失。通过定量的比较可知，随着轴向偏转角的增大，压气机的失速裕度改进量呈现出先增大后减小的趋势，并且在 30°~45°，失速裕度改进量的差别不大。对于压气机的峰值效率损失，随着轴向偏转角的增大，峰值效率损失逐渐减小，且当轴向偏转角大于 30°时，不同角向缝的峰值效率损失之间的差别很小。

表 2 - 9　不同轴向偏转角角向缝失速裕度改进量和峰值效率损失

	$M_{\text{stall}}/(\text{kg/s})$	SMI/%	PEL/%
SW	3.98	—	—
BAS_a00	3.24	23.43	1.28
BAS_a30	2.60	54.66	0.07
BAS_a37.1	2.54	58.86	−0.07
BAS_a45	2.57	56.58	−0.22
BAS_a60	2.89	39.19	−0.37

3. 压气机内部流场分析

图 2 - 61 给出了采用不同轴向偏转角的角向缝机匣处理后的压气机叶顶泄漏

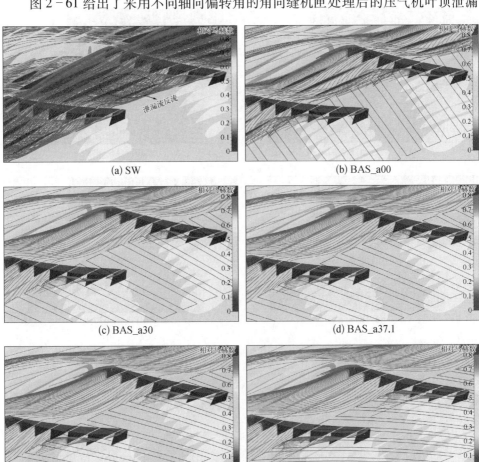

(a) SW

(b) BAS_a00

(c) BAS_a30

(d) BAS_a37.1

(e) BAS_a45

(f) BAS_a60

图 2 - 61　压气机转子叶顶间隙泄漏流及相对马赫数分布

流及相对马赫数分布。本节中的流场对比均在相同流量工况下进行，且均为实壁机匣近失速流量工况。从图2-61中可以看到，当采用角向缝机匣处理后，压气机叶顶通道中存在的叶顶泄漏流和低速区的面积相较于实壁机匣时明显减少，叶顶前缘部分的泄漏流更加集中且更靠近叶片吸力面。随着轴向偏转角的增加，叶顶通道中的叶顶泄漏流进一步减少，叶顶泄漏流的尺度进一步减小。当轴向偏转角为30°、37.1°和45°时，叶顶通道中的泄漏流尺度差别不大，此时压气机获得的失速裕度改进量之间的差别很小。当轴向偏转角进一步增加到60°时，叶顶泄漏流的尺度略有增大，从而使得压气机的失速裕度改进量有所降低［图2-61（f）所示］。

图2-62给出了98%叶高处绝对涡量云图和静压等值线分布，并近似给出了

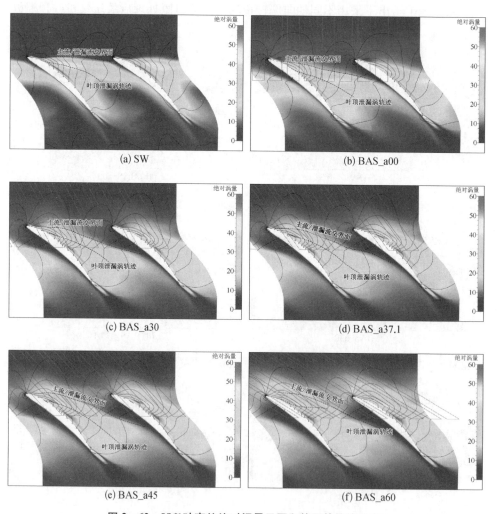

图2-62　98%叶高处绝对涡量云图和静压等值线分布

主流/泄漏流交界面和涡核轨迹的相对位置。从图 2 - 62 中可以看到,采用角向缝机匣处理后,实壁机匣时由于泄漏涡膨胀破碎导致的低涡量区域基本消失,高涡量区域的周向尺度明显减小,主流/泄漏流交界面和叶顶前缘部分的涡核轨迹均向叶片吸力面方向偏转,改善了叶顶通道的流通状况。随着轴向偏转角的增加,主流/泄漏流交界面和涡核轨迹向叶片吸力面的偏转程度逐渐变大,高涡量区域的尺度逐渐减小。当轴向偏转角为 30°、37.1°和 45°时,叶顶通道中的主流/泄漏流交界面和涡核轨迹向叶片吸力面的偏转程度和高涡量区域的尺度差别不大,此时压气机获得的失速裕度改进量之间的差别很小。当轴向偏转角进一步增加至 60°时,叶顶通道中的主流/泄漏流交界面和涡核轨迹向叶片吸力面的偏转程度略远离叶片吸力面方向,高涡量区域的尺度略有增大,从而使得压气机的失速裕度改进量有所降低。

　　图 2 - 63 给出了叶顶通道无量纲堵塞面积沿轴向的分布,可以看到采用角向缝机匣处理后,整个叶顶通道的堵塞程度得到明显的降低。对于不同轴向偏转角的角向缝,其降低叶顶通道堵塞程度的能力有所不同。当轴向偏转角为 0°时,角向缝对叶顶通道堵塞的降低程度相对最小,故其获得的失速裕度改进量也最小。随着轴向偏转角的增加,角向缝对叶顶通道堵塞的降低程度先增大后减小,但当轴向偏转角为 30°、37.1°和 45°时,叶顶堵塞程度的差别较小,此时压气机获得的失速裕度改进量之间的差别较小。当轴向偏转角增加到为 60°时,叶顶通道 0~40% 轴向范围内的堵塞程度略有增大,从而压气机的失速裕度改进量略有降低。上述结果与图 2 - 61 和图 2 - 62 所对应的流场分布相吻合。

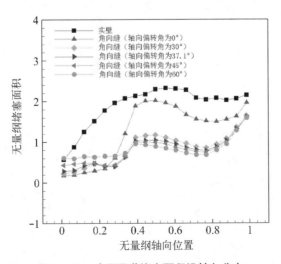

图 2 - 63　叶顶通道堵塞面积沿轴向分布

为进一步揭示不同轴向偏转角的角向缝对叶顶泄漏涡结构的影响,图 2 - 64 和图 2 - 65 分别给出了采用不同轴向偏转角的角向缝时压气机的叶顶泄漏涡涡核 分布和叶顶泄漏涡 Q 准则识别图。由图 2 - 64 可知,采用角向缝机匣处理后,叶顶 前缘部分的泄漏涡涡核变得更靠近叶片吸力面,叶顶通道中的低速区消失。随着 轴向偏转角的增加,泄漏涡涡核的尺度变化不大。同时,由图 2 - 65 可知,叶顶通 道中存在着明显的主/次泄漏涡结构,并且采用角向缝机匣处理后,原来实壁机匣 时主泄漏涡的膨胀破碎现象消失。随着轴向偏转角的增加,主泄漏涡的尺度逐渐 增大,而次泄漏涡的尺度明显减小。当轴向偏转角为 30°、37.1°、45° 和 60° 时,

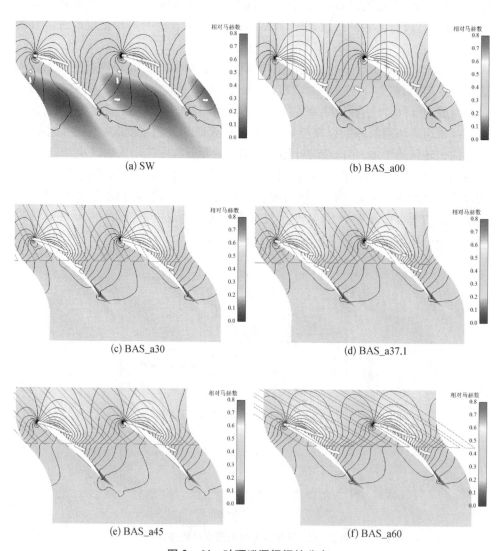

图 2 - 64　叶顶泄漏涡涡核分布

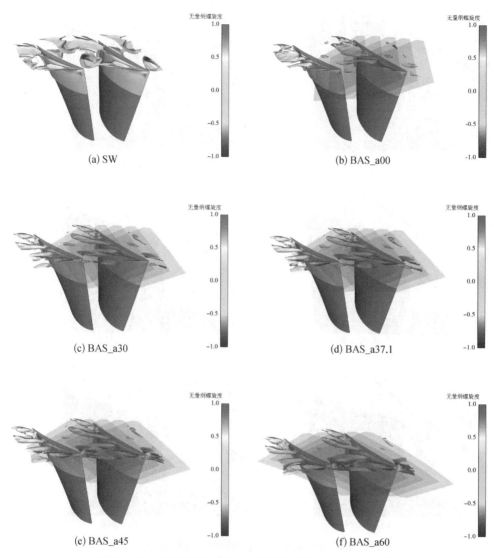

(a) SW

(b) BAS_a00

(c) BAS_a30

(d) BAS_a37.1

(e) BAS_a45

(f) BAS_a60

图 2-65　叶顶泄漏涡结构 Q 准则识别图（$Q = 8 \times 10^6$）

次泄漏涡的尺度几乎一样。当轴向偏转角为 45° 和 60° 时，主泄漏涡的尺度略有增大。图 2-66 继续给出了叶顶主/次泄漏涡的流线分布图，从图中可以发现，随着轴向偏转角的增加，主泄漏流先减少后略有增多，次泄漏流先明显减少后变化不大。

　　图 2-67 给出了任意一个缝开口面无量纲静压随物理时间步的变化，无量纲轴向位置从 0 到 1 代表从缝的前缘到缝的尾缘，图中虚线代表叶顶前缘的位置，T 代表转子叶片转过一个栅距所用的时间。随着轴向偏转角的增加，缝开口面静压的时间和空间分布发生改变，但轴向偏转角为 30°、37.1° 和 45° 的角向缝开口面静

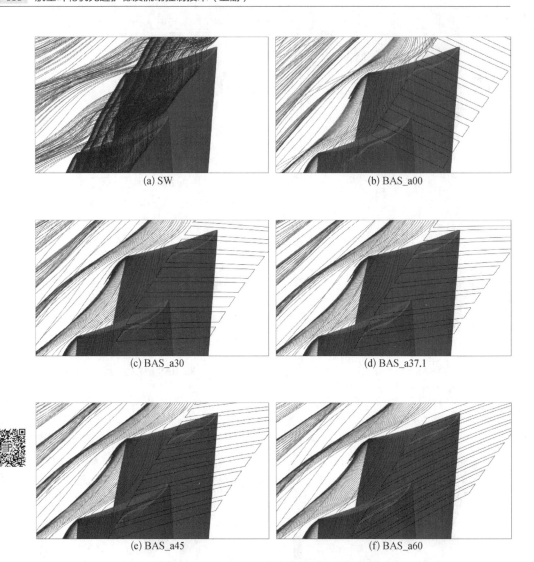

(a) SW

(b) BAS_a00

(c) BAS_a30

(d) BAS_a37.1

(e) BAS_a45

(f) BAS_a60

图 2-66 叶顶主/次泄漏涡的流线分布图

压分布几乎一样。随着转子的转动，整个缝开口面的压力同样呈现出强烈的非定常性。与图 2-67 相对应，图 2-68 给出了相同缝开口面无量纲径向速度随物理时间步的变化。由图 2-68 可知，随着轴向偏转角的增加，缝内形成抽吸流的强度呈现先增大后减小的变化趋势，而当轴向偏转角为 30°、37.1° 和 45° 时，角向缝的抽吸强度差别较小。综上所述，随着轴向偏转角的增加，角向缝对叶顶泄漏流的抽吸移除作用呈现出先增强后减弱的趋势，因此压气机的失速裕度改进量也呈现出先增加后减小的趋势。当轴向偏转角在 30° ~ 45° 时，角向缝对叶顶泄漏流的抽吸移除作用差别较小，故压气机获得的失速裕度改进量也相差较小。

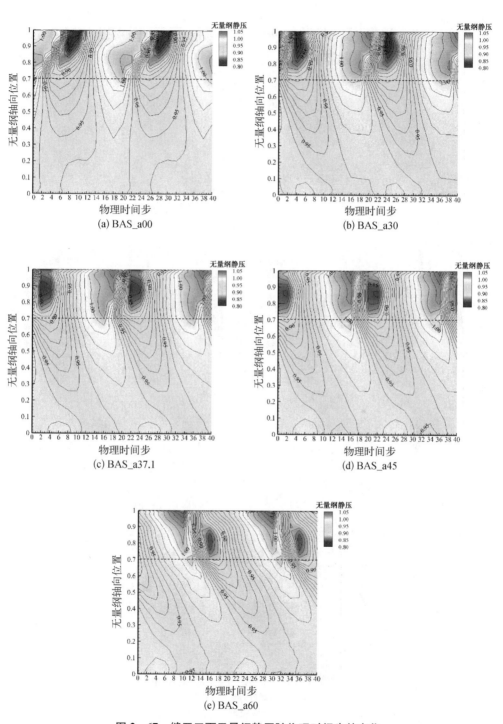

图 2-67　缝开口面无量纲静压随物理时间步的变化

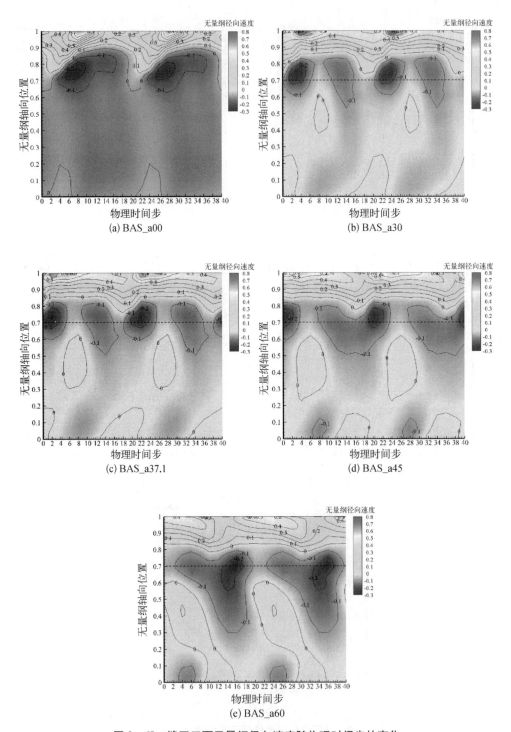

图 2-68　缝开口面无量纲径向速度随物理时间步的变化

　　为揭示不同轴向偏转角的角向缝对叶顶流场非定常作用的差异,图 2-69 给出了 99%叶高处静压扰动均方根分布。由图 2-69 可知,随着轴向偏转角的增加,叶顶通道中的静压非定常波动的强度和尺度整体上差别较小,但非定常波动的空间分布有所变化。图 2-70 给出了叶顶压力面 L3 处的静压频谱分析,从图 2-70 中可以知道,不同轴向偏转角的角向缝对叶顶流场的非定常作用均体现为 5 倍 BPF 的非定常扰动基频及其二阶倍频。

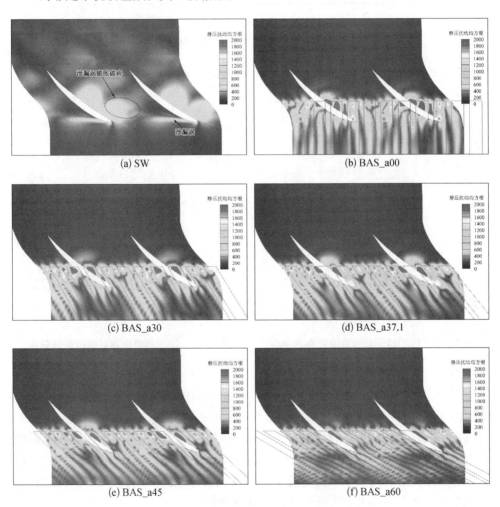

图 2-69　99%叶高处静压扰动均方根分布

　　为揭示不同轴向偏转角的角向缝对压气机效率的影响。图 2-71 给出了相同流量工况下实壁机匣及不同轴向偏转角角向缝的转子基元级效率沿叶高的分布。由图 2-71 可知,在 80%叶高以下,采用角向缝的压气机效率均要略低于实壁机匣时。在 80%叶高以上,不同轴向偏转角角向缝的效率均要略大于实壁机匣时的效

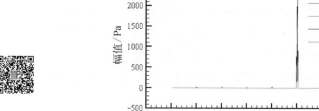

图 2-70　叶顶压力面 L3 处的静压频谱分析

率,其中 BAS_a00 的效率最低,而且 BAS_a30、BAS_a37.1、BAS_a45 和 BAS_a60 的效率几乎重合。

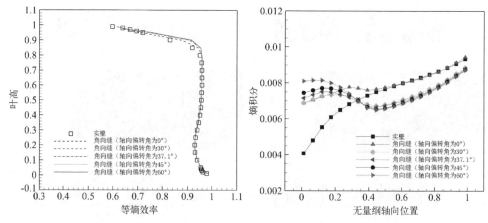

图 2-71　转子基元级效率沿叶高的分布　　图 2-72　不同轴向位置处熵值积分分布

图 2-72 给出了相同流量工况下不同轴向位置处等 Z 截面的熵值积分分布。由图可知,采用 BAS_a00 的压气机在 0~40% 轴向范围内的熵值积分要大于实壁机匣时的积分,而在 40%~100% 轴向范围内的熵值积分分布几乎与实壁机匣时的一致,这意味着压气机内流动损失要大于实壁机匣时的损失,这与总性能分析结果相符合。随着轴向偏转角的增加(不包含 BAS_a00),在 30%~100% 轴向范围内,熵值积分逐渐减小且均要小于实壁机匣时的熵值积分;而在 0~30% 轴向范围内,熵值积分逐渐增大且均大于实壁机匣时的熵值积分。

图 2-73 给出了相同流量工况下压气机子午平面上熵增分布云图和流线分布。由图 2-73 可知,对于 BAS_a00,其压气机子午通道中的高熵区范围最大,也就是流动损失最大。随着轴向偏转角进一步增大,在角向缝与叶顶通道交界处,高熵区范围和大小有所增大但差别较小。在叶顶通道中后部,压气机子午通道的高熵区的径向范围和大小逐渐减小但差别也较小。通过上述分析可以得出,随着轴

向偏转角的增大,角向缝内回流与主流相互作用的强度和范围逐渐减小,从而导致流动损失逐渐减小,对压气机效率的影响程度也逐渐减小。当轴向偏转角大于30°时,角向缝给压气机带来的流动损失差别较小。

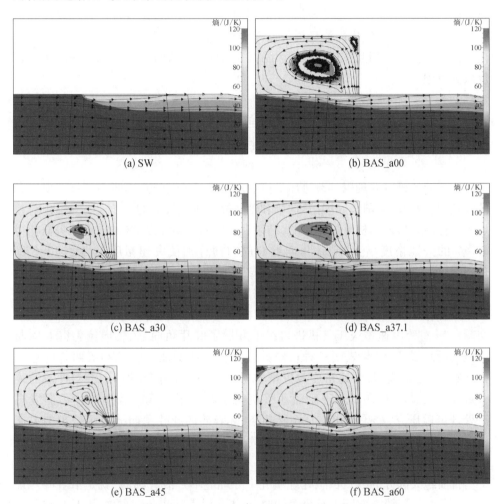

(a) SW

(b) BAS_a00

(c) BAS_a30

(d) BAS_a37.1

(e) BAS_a45

(f) BAS_a60

图 2-73　子午平面上熵增(周向平均)分布云图和流线分布

4. 小结

通过轴向偏转角变化的研究,可得到以下结论:

(1)随着角向缝轴向偏转角的不断增加,角向缝的扩稳能力呈现出先增强后减弱的趋势,但是当轴向偏转角在30°~45°时,其扩稳能力差别较小。这是因为,随着轴向偏转角的增加,角向缝对叶顶泄漏流的抽吸移除作用呈现出先增强后减弱的趋势,主流/泄漏流交界面和涡核轨迹靠近叶片吸力面的程度也先增大后减小。当轴向偏转角在30°~45°时,角向缝对叶顶泄漏流的抽吸移除作用相当,主流/泄漏流交界面和涡核轨迹靠近叶片吸力面的程度也相当。

（2）随着角向缝轴向偏转角的不断增加，角向缝对压气机效率的降低程度逐渐减小，但当轴向偏转角大于 30° 时，角向缝对压气机效率的影响程度较为有限。这是因为，随着轴向偏转角的增加，角向缝内回流与主流之间相互作用的尺度和强度逐渐减小，从而压气机内流动损失逐渐降低。当轴向偏转角大于 30° 时，角向缝内回流与主流之间相互作用的尺度和强度差别较小，从而对压气机效率的影响程度较为有限。

2.5　反叶片角向缝机匣处理对亚声速轴流压气机性能的影响

由于缝式机匣处理以其改进压气机稳定裕度显著的特点而吸引了许多研究者的注意，其中轴向倾斜缝、叶片角向缝和轴向缝是研究最多的[2,5,15-35]。文献[5]开展了三种不同形式的机匣处理试验，结果表明轴向倾斜缝以 7% 的效率损失而获得 20.7% 的失速裕度增量，叶片角向缝和周向槽分别使失速裕度提高了 17.5%、13.5%，同时效率相对实壁机匣基本不变或稍微提高。文献[2]试验指出在进口均匀下，叶片角向缝机匣处理取得的失速裕度增量仅比轴向斜缝机匣处理的低 3%，但其具有较小的流动损失，而轴向倾斜缝机匣处理具有较高的总压比和低的效率。文献[31]对跨声速多级压气机进口级上开展了叶片角向缝、轴向倾斜缝及周向槽机匣处理试验，结果表明三种机匣处理都有效地增加了转子和级两者的总压比、效率及流量范围，失速裕度改进量均为 9% 左右，其中轴向倾斜缝对性能的改善最高。文献[13]在高亚声轴流压气机转子开展了有无背腔的叶片角向缝机匣处理试验研究，结果指出在三个转速下，无背腔的叶片角向缝机匣处理的失速裕度改进量比有背腔的高，前者的裕度改善范围在 10%~20%，而后者的改善范围在 1%~12%。

目前绝大部分的缝式机匣处理研究中处理缝不是沿着轴向，就是沿着叶片角度方向。若处理缝方向既不是沿着轴向，也不是沿着叶片角度方向，而是与转子叶片型线有一定的角度，那会对压气机性能有什么影响？为此，本节设计了一种反叶片角向缝，并在西北工业大学单级轴流压气机实验台上进行试验，同时开展相应的机匣处理数值研究，以期揭示反叶片角向缝影响转子稳定性及内部流场的机制。

2.5.1　反叶片角向缝机匣处理结构

图 2-74 给出了反叶片角向缝机匣处理结构示意图，机匣处理覆盖整个叶顶轴向范围，具体的机匣处理几何参数为：处理缝数目为 144，缝宽 3.5 mm，缝片宽与缝宽之比约为 0.5，缝深 11 mm，开缝面积比为 67%，径向倾斜角 0°。

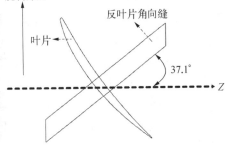

(a) 反叶片角向缝机匣处理相片　　　　(b) 处理缝与叶顶叶片的相对位置示意图

图 2-74　反叶片角向缝机匣处理结构示意图

2.5.2　数值计算方法简介

数值计算中使用 NUMECA 软件包的 Euranus 求解器。采用 Jameson 的有限体积差分格式并结合 $k\text{-}\varepsilon$(Extended wall function)湍流模型对三维雷诺时均 Navier-Stokes 方程进行求解,采用显式四阶 Runge-Kutta 法时间推进以获得定常解,为提高计算效率,采用多重网格法、局部时间步长和残差光顺等加速收敛措施。非定常计算采用隐式双时间方法,单通道计算中转子旋转一个栅距设定 30 个物理时间步,每一物理时间步下的虚拟时间步为 20。为节省计算时间,以定常计算结果为非定常计算初场。

计算采用分区网格技术,转子通道内使用 HOH 型贴体网格,网格分布为 25(周向)×69(径向)×217(轴向)。叶顶间隙区采用"蝶型网格",沿径向分布 13 个节点,进出口延伸段及机匣处理内均采用 H 型网格,计算网格最小正交性大于 30°,最大展弦比、膨胀比分别小于 2 700、2.7。计算中将机匣处理缝数由 144 改为 150,使得转子叶片数与处理缝数之比为 1∶5,每个处理缝网格分布为 13(周向)×25(径向)×57(轴向),实壁机匣、反叶片角向缝机匣处理(CT)的计算总网格数目分别约为 77.7 万、87 万。

图 2-75 给出该压气机通道子午面上计算网格图。把整个计算域分成两个部分,进口延伸段、处理缝设为静止域,转子通道及出口延伸段设为转动域,间隙网格

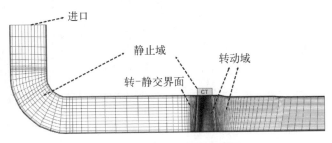

图 2-75　子午面网格示意图

分层方法等介绍详见文献[27]。定常计算时，采用混合平面法对转动域与静止域之间的动静干涉面进行数据传递，非定常计算时动静干涉面使用区域缩放方法（两侧计算域面积相等）。

计算中，轮毂、机匣以及叶片等固壁上给定绝热无滑移边界条件，转子径向延伸段进口边界条件取总压为 101 325 Pa、进口总温为 288.2 K，进口气流方向为径向。转子下游延伸段出口边界条件设为平均静压，通过不断调整出口静压获得性能曲线。把数值发散前的最后一个工况认为是近失速点，对应的压气机延伸段出口静压最大。

2.5.3   结果与分析

试验及数值计算均在 8 130 r/min 换算转速下进行。其相对转速为 0.53，书中失速裕度改进量的定义见公式（2-1）。

1. 总性能分析

图 2-76 为压气机在换算转速 8 130 r/min 下的总性能图，Baseline/Exp、Baseline/Cal 分别代表实壁机匣试验、数值获得性能曲线，CT/Exp、CT/Cal 分别代表反叶片角向缝机匣处理试验、数值获得性能曲线，CT_up/Cal 为机匣处理前移的数值曲线（引入机匣处理前移的原因将在后面提到）。为了节省计算时间，文中仅对以下 5 个工况进行非定常计算，分别为实壁机匣时近失速流量对应的 3 个工况，两种机匣处理时近失速流量对应的 2 个工况，图 2-76 中其他工况点取定常计算值。在图 2-76 中可以看到实壁机匣、反叶片角向缝机匣处理时，数值计算获得的总压比、绝热等熵效率性能曲线在变化趋势上与试验得到的曲线符合程度很好，特

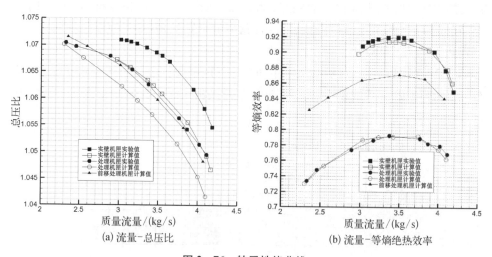

(a) 流量–总压比   (b) 流量–等熵绝热效率

图 2-76　转子性能曲线

别是两种机匣的效率曲线,试验与数值的最大效率工况点流量基本相同。无论实壁机匣还是机匣处理,数值得到的总压比值在整个流量范围内均比相同流量工况下试验得到的值低。

在不稳定边界预测方面,实壁机匣、反叶片角向缝机匣处理的试验近失速流量分别约为 3.02 kg/s、2.32 kg/s,对应数值计算的近失速流量分别约为 2.97 kg/s、2.29 kg/s,对应机匣的近失速流量试验值与计算值相对误差均小于 1.7%。同时在综合失速裕度方面,机匣处理试验、数值的失速裕度分别约为 30.11%、30.14%,通过对比可发现数值计算很好地预估了机匣处理的扩稳能力。反叶片角向缝机匣处理有效地扩大了该轴流压气机转子的稳定工作范围,但与实壁机匣比较,压气机的效率、总压比都降低了,最大效率降低约 12%。同时机匣处理后,与试验的总压比、效率下降幅度比较,数值计算很好地预测到总压比、效率下降的幅度。

与在该转子上开展过的其他几种缝式机匣处理试验类似[13],该形式机匣处理是以牺牲效率来提高压气机稳定工作范围。由于该形式机匣处理降低效率较大,根据以往的机匣处理设计经验,将反叶片角向缝机匣处理往转子上游前移约 55%叶顶轴向弦长,并开展相应的数值计算,计算结果表明机匣处理前移获得的失速裕度改进量约为 27%,最大效率降低约 4.3%(与实壁机匣比较)。与原始机匣处理(CT)对比,机匣处理前移(CT_up)后失速裕度改进量降低约 10.4%,但对效率的恶化程度降低近 64%,同时还提高了转子的总压比,这与缝式机匣处理试验研究[13]得到的结论相似。

2. 压气机内部流动分析

图 2-77 给出了转子叶顶处若干个垂直叶片吸力面的截面上相对马赫数分布云图(时均值),图 2-77 中还给出处理缝近机匣面上的轮廓示意图,两种机匣的流量近似相同,实壁机匣近失速工况。从图 2-77 中可清楚地观察到实壁机匣时,叶顶通道内截面 1~7 上靠近叶片压力面附近均有低数值的气流区,其中截面 2~5 上

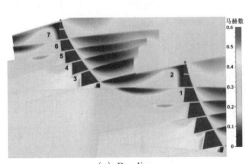

(a) Baseline

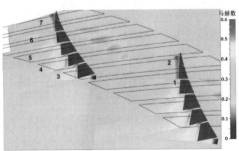

(b) CT

图 2-77　转子叶顶相对马赫数分布云图

低速区在叶顶通道占据的范围较其他截面的大,这表明实壁机匣近失速工况时,叶顶通道流通能力不强,特别是在进口通道近60%周向范围内都有低速气流,同时在半径方向低速区范围也较大。反叶片角向缝机匣处理后,转子叶顶通道对应实壁机匣的截面1~7上均无明显的低速气流区域,这意味着机匣处理措施有效地提高了叶顶通道的流通能力,特别是改善了进口前缘处截面1、2上气流的流通能力。

为展现机匣处理是如何改善叶顶处流场,图2-78给出了约99%叶高处S_1流面上的相对速度矢量图(时均值),三种机匣的流量与图2-77分析中的一致。在图2-78(a)中可发现,叶顶通道内存在较大面积的低速区域,在图中用点线包围区域的气流流动方向与通道其他区域的气流有着明显的区别(图中用虚线+箭头的组合来指示气流流动状况),具体表现在该处进口部分气流方向指向叶片前缘处压力面,下游部分气流方向近似垂直指向叶片压力面。结合图2-77的分析还可知近失速工况,实壁机匣的叶顶通道流动较为恶劣,不但进口处气流不能顺畅地流入叶顶通道,并且通道中部分区域堵塞严重,气流轴向分速为负,即出现逆流现象。分别采用反叶片角向缝机匣处理、前移的反叶片角向缝机匣处理措施后,叶顶流场均有了明显地改善,叶片上游的气流能顺利地流入叶顶通道,没有出现气流方向指向叶片前缘或近似垂直叶片压力面的现象,这表明这两种机匣处理措施都能消除实壁机匣时通道内靠近叶片压力面的部分区域出现的逆流现象,因此能提高叶顶

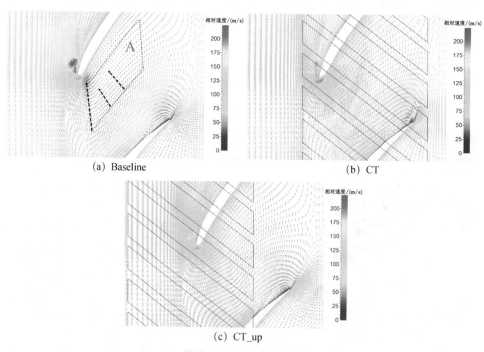

(a) Baseline　　　　　　　　　　　(b) CT

(c) CT_up

图2-78　转子99%叶高处相对速度矢量图

通道的流通能力。

诸多研究表明转子叶顶间隙泄漏流对压气机的稳定性有着重要的影响,图2-79为实壁机匣、原始机匣处理的转子叶顶间隙内部分区域的间隙泄漏流线示意图,图中用虚线+箭头组合给出了泄漏流于某个位置大致沿着涡核半径方向的分布范围,两种机匣工况与图2-77中的一致。从图2-79(a)中可清楚地观察到,实壁机匣的间隙泄漏流在流向通道下游过程中涡核半径逐渐增大,在圆形标注C区域内有低速泄漏流体存在,并且C区域靠近叶片压力面,这与图2-78(a)中A区域的低能气流分布情况大致相同,在2-79(a)中B区域还可看到部分叶顶间隙泄漏流在流到相邻叶片压力面过程中受到叶片型面的阻挡进而从相邻叶片叶顶间隙中流入下一个通道内。结合图2-77中叶顶相对马赫数分析及上述间隙泄漏流的流动分析表明,转子叶顶间隙泄漏流流动恶化是造成该转子内部流动失稳的主要原因,即触发转子失速的诱因。机匣处理后,叶顶间隙泄漏流动得到了改善,叶顶通道内基本上没有低速泄漏流体区出现,间隙泄漏流维持着较为集中的形态,即涡核半径比实壁机匣时的小。在图2-79(b)中还可观察到间隙泄漏流在流向通道下游的过程中流入处理缝(圆形标注D区域),而实壁机匣的部分泄漏流从通道下游流出。对比图2-79(a)、(b)中叶顶通道中前部近叶片吸力面的泄漏流可看出采取机匣处理措施提高了E区域泄漏流的速度值。

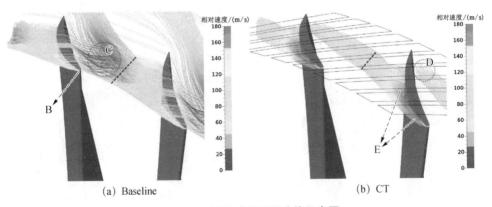

(a) Baseline (b) CT

图2-79 转子叶顶泄漏流线示意图

为了揭示反叶片角向缝内部的流动,图2-80给出机匣上某个处理缝中间截面内四个时刻的气流速度矢量分布图,同时图中还给出约99.2%叶高处S_1流面上的静压图,T为转子旋转一个栅距需要的时间,两种机匣工况与图2-77一致。从图2-80中可看到,在$T/15$时刻,由于处理缝两端感受的通道静压大小不同,在静压差的驱动下,叶顶通道部分气流在缝的右端被抽吸入缝中,流入处理缝的部分气流在缝的左端喷射入叶顶通道,而部分气流在缝内形成明显的旋涡[图2-80(a)中圆形点线标示区]。随着时间向$5T/15$推进,缝内靠近机匣的旋涡消失,同时缝内喷射入叶顶通道的气流分布区域变大。在 $9T/15$、$13T/15$ 两时刻,缝内喷射入叶顶通道的气流分布区域差别不大。在 $13T/15$ 时刻,近机匣面缝中部偏右处呈现了形成旋涡的趋势[图 2-80(d)中圆形点线标示区],此时处理缝与一叶片交于前缘,与另一叶片交于尾缘。从图中还可以清楚地看到,在四个时刻处理缝的左上角区域存在较大范围的低速气流区,并且叶片与处理缝的相对位置对该低速气流区的分布范围影响很小。从缝喷射入叶顶通道的气流必然与转子叶顶通道气流相互作用,给叶顶通道内低能流体提供能量,进而消除实壁机匣叶顶通道低能气流形成的堵塞,使转子内部流场得到改善。

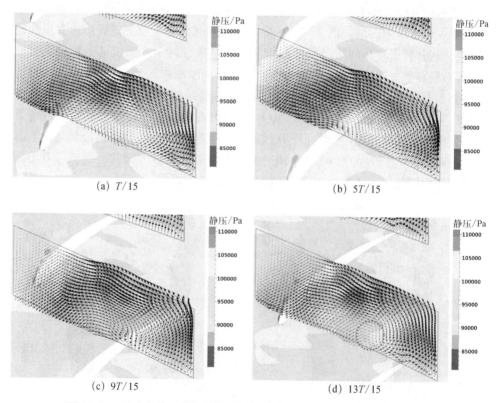

(a) $T/15$

(b) $5T/15$

(c) $9T/15$

(d) $13T/15$

图 2-80　缝内气流瞬态速度矢量图及转子 99.2%叶高处静压分布云图

图 2-81 给出 $T/15$ 时刻五个处理缝在近机匣面截面的气流径向分速(V_r)云图,同时还给了部分区域 V_r 的具体数值,从图中可看到部分截面上抽吸入缝的气流和从缝喷射入叶顶通道的气流径向分速绝对值都很大,其中抽吸流 V_r 最大数值出现在图中两叶片同时扫过的某个处理缝截面上,喷射流 V_r 最大数值出现在与叶片中部相交的某个处理缝截面上。反叶片角向缝机匣处理靠抽吸气流及喷射气流来激励机匣处的低能气流,进而改善叶顶通道流场,上述分析还表明叶片与处理缝的相对位置变化能影响处理缝的扩稳能力。

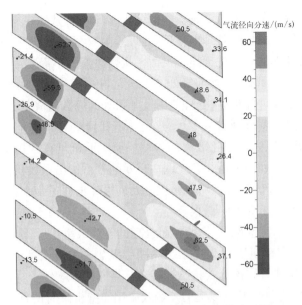

图 2-81　近机匣面上缝内气流径向分速云图

图 2-82 给出在实壁机匣近失速流量下三种机匣的转子通道子午面上熵的分布(周向平均,时均值),并给出缝内某个截面及叶顶通道内部分区域的流线分布(流线上带箭头方向)。从图 2-82 可清楚地观察到采用原始机匣处理后,处理缝中存在两个回流区域,一个在处理缝的左上角(与图 2-80 中处理缝左上角区域在

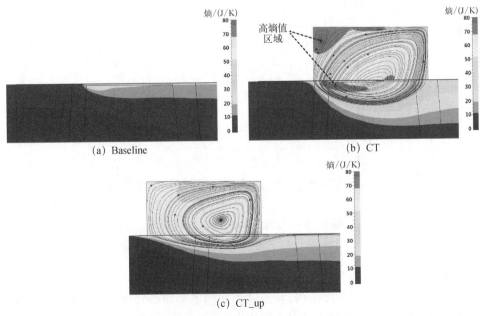

图 2-82　转子部分子午面上熵分布云图

四个时刻都存在较大范围的低速气流区的分析相呼应），另外一个出现在缝中部且靠近机匣面的位置。而机匣处理前移后，处理缝内只存在一个回流区，且该回流区中心与原始机匣处理的相比更远离机匣面。从熵数值大小程度还可看到原始机匣处理时缝内左上角的回流、叶顶前缘处喷射流与叶顶道主流相互作用造成的流动损失都很大。机匣处理前移后，处理缝内及叶顶处的熵数值降低了很多，同时影响叶顶中后部的径向高度范围也减少了，这意味着机匣处理前移能降低叶顶处的流动损失，从而降低机匣处理恶化效率的程度。而实壁机匣在叶顶很大范围区域的熵数值都比两种机匣处理的低很多。图 2-76 的分析指出原始机匣处理降低了转子的总压比，图 2-82 的分析表明原始机匣处理给叶顶通道带来很大的流动损失，这两方面的变化使转子效率降低很多。

图 2-83 给出了实壁机匣、原始机匣处理的等熵效率沿叶高分布曲线，两种机匣流量近似相等，实壁机匣近失速工况。图中纵坐标 0、1 分别代表近叶根、叶顶处。从图中可明显地看到该缝式机匣处理在叶高方向影响转子等熵效率的范围约占 50% 叶片高度，约 76% 叶高以上的等熵效率比实壁机匣时的低，在 56%~76% 叶高范围内的效率比实壁机匣时的高，但效率提高的程度比 76% 叶高以上等熵效率降低的程度小，因此总体上使转子等熵效率降低。

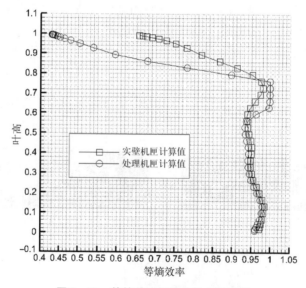

图 2-83　等熵效率沿叶高的分布曲线

3. 小结

通过反叶片角向缝的研究，可得到如下结论：

（1）在实壁机匣近失速工况，转子叶顶间隙泄漏流恶化使叶顶通道内出现较大范围的低速气流区，且低速区中靠近叶片压力面的部分区域存在逆流，逆流造成的堵塞是引起转子内部流动失稳的原因。

（2）反叶片角向缝机匣处理后，叶顶间隙泄漏流动得到了改善，叶顶通道内基本上没有低速泄漏流体区出现，并消除了实壁机匣时叶顶通道低能气流形成的堵塞，使转子稳定性得以提高。同时转子叶片与处理缝的相对位置变化会影响处理缝的扩稳能力。

（3）处理缝中左上角的回流在处理缝内引起较大的流动损失，同时从处理缝喷射入叶顶前缘处的气流具有高的径向分速，其与叶顶通道主流发生相互作用也造成了较大的流动损失，进而使转子效率降低。

（4）反叶片角向缝机匣处理前移约 55% 叶顶轴向弦长可减少机匣处理在转子叶顶区造成的流动损失，与原始机匣处理比较，获得的失速裕度改进量降低约 10.4%，但对效率的恶化程度降低近 64%，同时还提高了转子的总压比。

2.6　反叶片角向缝机匣处理对跨声速 轴流压气机性能的影响

本节以 NASA Rotor 35 为研究对象，分别研究反角向缝机匣处理的中心偏移度、径向倾斜角、轴向偏转角对转子稳定性及性能的影响，并深入地探索反叶片角向缝机匣处理的参数变化对其扩稳效果和效率的影响机制。NASA Rotor 35 是 NASA 刘易斯研究中心为了研究展弦比对压气机性能的影响而设计的小展弦比跨声速进口级之一，详细的结构参数、总性能及基元性能的实验数据详见参考文献[47]。表 2-10 给出了关键设计参数，可以看出 NASA Rotor 35 是典型的低展弦比、高转速、高效率、高负荷的跨声速压气机进口级转子。

表 2-10　NASA Rotor 35 关键参数

参　　数	值	参　　数	值
设计转速/(r/min)	17 188.8	设计流量/(kg/s)	20.1
设计压比	1.87	设计效率	0.865
叶尖相对马赫数	1.48	外径/mm	0.51
展弦比	1.19	轮毂比	0.7
叶顶稠度	1.3	叶片数	36
叶顶间隙/mm	0.36		

本节采用 Spalart-Allmaras 湍流模型对三维非定常流场进行求解。相对坐标系下，控制方程的空间离散采用 Jameson 有限体积法中二阶迎风的 Symmetric TVD 格式，在线性域和非线性域均采用 Van Albada 作为数值解的振荡限制器，控制方程的

时间离散采用四阶显示 Runge-Kutta 法，定常计算的时间推进方法为当地时间步长推进（local time stepping），非定常计算的时间推进方法为双时间步长推进（dual time stepping），其中物理时间步和虚拟时间步数均设置为 20，在特定工况下采取每两个物理时间步保存一个不同的结果文件来获得不同时刻的非定常流场。实壁机匣时网格总数约为 108 万，单通道计算。

实壁机匣数值计算时，将进口延伸段和出口延伸段设为静止域，将转子叶片通道设为转动域，转静交界面定常计算时采用完全非匹配冻结转子法（full non matching frozen rotor），非定常计算时采用区域缩放法（domain scaling）；进口条件给定轴向进气的总温和总压分别为 288.15 K 和 101 325 Pa；出口边界条件给定平均静压，计算时通过改变出口平均静压值来获得同转速下不同流量点的整条性能曲线；网格的两侧边界设置为周期性边界；所有的固体壁面均设置为绝热无滑移边界条件，转子叶片和部分轮毂（按照实验位置）设置转速为 17 188.8 r/min，其余部分轮毂和机匣均设置为静止。

随着计算迭代步数的增加，流量、总压比、效率等性能参数保持不变或基本稳定则认为计算收敛，当流量接近失速流量时，采用二分法给定出口背压来捕捉近失速点，并保证最后一个计算收敛工况和发散工况的背压差为 100 Pa。

2.6.1　中心偏移度变化对压气机性能的影响

1. 研究方案

反角向缝（reversed blade-angle skewed casing treatment，RBSCT），其设计特点是缝在机匣上的开口面的走向与转子叶顶安装角方向相反，如图 2-84 所示为机匣处理剖面图，图中具体设计参数的数值列在表 2-11 中，轴向偏转角（axial deflected angle）的定义为缝的开口面方向与叶顶前缘额线的夹角，负值代表方向与

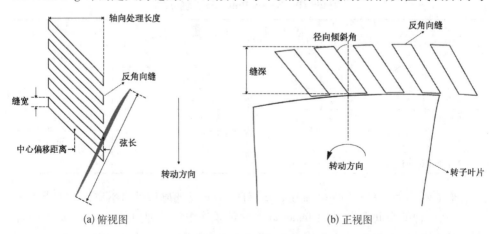

(a) 俯视图　　　　　　　　　　　(b) 正视图

图 2-84　机匣处理剖面图

叶顶安装角方向相反。径向倾斜角(radial skewed angle)的定义为缝的垂直于 Z 轴的截面方向与径向的夹角,正值代表倾斜方向与转子转动方向一致,表中所列的 6 个基准参数均为独立变量,相互之间没有制约,而且基准参数的选择借鉴了课题组之前关于轴向缝、轴向倾斜缝、叶片角向缝的设计经验[34,48],能够很大程度上保证缝的设计参数的有效性。

表 2 - 11　反角向缝基准设计参数

参　数	量　值
缝轴向弦长/叶顶轴向弦长	1
缝宽/缝片宽	1
缝深/叶顶弦长	20%
缝数	180
径向倾斜角	30°
轴向偏转角	−45°

本节主要研究中心偏移度对反角向缝扩稳能力的影响,中心偏移度(center offset degree, COD)的定义为转子叶尖截面的中心与缝开口面中心的距离与转子叶顶轴向弦长的比值,缝向上游偏移时 COD 的值是正数;因此设计了中心偏移度分别为+0.5、0、−0.5 的三种反角向缝机匣处理,其三维结构视图如图 2 - 85(a)、(b)、(c)所示。

本节对三种不同中心偏移度的反角向缝进行非定常数值研究。缝式机匣处理

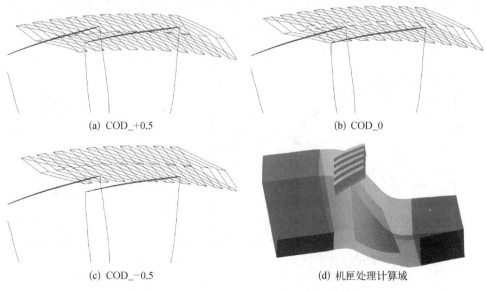

(a) COD_+0.5　　　　　　　　　　(b) COD_0

(c) COD_−0.5　　　　　　　　　　(d) 机匣处理计算域

图 2 - 85　反角向缝的三维结构和计算域配置

的网格拓扑采用 H 型网格,由于不同中心偏移度只是缝的位置在轴向方向的移动,每个缝的三维结构并未改变,因此网格节点数均为 65(轴向)×33(径向)×9(周向)。图 2-85(d)给出了机匣处理的计算域的配置,带机匣处理后的单通道网格数约为 130 万。由于缝建立在转动域的上方,因此在缝和主通道之间设置转静交界面(Rotor-Stator interface),数值计算的相关设置与实壁机匣一致。

2. 总性能分析

图 2-86 所示三种中心偏移度的无量纲总性能曲线,图中数据取自非定常计算结果,每个工况下的流量被实壁机匣(solid wall, SW)的阻塞流量无量纲化。从图中可以看出:COD_+0.5 和 COD_0 均会降低压气机转子的阻塞流量,但COD_-0.5 的阻塞流量与实壁机匣保持一致。不同中心偏移度的反角向缝均拓宽了压气机转子的稳定工作范围,将近失速流量推向更小值,而且近失速工况的总压比显著提升,其中,COD_0 的近失速无量纲流量最小,COD_+0.5 次之,COD_-0.5 最大,但 COD_-0.5 的近失速工况总压比明显小于其他两种机匣的压比,COD_+0.5 和 COD_0 的总压比曲线在整个工作流量范围内趋势一致,COD_+0.5 略高于COD_0。压气机转子的设计点无量纲流量为 0.9617,COD_0 的设计点总压比低于实壁机匣的压比,COD_-0.5 的设计点总压比与实壁机匣相等,而 COD_+0.5 则使设计点总压比得到提升。从图 2-86(b)可以看出:实壁机匣的峰值效率靠近阻塞流量远离设计点,COD_+0.5 和 COD_0 均使峰值效率点流量向设计点靠近,但COD_-0.5 的峰值效率点流量与实壁机匣保持一致;从总体趋势上看,COD_+0.5 和COD_0 除了峰值效率点流量迁移导致近阻塞点附近效率低于实壁机匣,其余流量工况下绝热效率均有明显提升,在设计点附近两者的提升幅度一致,小流量工况下,COD_+0.5 要高于 COD_0,但 COD_-0.5 的绝热效率在整个工作流量范围内均低于

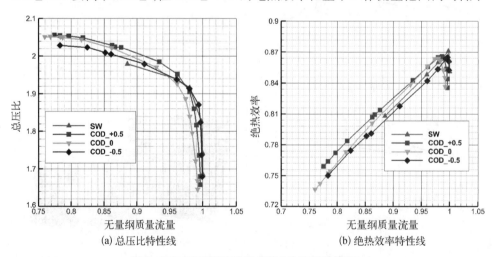

(a) 总压比特性线　　　　　　　　　(b) 绝热效率特性线

图 2-86　无量纲总性能曲线(非定常计算值)

实壁机匣的效率。

为了定量分析反角向缝的扩稳能力,定义两个量化指标,即失速裕度改进量(stall margin improvement, SMI)和设计点效率改进量(design efficiency improvement, DEI):

$$DEI = \left[\frac{(\eta_d^*)_{CT}}{(\eta_d^*)_{SW}} - 1 \right] \times 100\% \qquad (2-5)$$

式中,η_d^* 为绝热效率,下角标 d 为设计点工况,下角标 SW 为实壁机匣,下角标 CT 为机匣处理。表 2-12 列出了三种中心偏移度的缝的 SMI 和 DEI,表中 NMFR (normalized mass flow rate)为无量纲流量。从表中可以看出 COD_0 的失速裕度改进量和设计点效率改进量在三种机匣处理中均是最大的,分别为 16.83% 和 0.91%,COD_+0.5 的 SMI 和 DEI 均略小于 COD_0 的相应值,COD_-0.5 的 SMI 明显低于其他两种中心偏移度的值,而且还产生的 0.72% 的设计点效率损失。综上所述,中心偏移度为 0 的反角向缝在扩稳能力和提升设计点效率的效果上均强于其他两种中心偏移度;中心偏移度为+0.5 的扩稳能力和设计点效率提升能力略低于 0 中心偏移度的能力,但是其在提升全工作流量范围内的总压比上有优势;中心偏移度为-0.5 的扩稳能力最差,同时产生设计点效率损失。

表 2-12　不同中心偏移度的反角向缝的 SMI 和 DEI(非定常计算值)

	NMFR	π_s^*	η_d^*	SMI	DEI
SW	0.861 7	1.991	0.848 2	—	—
COD_+0.5	0.775 1	2.056	0.855 7	14.80%	0.88%
COD_0	0.759 8	2.051	0.855 9	16.83%	0.91%
COD_-0.5	0.783 3	2.029	0.842 1	12.11%	-0.72%

3. 反角向缝的扩稳机制分析

为了更准确地对比分析反角向缝式机匣处理的扩稳机制,本节选择扩稳效果最好同时对设计点效率提升最大的 COD_0 作为分析对象,与实壁机匣下的流场对比,开展非定常计算结果的内部流场分析。

图 2-87 为实壁机匣和 COD_0 的缝式机匣处理在某一时刻的相对马赫数云图瞬时分布,两种机匣选取无量纲流量为 0.861 7 的工况,此流量下实壁机匣处于近失速工况。为了能够反映低能区在径向上的深度,云图显示在一系列等间距且与 Z 轴(旋转轴)垂直的切面上。图 2-87(a)显示:实壁机匣近失速工况下在转子叶顶区域出现大面积低速区,间隙泄漏流流线在与叶顶通道内的流体发生干涉后大幅度膨胀、弯折,同时出现前缘溢流,这是触发失速的诱因;对比分析图 2-87

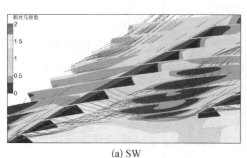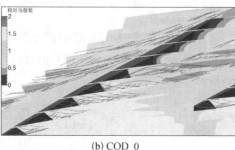

(a) SW   (b) COD_0

图 2-87　叶顶区域相对马赫数云图

(b)可以看出：在应用反角向缝机匣处理后，叶顶通道内的大面积低速堵塞区被清除，同时间隙泄漏流在与叶顶通道的主流干涉后的形态较集中，间隙泄漏流的轨迹更靠近叶片吸力面，并随主流流出叶片通道。由此可知：反角向缝能够消除实壁机匣近失速工况下由叶顶间隙泄漏流引发的低速堵塞区，使压气机转子在更小的流量工况下工作，达到提升失速裕度的效果。

为了进一步解释图 2-87(a)中的低速堵塞区对叶顶通道流动状态的影响以及反角向缝清除低速区的机制，图 2-88 给出了某一时刻下实壁机匣和 COD_0 机匣在98%叶高的相对速度矢量的瞬时分布图，无量纲流量工况选取为 0.861 7。图中的彩色实线为相对马赫数等值线，图中的数值代表当地的相对马赫数值。由图 2-88(a)可知：图中相对马赫数等值线呈深蓝色的区域与图 2-87(a)中的低速堵塞区相对应，沿主流流向可将该低速区分为两部分，前半部分的相对马赫数较大，范围在 0.2~0.4，后半部分的相对马赫数较小，范围在 0~0.2，但是从相对速度矢量的箭头方向可以看出前者的流向与主流完全相反，同时该区域位置在叶顶通道的进口处，因此该反流区严重阻碍了来流进入叶顶通道，这也导致了该区域下游的相对马赫数范围为 0~0.2 的低速滞止区。对比分析图 2-88(b)可以看出：在反角向缝的作用下，叶顶通道进口附近的反流区内的气流流向被调整为更接近来流方向，反流区下游的低速滞止区的气流速度得到提升，相对马赫数范围由 0~0.2升高到 0.5~0.8。由此可知：实壁机匣近失速工况下叶顶通道进口附近出现反流区，且反流区内气流流速较大，严重阻碍来流进入叶片通道，并诱导出下游的低速滞止区，这是压气机转子失速的直接因素；反角向缝消除了反流区，并激励了反流区下游低速滞止区内的低能流体，使转子叶顶通道的流通能力强于实壁机匣的流通能力，因此反角向缝作用后的转子稳定性高于实壁机匣的转子稳定性。

为了评估反角向缝在径向范围的影响，图 2-89 给出了实壁机匣和机匣处理的无量纲径向速度（dimensionless V_r）的分布云图，其中数值为正代表速度方向向上，无量纲流量工况选取为 0.861 7，计算值取自非定常计算结果的时均值，并沿子午面周向平均后取实壁机匣的进口平均轴向速度无量纲化，图中数字代表当地的

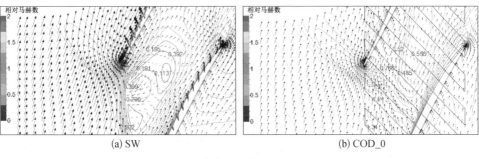

图 2‑88　98%叶高相对速度矢量

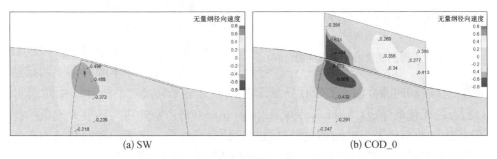

图 2‑89　子午流面的无量纲绝对径向速度云图

无量纲径向速度的值。

　　从图 2‑89(a)可知：实壁机匣下转子叶尖前缘附近出现大面积径向速度向下的区域，这是间隙泄漏流与主流掺混的结果，与图 2‑87(a)中的低速堵塞区相对应。图 2‑89(b)可以看出：在反角向缝的作用下，叶尖前缘附近的负径向速度区域的径向范围加大，且核心区域的无量纲径向速度的数值显著增大，变化范围由 0.4~0.5 增大到 0.5~0.7，同时反角向缝的左侧端面靠近叶尖的一侧也出现负径向速度区域，而在缝的右侧端面靠近叶尖一侧出现了大面积的正径向速度区域，该区域的轴向范围大于缝内左侧的负径向速度区的范围。由此可知转子在应用反角向倾斜缝后，叶顶通道内的主流由缝的下游端进入缝内，在缝的上游段重新进入叶顶通道，并对机匣向下一定径向范围内的气体发生相互作用，消除实壁机匣下由间隙泄漏流导致的低速堵塞区，从而达到扩稳的目的。

　　为了进一步阐明图 2‑89(b)中的反角向缝对主流的径向作用，图 2‑90 给出了实壁机匣和机匣处理的转子进出口的无量纲密流沿叶片展向的分布，叶片展向系数从 0 到 1 代表由叶根至叶高。无量纲流量工况选取为 0.8617，数据取自非定常计算结果的时均值，各叶高的密流沿子午面周向平均后取实壁机匣的进口平均密流无量纲化。从图中可以看出：实壁机匣和机匣处理的进口无量纲密流在全叶展范围内基本重合，这说明 COD_0 的反角向缝作用在转子叶顶截面的正上方，对上游来流的影响较小；但实壁机匣和机匣处理的出口无量纲密流有明显差别，在约 72%叶

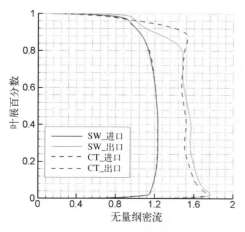

图 2 - 90　无量纲密流沿叶片展向的分布

展处至 96% 叶高,机匣处理的出口无量纲密流明显高于实壁机匣的出口无量纲密流;在叶根至 72% 叶展处实壁机匣的出口无量纲密流均略高于机匣处理的出口无量纲密流,这说明反角向缝能够大幅度改善叶尖区域的流通能力,使原本堵塞在叶顶通道内的气体重新顺利流出叶片通道,导致转子出口的气流参数沿展向重新分配,有效地消除了实壁机匣下由叶顶通道堵塞带来的消极影响。

为了解释反角向缝的非定常效应,图 2 - 91 给出了 5 个不同时刻下的反角向缝内流线和间隙泄漏流的瞬时分布,其中 T 代表转子转过一个栅距的时间,缝开口面上的无量纲静压(dimensionless static pressure)是当地静压与标准大气压的比值,图中的数值代表当地的相对马赫数。对比分析可知:反角向缝的开口面在不同时刻可以横跨 2 或 3 个叶片通道,如图 2 - 91(b)所示,缝的开口面横跨两个通道,此时只有一个叶片扫掠缝的开口面,缝开口面上的静压区被分为三部分,叶尖扫掠处形成低静压区,开口面的两侧端区是两个高压区,但左侧高压区强度较弱,因此气流受叶片压力面右侧高压作用进入缝内,在叶片吸力面左侧低压区流出,缝内旋流中心位于叶尖上方,同时气流在缝的抽吸侧又形成了一个旋流区,因此相对马赫数数值显示抽吸流低于喷射流。如图 2 - 91(e)所示,缝的开口面横跨三个叶片通道,此时有两个叶片扫掠开口面,但只有当叶尖前缘扫掠缝的开口面时才会出现旋流中心,因此缝的开口面上的静压区被分为两部分,叶尖前缘扫掠处左侧的低静压区和扫掠处右侧的高静压区,气流在静压差的作用下在缝内形成旋流,由于叶尖前缘靠近左端面使喷射区的面积小于抽吸区的面积,因此喷射区当地相对马赫数高于抽吸区的相对马赫数。至于叶顶间隙泄漏流,由于叶尖前缘扫掠会将缝内的抽吸区和喷射区分隔开,因此间隙泄漏流的上游在不同时刻总是会受到缝内喷射流的作用,而间隙泄漏流下游的低速流线总是受到缝内抽吸流的作用。

综上所述,当叶尖前缘扫掠缝的开口面时,缝感受通道静压差在缝内形成喷射流和抽吸流,同时缝内旋流中心在不同时刻随着叶片的扫掠而迁移,因此缝内形成了非定常的喷射流和抽吸流作用在叶顶通道主流和间隙泄漏流下游的低速流体上,对叶顶通道内的低速区和间隙泄漏流的非定常性起到抑制的作用,从而起到拓宽转子稳定工作范围的作用。

为了揭示 COD_0 的反角向缝提升设计点效率的流动机制,图 2 - 92 给出了实壁机匣和反角向缝作用下的子午流面瞬时熵云图,当地熵值为周向平均计算后的

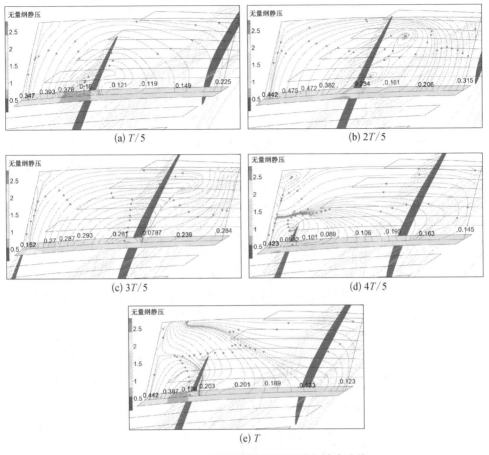

图 2 - 91　不同时刻的间隙泄漏流线和缝内流线

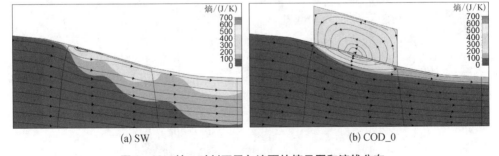

图 2 - 92　某一时刻下子午流面的熵云图和流线分布

结果,两种机匣的无量纲流量均为 0.961 7,即压气机的设计点工况。对比分析可以看出:实壁机匣下,叶顶区域存在大面积的高熵区,且高熵区的径向范围较大;COD_0 的反角向缝机匣处理作用后,高熵区的径向影响范围显著减小,高熵区主要分布在缝内,从流线分布可以看出流动损失主要是由缝内旋流引起的,经计算缝内旋流流量约为主流流量的1%，即反角向缝使叶顶主流的流动损失减小，同时缝内的旋流损失增大，但由于缝内旋流流量较小使前者熵减小的幅度要高于后者熵增加的幅度，因此，COD_0的反角向缝提升了压气机的设计点效率。

4. 三种中心偏移度的流场对比分析

图2-93为某一时刻下，三种不同中心偏移度的机匣处理在98%叶高处的相对马赫数云图的瞬时分布，图中矩形框代表缝的开口面在机匣上的位置，三种机匣均取无量纲流量为0.783 3的工况，此时COD_-0.5处于近失速工况。从图2-93(c)可以看出：COD_-0.5在近失速工况下，叶顶通道内存在两个明显的低速堵塞区，一个在叶片吸力面尾缘附近，周向尺度较小，约占1/5栅距，这是由于中心偏移度为-0.5的缝的位置正好覆盖住这个低速堵塞区，缝的作用抑制了这个低速区的发展；另一个低速区在叶顶通道进口附近，其周向尺寸较大，约占3/4叶片栅距，并且低速堵塞区的前缘与进口额线平齐，这严重阻碍来流进入叶片通道，触发了失速；相比于COD_-0.5，COD_+0.5的缝正好覆盖了叶顶通道进口附近的低速区，缝对其的发展产生了抑制作用，使低速堵塞区的周向尺寸减小，堵塞前缘向下游迁移不再与叶顶通道进口平齐，来流可以较顺利进入叶片通道，但靠近吸力面尾缘的低速区没有受到缝的抑制作用而周向尺寸扩大；COD_0的缝能够同时覆盖两个低速区，靠近吸力面尾缘附近的低速区的抑制效果与COD_-0.5接近，但COD_0叶片通道进口附近的低速区的抑制效果要明显优于COD_+0.5，图2-93(b)中该处的低速区几乎被完全消除。

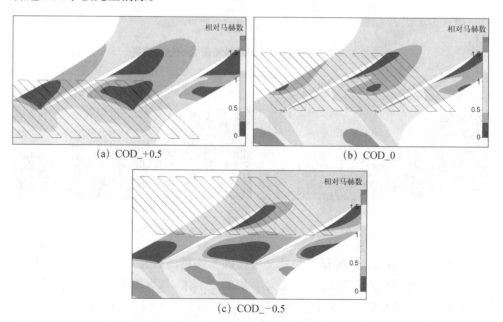

(a) COD_+0.5

(b) COD_0

(c) COD_-0.5

图2-93 98%叶高相对马赫数云图

图 2‑94 为某一时刻下，三种中心偏移度的机匣处理叶顶区域的无量纲静压（normalized static pressure，NSP）瞬时云图，当地静压值被标准大气压无量纲化，三种机匣处理均处在无量纲流量为 0.783 3 的工况，图 2‑94 中的细实线为无量纲静压等值线，等值线较密集的区域用点画线标出代表激波的位置，静压等值线波谷连线代表间隙泄漏涡核轨迹。对比分析可以看出，COD_+0.5 的激波附近的静压等值线的密集程度比其他两种中心偏移度的机匣弱，这说明在 +0.5 的中心偏移度的缝的作用下，叶顶通道内的激波强度减弱；当中心偏移度由 +0.5~−0.5 变化时，间隙泄漏涡核轨迹与 Z 轴的夹角由 72.7° 到 69.2° 再到 79.9°，涡核轨迹与 Z 轴的夹角越小则间隙泄漏流在叶顶通道内的周向影响范围越小，证明缝对间隙泄漏流的抑制效果越强，因此 COD_0 的抑制效果最强，COD_+0.5 次之，COD_−0.5 由于缝的开口面远离泄漏流的核心区导致抑制效果最弱；由图 2‑94 中的无量纲静压分布可知，在缝的中心偏移度变化时，缝开口面的后缘附近的静压始终高于前缘附近的静压，这是由于压气机转子是增压部件导致的必然结果，因此不同中心偏移度的缝均是由下游产生抽吸流、上游产生喷射流，并与图 2‑91 中关于 COD_0 的分析相吻合。

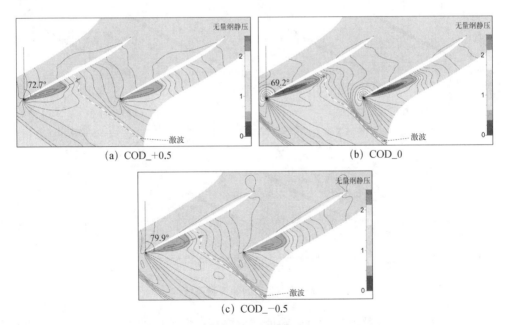

图 2‑94　98%叶高静压云图

为了对比不同中心偏移度的缝作用下间隙泄漏流形态的差异，图 2‑95 给出了某一时刻三种缝式机匣处理下间隙泄漏流流线的瞬时分布，对比分析可知：COD_0 作用下的间隙泄漏流的形态最集中，泄漏流的上游流速高于其他两种中心偏移度对应的流速,因此当间隙泄漏流发展至通道中部时,低速流线出现较少,随后可以顺利地随着主流流出叶顶通道;COD_+0.5 作用下的间隙泄漏流的发展轨迹在缝的作用下发生偏转,流线不随主流流出叶顶通道,而是终止于相邻叶片压力面中段附近;COD_−0.5 作用下的间隙泄漏流发生大幅度弯折并出现前缘溢流,这与 COD_−0.5 处于近失速工况下的特征相吻合。结合图 2−94 中叶顶区域静压分布和图 2−95 对比分析得出:COD_0 在间隙泄漏上游核心区域表现为喷射作用,在间隙泄漏流下游低速区域表现为抽吸作用,其抑制叶顶通道堵塞区形成的机制是激励上游间隙泄漏流,并抽吸走间隙泄漏流与激波干涉后形成的低能流体,而COD_+0.5 在间隙泄漏流上游核心区表现为抽吸作用,其抑制叶顶通道堵塞的机制是减弱叶顶通道内的激波强度,并将泄漏流下游的低速流吸除;COD_−0.5 对间隙泄漏流的影响表现为对泄漏流发展下游处的喷射作用,对叶顶低速堵塞区的影响较弱,扩稳能力最差;总而言之,当缝的喷射和抽吸效应共同作用在间隙泄漏流及其形成的低速堵塞区时,反角向缝表现出较好的扩稳效果。

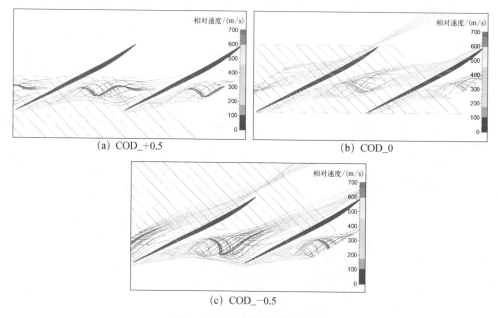

(a) COD_+0.5

(b) COD_0

(c) COD_−0.5

图 2−95　叶顶间隙泄漏流线

　　为了评估反角向缝的喷射效应和抽吸效应在径向范围的影响,图 2−96 给出了某一时刻下,三种缝式机匣处理沿子午面周向平均后的无量纲径向速度(dimensionless V_r)的瞬时云图,图中的当地静压被标准大气压无量纲化,图中的数字代表当地的无量纲静压值,正值代表速度方向向上。

　　对比分析可以看出:COD_0 在缝的左端面靠近叶尖前缘的位置形成了强的喷

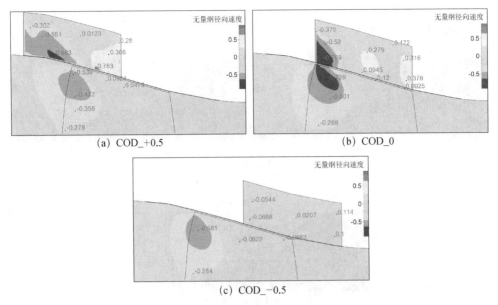

(a) COD_+0.5　　　　　　　　(b) COD_0

(c) COD_-0.5

图 2-96　子午流面无量纲径向速度云图

射流(图 2-96 中无量纲径向速度为负值的深色云图区域),核心区域的无量纲径向速度达到-0.769,同时缝的右端面附近出现集中的抽吸流(图 2-96 中无量纲径向速度为正值的云图区域),核心区域的无量纲径向速度达到+0.378,在喷射流和抽吸流的综合作用下,叶尖附近的低速区被激励,核心区域无量纲径向速度达到-0.729。由于中心偏移度的改变,COD_+0.5 的缝内喷射流和抽吸流的强度及其与叶顶低速区的位置关系发生变化,喷射流减弱,核心区域的无量纲径向速度为-0.663,抽吸流增强,核心区域的无量纲径向速度为+0.763。相比于 COD_0 的喷射流作用在低速区的正上方,COD_+0.5 的喷射流和抽吸流分别作用在低速区的上游和下游。COD_-0.5 的位置远离叶尖低速区,缝内的抽吸流和喷射流微弱。综上所述,反角向缝的中心偏移度改变时,缝内抽吸流和喷射流的强度及其与叶尖低速区的相对位置发生改变,这导致了缝的扩稳效果的差异,当中心偏移度为 0 时,叶尖低速区正上方的喷射流最强,因此扩稳效果最好。

为了从内部流场的差异分析不同中心偏移度的缝对压气机转子在设计点流量下的效率的影响,图 2-97 给出了三种机匣处理沿子午流面周向平均后的熵云图,图中显示为非定常计算的时均值结果,三种机匣处理均处在设计点无量纲流量工况,值为 0.961 7。对比分析可以看出:COD_0 的高熵区主要集中在缝内的旋流中心和叶顶区域;COD_+0.5 由于缝的向上游偏移使高熵增区的轴向范围向上游扩展,同时缝内流体与主流交界处的旋流中心也随着缝的迁移到叶顶前缘附近,这导致旋流区的熵增加;COD_-0.5 在叶顶区域的高熵增区的径向范围明显高于其他两个中心偏移度的缝,同时由于缝向下游迁移,子午流面出现两个旋流区中心,一

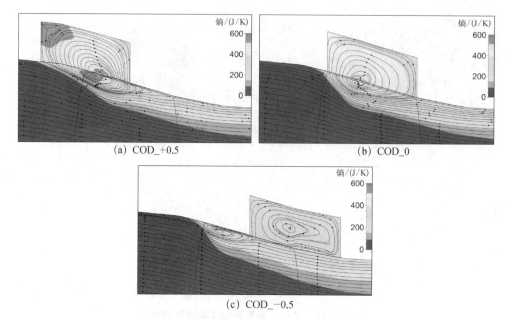

(a) COD_+0.5　　　　　　　(b) COD_0

(c) COD_-0.5

图 2-97　子午流面熵云图和流线分布（时均值）

个完全在缝内的旋流区，另一个在实壁机匣附近的旋流区，因此 COD_-0.5 的旋流区的增多和高熵区径向范围的增大，导致了 COD_-0.5 的效率亏损。

5. 小结

通过中心偏移度变化的研究，可得到以下结论：

（1）三种中心偏移度的反角向缝均能拓宽压气机稳定工作范围。COD_0 的扩稳能力最强，COD_+0.5 次之，COD_-0.5 的扩稳能力最差。COD_+0.5 和 COD_0 均可以提升压气机设计点效率，其中 COD_0 的提升效果更好，但 COD_-0.5 会使压气机设计点效率下降。

（2）当转子叶尖扫过反角向缝的开口面时，缝感受叶顶静压差形成喷射流和抽吸流，由于缝内旋流中心随着叶尖的扫掠而迁移，因此缝的喷射流和抽吸流具有明显的非定常性。反角向缝所产生的非定常喷射流和抽吸流对叶顶通道内的低速区起到抑制作用，消除堵塞区，使来流更顺利地流出叶顶通道，从而达到扩稳的效果。

（3）COD_0 的缝在叶尖前缘附近产生喷射流，在叶尖尾缘附近产生抽吸流，其中喷射流在三种缝中最强且作用在低速区的正上方，因此扩稳效果最好。COD_+0.5 的缝内喷射流减弱，抽吸流增强，但抽吸流作用在低速区的下游，因此扩稳效果较好。COD_-0.5 的缝内喷射流和抽吸流强度较弱，且远离叶尖低速区，因此扩稳效果最差。

（4）COD_+0.5 和 COD_0 在子午流面只有一个旋流区，且旋流中心均在主流和缝内流体的交界面附近,但当中心偏移度由 0 变化到+0.5,旋流中心向上游迁移到叶尖前缘附近,增加了旋流中心和缝内角区的流动损失,因此 COD_+0.5 对设计点效率的提升效果小于 COD_0。COD_-0.5 由于缝向下游移动导致子午面内出现两个旋流区,流动损失急剧增加,因此 COD_-0.5 会使设计点效率降低。

2.6.2　径向倾斜角变化对压气机性能的影响

1. 研究方案

根据之前的研究结论[48],对于某跨声速压气机转子,反角向缝比轴向缝和叶片角向缝拥有更强的扩稳能力,但是在反角向缝的径向倾斜角通常按照经验选取一个顺转子转向偏转的特定值,如 0°、45°、60°等,在已经公开的研究中没有将反角向缝的径向倾斜角作为单一变量来系统地研究其变化对缝扩稳能力的影响。

图 2-98 显示了四种不同径向倾斜角的反角向缝的三维结构图,缝的结构在设计时采用控制变量法,四种缝只有径向倾斜角的单变量变化,其他的基准设计参数列在表 2-13 中,为了便于识别,四种径向倾斜角 0°、+30°、+60°、+75°(正号代表倾斜方向与转子转向一致)分别记作 R_0、R_30、R_60、R_75。

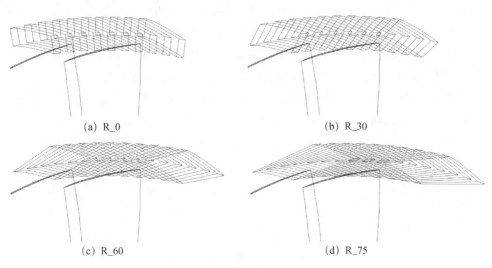

(a) R_0　　　　　　　　　　　　　　(b) R_30

(c) R_60　　　　　　　　　　　　　　(d) R_75

图 2-98　反角向缝的三维结构图

表 2-13　反角向缝基准设计参数

参　　数	量　　值
缝轴向弦长/叶顶轴向弦长	1
缝宽/缝片宽	1
缝深/叶顶弦长	20%

参　　数	量　　值
缝数	180
中心偏移度	+0.5
轴向偏转角	−45°

缝结构的网格拓扑采用 H 型网格，R_0 的网格节点数分布为 65×29×9（轴向×径向×周向），由于径向倾斜角变化时，缝的径向长度逐渐增大，为了保持四种缝结构的网格密度相同，网格的径向节点数随着径向倾斜角的增大而逐步增多，即 R_30、R_60、R_75 的网格节点分布分别为 65×33×9、65×45×9、65×57×9（轴向×径向×周向）。数值计算的相关设置与上面一致。

2. 总性能分析

图 2-99 所示四种径向倾斜角的缝的无量纲总性能曲线，图中数据取自非定常计算结果，每个工况下的流量被实壁机匣（solid wall, SW）的阻塞流量无量纲化。从图中可以看出：四种径向倾斜角的缝均会降低压气机转子的阻塞流量，而且降低幅度相同；不同径向倾斜角的反角向缝均拓宽了压气机转子的稳定工作范围，将近失速流量推向更小值，而且径向倾斜角越大，近失速流量越小、近失速工况下总压比越大；压气机转子的设计点无量纲流量为 0.961 7，在该流量下四种缝的总压比处在同一水平。从图 2-99(b) 可以看出：实壁机匣的峰值效率靠近阻塞流量、远离设计点，四种不同径向倾斜角的反角向缝均使峰值效率点流量向设计点靠近，但绝热效率峰值均低于实壁机匣的效率；从设计点流量看，当径向倾斜角从 0° 增大到 75° 的过程中，设计点效率先增大再减小，当径向倾斜角为 60° 时达到最大值，当

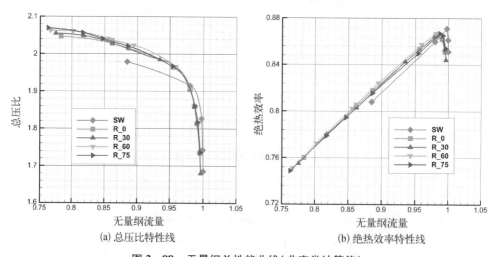

(a) 总压比特性线　　　　　　　　　　　(b) 绝热效率特性线

图 2-99　无量纲总性能曲线（非定常计算值）

径向倾斜角继续增加到75°时,设计点效率的下降幅度较大,由图中可以看出,R_75 的设计点效率低于 R_0 的效率。

为了定量分析不同径向倾斜角的反角向缝的扩稳能力差异,表2-14列出了四种缝在近失速工况下的无量纲流量(normalized mass flow rate, NMFR)和总压比以及设计点的效率,并根据这些数据计算出各自的 SMI 和 DEI[定义详见式(2-1)、式(2-5)]。由表中数据可以看出:当径向倾斜角逐渐增大时,无量纲近失速流量由 0.783 3 逐渐减小为 0.762 7,近失速工况下的总压比由 2.047 逐步增大为 2.069,因此 R_0 获得的 SMI 最小为 13.10%, R_75 获得的 SMI 最大为 17.41%, R_60 获得的 SMI 为 16.43%略小于 R_75;在设计点效率改进量方面,R_0 到 R_60 的 DEI 从 0.84%逐步增大到 1.08%,但当径向倾斜角由 60°变到 75°时, DEI 由 1.08%急剧下降为 0.26%。综上所述,当反角向缝的径向倾斜角由 0°增大到 75°时,缝的扩稳能力逐渐增强,但当角度为 60°时缝对设计点效率的提升效果最好,当径向倾斜角达到 75°时,缝对压气机转子设计点的效率提升能力明显减弱。

表 2-14　不同径向倾斜角的反角向缝的 SMI 和 DEI(非定常计算值)

	NMFR	π_s^*	η_d^*	SMI	DEI
SW	0.861 7	1.991	0.848 2	—	—
R_0	0.783 3	2.047	0.855 3	13.10%	0.84%
R_30	0.775 1	2.056	0.855 7	14.80%	0.88%
R_60	0.766 5	2.062	0.857 4	16.43%	1.08%
R_75	0.762 7	2.069	0.850 4	17.41%	0.26%

3. 压气机内部流场分析

图 2-100 为某一时刻下,四种不同径向倾斜角的缝在 98%叶展处的瞬时相对马赫数云图,图中数字代表当地相对马赫数,四种机匣处理均处在无量纲流量为 0.783 3 的工况,此时 R_0 处于近失速工况。由图 2-100(a)可以看出: R_0 在近失速工况下叶顶通道内出现大面积低速堵塞区,低速区上游前缘的位置在叶顶通道的进口,并且周向尺寸几乎占据了一个栅距,低速区下游可以发展到叶片吸力面尾缘,因此低速区占据了整个叶顶区域,来流无法顺利流入叶片通道,引发了失速;由图 2-100(b)可以看出:当径向倾斜角变为 30°时,叶顶通道内的大面积低速堵塞区在 R_30 的作用下被分为两部分,一个位置在通道进口靠近叶片压力面前缘附近,另一个位置在吸力面尾缘附近,两块低速堵塞区中间留有足够的间隙,使来流顺利通过;由图 2-100(c)可以看出:当径向倾斜角继续增大到 60°时,在 R_60 的作用下,通道进口附近的低速区的周向尺寸明显减小,同时低速区上游前缘也向下

游迁移,使来流更顺利地进入叶片通道;由图2-100(d)可以看出:R_75 充分抑制了压力面前缘附近的低速区的发展,使其面积大幅度减小,同时在吸力面尾缘附近的低速区的周向尺寸也在 R_75 的作用下减小,因此来流可以更顺利地进入并流出通道。综上所述,当反角向缝的径向倾斜角逐渐增大时,缝对叶顶诱发失速的低速堵塞区的清除能力越强。

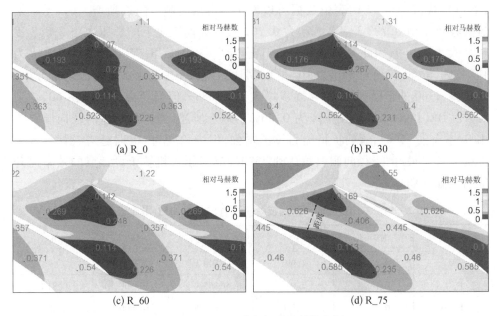

图 2-100　98%叶高相对马赫数云图

图2-101为某一时刻在四种不同径向倾斜角的缝作用下,压气机转子叶顶间隙泄漏流流线图,四种缝均处于无量纲流量为 0.783 3 的工况。对比分析可以看出:在四种缝的作用下,间隙泄漏流流线并未随主流流出叶顶通道,而是终止于相邻叶片的压力面附近,但是径向倾斜角不同,间隙泄漏流在相邻压力面终止的位置有差异,如图2-101中Ⅰ、Ⅱ、Ⅲ、Ⅳ位置所示,径向倾斜角越大,终止位置越向下游移动,R_0 作用下间隙泄漏流的下游可以影响到相邻叶片压力面前缘,而 R_75 作用下的间隙泄漏流下游终止位置在相邻压力面中部附近,叶尖前缘附近的一段弦长区域是间隙泄漏流产生的核心区域,而间隙泄漏流的下游与相邻叶片的压力面前缘相互干涉是间隙泄漏流自激非定常性的重要特征,因此当径向倾斜角逐渐增大时,间隙泄漏流的终止位置从相邻压力面前缘向中部弦长移动,说明径向倾斜角越大,在缝的作用下间隙泄漏流的自激非定常性越弱,从图中间隙泄漏流的形态可以印证这一结论,即 R_0 的间隙泄漏流流线的膨胀程度最大,而 R_75 的间隙泄漏流流线的形态最集中,同时随着径向倾斜角的增大,间隙泄漏流流线中的低速流线越少,影响范围越小,这很好地抑制了叶顶通道内低速堵塞区的形成。

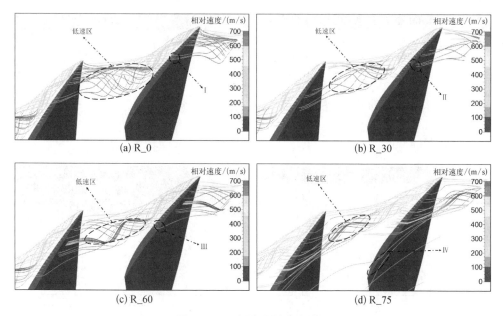

图 2-101　间隙泄漏流流线图

图 2-102 为某一时刻下,四种缝式机匣处理作用下叶顶流道的相对总压损失系数的瞬时云图,四种缝均处于无量纲流量为 0.783 3 的工况。相对总压损失系数的定义为

$$C_p = \frac{(p_{t_{\text{inlet}}} - p_t)}{0.5\rho w_{\text{inlet}}^2} \qquad (2-6)$$

式中, $p_{t_{\text{inlet}}}$ 、 w_{inlet} 分别代表转动域进口截面平均相对总压和平均相对速度; p_t 为叶片通道内任一点的相对总压; ρ 为密度,相对总压损失系数的大小可以评估转动域在相对坐标系下的流动损失程度。对比分析可以看出:在四种径向倾斜角的缝的作用下,叶顶区域相对总压损失云图均存在明显的分界线[图 2-102(a)中点画线标注的位置],来流的流动损失较小,叶片通道内的流动损失较大,但高损失区和低损失区的分界线随着径向倾斜角的增大而逐渐靠近叶顶前缘,叶顶通道的流动损失来源主要集中在激波损失、间隙泄漏流与主流的掺混损失、来流冲击损失,当高、低损失区的分界线越靠近叶片前缘时,说明反角向缝抑制了叶顶通道间隙泄漏流与激波干涉损失,使得间隙泄漏流经过激波后的形态更集中,低速流线越少,图 2-101 印证了这一结论,因此径向倾斜角越大的反角向缝对失速的抑制效果更好,扩稳裕度更高。图中叶片压力面前缘附近的条带状高损失区的变化规律也印证了这一规律,该区域的高相对总压损失是与激波干涉前的形态相对集中的间隙泄漏流与主流充分掺混引起的,当径向倾斜角从 0°增大到 75°时,该区域的轴向尺

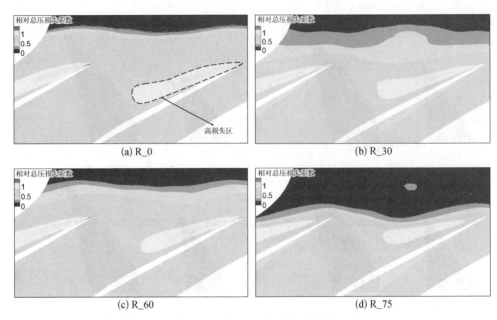

(a) R_0

(b) R_30

(c) R_60

(d) R_75

图2-102　98%叶高相对总压损失系数云图

寸和面积均减小，这说明径向倾斜角的增大能更好地抑制间隙泄漏流与主流的掺混，从而实现更大的扩稳。

　　图2-103为四种径向倾斜角的缝的子午流面熵云图，图中显示的熵为非定常计算的时均值沿子午面周向平均后的结果，四种缝均处于无量纲流量为0.9617的工况，即压气机转子设计点工况。对比分析可以看出：当径向倾斜角从0°增加到60°时，缝内旋流与主流干涉所形成的高熵增区面积逐渐减小，同时叶顶通道内的高熵增区的径向深度也逐渐减小，这很好地解释了径向倾斜角从0°到60°的过程中设计点效率逐渐增大的现象；从图2-103中的流线可以看出缝内的气流会带动叶顶通道附近的主流一起形成旋流区，当径向倾斜角改变时，旋流区中心的位置、旋流区的形态以及旋流区在主流通道内影响的径向深度均保持在同一水平，这说明当反角向缝的径向倾斜角增大时仅通过减弱缝内旋流强度来减少熵增；但当径向倾斜角从60°增加到75°时，缝内旋流与主流的旋流中心处的高熵增区大小与60°的大小相同，当时由于径向倾斜角过大，导致缝的上端面附近形成了一个新的强旋流区，该旋流区中心也伴随有大面积熵增区，这是R_75相对于R_60设计点效率改进量下降的原因；经过进一步对比表2-14中的相关数据发现，R_75的设计点效率改进量不仅低于R_60而且远低于R_0，但在图中可以直观地看出R_75的高熵增区面积不及R_0，但结合图2-96的相关分析可知旋流区的数量对效率的影响至关重要，当旋流区数量和形态相同时，可以通过比较熵增判断流动损失，但当旋流区个数不同，就要充分考虑旋流区对流动损失的重要影响，即旋流区数量的增加会导致流动损失大幅

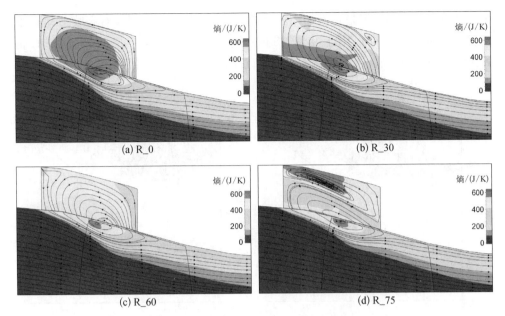

(a) R_0

(b) R_30

(c) R_60

(d) R_75

图2-103 子午流面熵云图(时均值)

度增加,这也充分地解释了 R_75 的 DEI 远低于 R_0 的 DEI 原因。

图 2-104 为四种不同径向倾斜角的缝在开口面处的无量纲径向动量(dimensionless radial momentum,DRM)随时间变化的云图,四种缝均处于无量纲流量为 0.783 3 的工况,图中每一时刻的动量沿子午面周向平均后,被 R_0 的质量平均径向动量无量纲化,正值代表抽吸动量,负值代表喷射动量。横轴上的值表示缝的无量纲轴向长度,0 代表缝的上游端面,1 代表下游端面;纵轴上的值表示物理时间步,转子旋转过一个栅距需要 20 个物理时间步,图中显示两个叶片转动周期。垂直于横轴的细点画线的位置代表转子叶尖前缘,黑色虚线位于高喷射动量和高抽吸动量核心区的轨迹上。结果表明,四种径向倾斜角的缝在开口面上的高抽吸动量区随物理时间步的发展轨迹相互平行,这种现象可以看作是转子叶尖扫掠缝的开口面造成的抽吸流的非定常性,这种非定常性不仅带来了高抽吸动量在空间位置上的迁移,而且增强了其作用的时效性;虽然发展轨迹相似,但从高抽吸动量区的面积来看,R_60 的非定常抽吸效应明显强于其他三种径向倾斜角的缝。高喷射动量区核心轨迹的方向随径向偏角的大小而改变,R_0 和 R_30 的轨迹近似与横轴平行,R_60 和 R_75 的轨迹逐渐与高抽吸动量区平行,由此可见,当径向倾斜角从 0°到 75°变化时,高喷射动量核心区轨迹有从与横轴平行逐步过渡到与高抽吸动量区平行的趋势,当高喷射动量区和高抽吸动量区的核心轨迹平行时,代表着缝内的喷射流和抽吸流既有同步的时效性又有空间上波动的协调性,这会使缝内旋流和叶顶区域的主流的动量交换更充分。R_60 的高喷射动量区和高抽吸动量区

的面积均大于 R_75,但是它们作用的时效不同步,即某一时刻仅有高喷射动量或高抽吸动量其中一种作用于叶顶通道主流,这会使动量交换的效果打折扣,而 R_75 的高喷射和高抽吸动量区的时效性同步,因此扩稳效果最好。

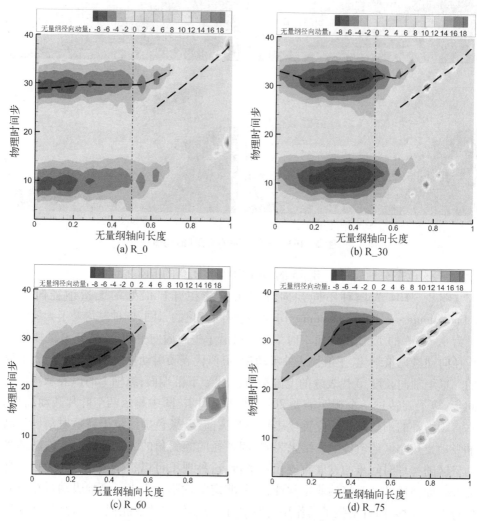

图 2-104　缝的开口面的无量纲径向动量云图

为了进一步探究缝的径向动量的变化对通道主流的影响规律,图 2-105 给出了转子在四种不同径向倾斜角的缝的作用下,无量纲轮缘功(dimensionless rotor wheel flange work)沿叶片展向的分布,轮缘功的计算公式如下:

$$Lu = U \times (W_{t1} - W_{t2}) \tag{2-7}$$

式中,U 为压气机转子旋转的线速度;W_{t1}、W_{t2} 分别为气流在转子进口、出口的相对速度的切向分量。以上各参数沿子午面周向平均后,应用公式(2-7)计算不同叶高处的轮缘功,取 R_0 时压气机转子的平均轮缘功对各叶高处的轮缘功无量纲化,四种缝均处于无量纲流量为 0.783 3 的工况。轮缘功的大小代表着压气机转子的做功能力,同时也能反映出转子叶片通道所承载的负荷水平。对比分析可知:当缝的径向倾斜角从 0°增大到 75°时,叶顶区域的轮缘功呈逐渐增大的趋势,这说明径向倾斜角的增大能提高叶顶区域承受气动载荷的能力,因此,图 2-99(a)显示从 R_0 到 R_75 的近失速总压比逐渐增大。

为了定量分析不同缝对叶顶区域的径向影响,图 2-105 标注出了每种径向倾斜角下的无量纲轮缘功峰值的大小和叶高位置,对比分析可知:当径向倾斜角从 0°增大到 30°时,无量纲轮缘功峰值不变均为 1.58,但峰值的位置由 94%叶高提升到 95%叶高,这是由于 R_30 和 R_0 的径向动量作用差别不大,如图 2-104(a)、(b)所示;但当径向倾斜角继续增大时,无量纲轮缘功峰值大幅度增加,从 1.58 增大到 2.07,峰值轮缘功的展向位置也越接近叶顶,即径向倾斜角越大,缝的径向动量对叶顶区域的堵塞的激励作用越强,从而提升转子叶片对气动载荷的承载能力。

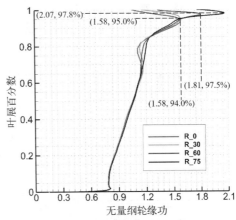

图 2-105　无量纲轮缘功沿叶片展向的分布(时均值)

图 2-106 和图 2-107 为四种不同径向倾斜角的缝在开口面处的无量纲切向动量(dimensionless tangential momentum, DTM)随时间变化的云图,四种缝均处于无量纲流量为 0.783 3 的工况,每个算例开口面上的切向动量在沿周向平均后用 R_0 的质量平均切向动量进行无量纲化,正值代表喷射动量,负值代表抽吸动量。横轴上的值表示缝的无量纲轴向长度,0 代表缝的上游端面,1 代表下游端面;纵轴上的值表示物理时间步,转子旋转过一个栅距需要 20 个物理时间步,图 2-106 中显示两个叶片转动周期。由于当径向倾斜角大于 60°时,无量纲切向动量急剧增大,如果四种缝统一色标出图会淹没掉 R_0 和 R_30 中很多重要的流场信息,因此图 2-106 中的 R_0 和 R_30 采用相对较小的色标范围。对比分析可知:R_0 和 R_30 的无量纲切向动量的总体水平远远低于 R_60 和 R_75 的水平;R_0 由于缝径向倾斜角为 0°,理论上切向动量应为 0,但图 2-106(a)中显示缝与叶尖截面重叠的部分产生了一处高喷射切向动量的集中区域,这是由于转子叶尖扫掠缝的开口面所形成的被动切向喷射流;当径向倾斜角为 30°时,缝与叶尖截面重叠的部分产生了轴向范围随时间变化的高抽吸切向动量区域、缝内的无明显的喷射切向动量

区;R_60在靠近缝的上游端面和下游端面处分别产生了时效性同步的高喷射切向动量区和高抽吸切向动量区,作用持续时间约为10个物理时间步;R_75相对于R_65高喷射切向动量区和高抽吸喷射动量区的面积均增大,而且两个区域在轴向影响范围的峰值交替变化,其中高喷射切向动量区在R_75中始终存在,而高抽吸切向动量区的时效占据约10个物理时间步。综上所述,当反角向缝的径向倾斜角逐渐增大时,缝在叶尖前缘上游形成的切向喷射效应逐步增强,而在靠近缝下游端面附近形成的切向抽吸效应变化较小。

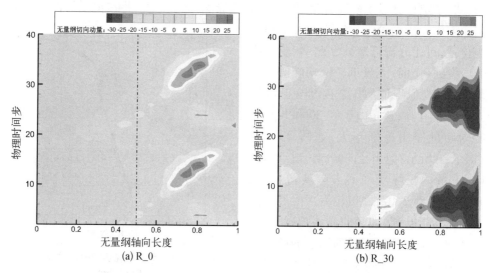

(a) R_0　　　　　　　　　　(b) R_30

图 2-106　R_0 和 R_30 的开口面的无量纲切向动量云图

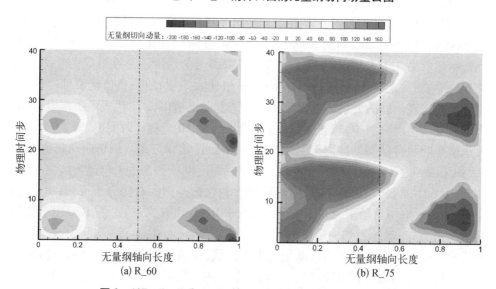

(a) R_60　　　　　　　　　　(b) R_75

图 2-107　R_60 和 R_75 的开口面的无量纲切向动量云图

为了进一步分析不同径向倾斜角的缝的切向动量对叶顶流场影响的差异,图 2-108 给出了在不同径向倾斜角的反角向缝作用下,叶尖前缘至 30% 弦长处的间隙泄漏流无量纲切向泄漏速度分布,当地相对速度被进口平均轴向速度无量纲化,四种缝均处于无量纲流量为 0.783 3 的工况。由图 2-108 可知:反角向缝的径向倾斜角越大,叶顶前缘附近发出的间隙泄漏流的速度越大。间隙泄漏流的初始速度越大,其经过通道激波和主流掺混后产生的低速流线越少,反角向缝对通道内低速堵塞区的清除作用越强,扩稳效果越好。在实壁机匣下,间隙泄漏流的切线速度主要受叶片吸力面和压力面附近的静压差的影响,但应用不同径向倾斜角的反角向缝后,缝所产生的切向动量也影响着间隙泄漏流的发展。图 2-106 和图 2-107 中显示叶尖前缘附近受到非定常的喷射切向动量的影响,且喷射切向动量的强度随径向倾斜角的增大而增强,这导致了前缘附近发出的间隙泄漏流速度逐渐增大。

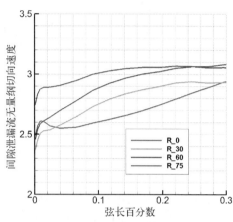

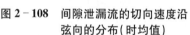

图 2-108　间隙泄漏流的切向速度沿弦向的分布(时均值)

图 2-109 为某一时刻,四种缝作用下 98% 叶展处的无量纲静压(normalized

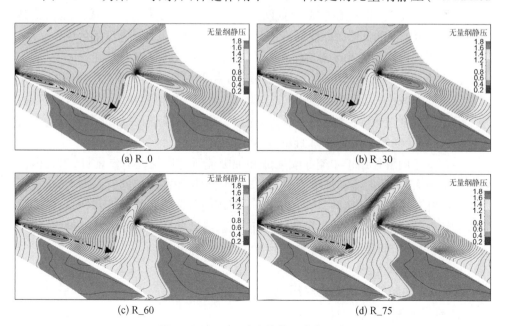

(a) R_0

(b) R_30

(c) R_60

(d) R_75

图 2-109　98%叶高的静压分布云图

static pressure，NSP）云图，当地静压被标准大气压无量纲化，所有算例均处于无量纲流量为 0.783 3 的工况。图 2 - 109 中实线为静压等值线，用黑色带箭头的点画线连接吸力面前缘附近的静压等值线波谷，代表间隙泄漏涡涡核轨迹，静压等值线急剧变化的位置用虚线标出，代表激波的位置。由图 2 - 109 可以看出：随着反角向缝的径向倾斜角的增大，叶顶通道内的激波逐渐被推向上游，其中 R_0 和 R_30 的激波还在通道进口处，但 R_60 和 R_75 的激波已被推出通道外，形成脱体激波，因此间隙泄漏流与激波的干涉位置也随径向倾斜角的增大而逐渐向上游移动，间隙泄漏流的上游流速较大，经过激波干涉后再与主流掺混所形成的低速流线就减少，这有利于反角向缝对叶顶低速区发展的抑制作用。叶顶通道内激波的位置主要受反角向缝在叶顶产生的抽吸切向动量的影响，图 2 - 106 和图 2 - 107 显示：缝在叶顶弦长中部附近形成的非定常切向抽吸动量随径向倾斜角的增大而增强，因此通道激波被吸向上游。

4. 小结

通过径向倾斜角变化的研究，可得到以下结论：

（1）四种径向倾斜角的反角向缝均能拓宽压气机稳定工作范围，并且径向倾斜角越大反角向缝的扩稳效果越好。反角向缝对压气机设计点效率的提升效果随径向倾斜角的变化而先增大后减小，径向倾斜角为 60° 时，反角向缝获得最大的设计点效率改进量。

（2）当反角向缝的径向倾斜角逐渐增大时，叶顶间隙泄漏流的轨迹发生改变，即泄漏流与相邻叶片压力面干涉的位置逐渐向下游移动，由于叶顶前缘附近的一段弦长是间隙泄漏流产生的核心区域，因此间隙泄漏流自激非定常性逐渐减弱，这导致通道内的与主流掺混的低速间隙泄漏流减少，很好地抑制了低速堵塞区的生成。

（3）当径向倾斜角小于 60° 时，在压气机子午流道内只有一个旋流区，且旋流中心在主流和缝的交界面附近，当径向倾斜角由 0° 逐渐增大到 60° 时，旋流中心的流动损失逐渐减小，因此设计点效率逐渐增大，但当径向倾斜角继续增加到 75° 时，由于缝径向长度过大，导致缝的上端面出现了一个新的旋流区，因此缝内流动损失急剧增大，即径向倾斜角为 75° 时设计点效率最小。

（4）反角向缝作用于主流的喷射流和抽吸流有明显的非定常性，当径向倾斜角逐渐增大时，喷射流和抽吸流的径向动量同时作用在主流的时间增大，这能更好地激励叶顶通道的低速区，从而提升叶尖附近的负荷承载能力；同时喷射流和抽吸流的切向动量随着径向倾斜角的增大而增大，导致间隙泄漏流的流速增大，通道激波向上游移动，间隙泄漏流与激波干涉后的低速流线减少。

2.6.3　轴向偏转角变化对压气机性能的影响

1. 研究方案

图 2 - 110 列出了四种不同轴向偏转角的反角向缝的三维结构图，缝的结构在

设计时采用控制变量法,四种缝只有轴向偏转角的单变量变化,其他的基准设计参数列在表 2-15 中,为了便于识别,四种轴向偏转角-15°、-30°、-45°、-60°(负号代表偏转方向与叶顶安装角的偏转方向相反)分别记作 A_-15、A_-30、A_-45、A_-60,本书研究对象 NASA Rotor 35 的叶顶安装角为 27.5°,以上角度的数值均是偏转方向与转子叶顶额线的夹角的大小。缝结构的网格拓扑采用 H 型网格,A_-30 的网格节点数分布为 65×33×9(轴向×径向×周向),由于轴向偏转角变化时,缝长变化明显,为了保持四种缝结构的网格密度相同,网格的轴向节点数随着轴向偏转角的改变而修改,即 A_-15、A_-45、A_-60 的网格节点分布分别为 121×33×9、53×33×9、41×33×9(轴向×径向×周向)。

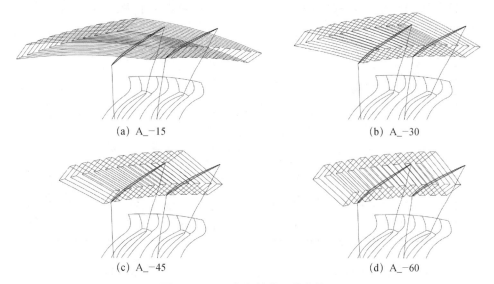

(a) A_-15　　　　　　　　　　　　　　　(b) A_-30

(c) A_-45　　　　　　　　　　　　　　　(d) A_-60

图 2-110　反角向缝的三维结构图

表 2-15　反角向缝基准设计参数

参　　数	量　　值
缝轴向长度/叶顶轴向弦长	1
缝宽/缝片宽	1
缝深/叶顶弦长	20%
缝数	180
中心偏移度	0
径向倾斜角	30°

2. 总性能分析

图 2-111 给出了五种机匣压气机的无量纲总性能曲线,图中数据取自非定常

计算结果,每个工况下的流量被实壁机匣(solid wall, SW)的阻塞流量无量纲化。从图 2 - 111 中可以看出:四种轴向偏转角的缝均会降低压气机转子的阻塞流量,而且降低幅度相同;不同轴向偏转角的反角向缝均拓宽了压气机转子的稳定工作范围,将近失速流量推向更小值,其中 A_-30 的近失速流量最小,但压气机近失速工况的总压比随轴向偏转角的增大而增大,设计点无量纲流量为0.961 7,A_-15 的设计点总压比与实壁机匣的相同,其他三种缝的设计点总压比均低于实壁机匣的压比;从图 2 - 111(b)可以看出:实壁机匣的峰值效率靠近阻塞流量、远离设计点,四种不同轴向偏转角的反角向缝均使峰值效率点流量向设计点靠近,但峰值效率均低于实壁机匣下的峰值效率;从设计点效率看,当轴向偏转角从-15°变化到-60°的过程中,设计点效率变化不大,但总体水平均高于实壁机匣的设计点效率。

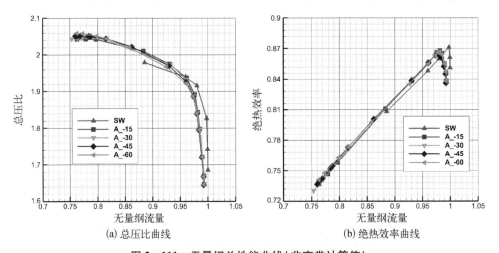

(a) 总压比曲线   (b) 绝热效率曲线

图 2 - 111   无量纲总性能曲线(非定常计算值)

为了定量分析不同轴向偏转角的反角向缝的扩稳能力差异,表 2 - 16 列出了四种缝在近失速工况下的无量纲流量和总压比以及设计点的效率,并根据这些数据计算出各自的 SMI 和 DEI[定义详见式(2 - 1)、式(2 - 5)]。由表 2 - 16 中数据可以看出:当径向倾斜角逐渐增大时,无量纲近失速流量先减小后增大,A_-30 的无量纲近失速流量最小为 0.753 1,近失速工况下的总压比由 2.042 逐步增大为2.059,因此 A_-15 获得的 SMI 最小为 15.86%,A_-30 获得的 SMI 最大为17.41%,A_-45 和 A_-60 获得同一水平的 SMI 均为 16.83%;设计点效率改进量的变化随着轴向偏转角的增大而先增大后减小,A_-30 获得最大的 DEI 为+1.06%,A_-60 获得最小的 DEI 为+0.83%。

综上所述,当轴向偏转角从-15°变化到-60°的过程中,A_-30 具有最好的扩稳效果和最强的提升设计点效率的能力。

表 2－16 不同径向倾斜角的反角向缝的 SMI 和 DEI(非定常计算值)

	NMFR	π_s^*	η_d^*	SMI	DEI
SW	0.861 7	1.991	0.848 2	—	—
A_−15	0.763 2	2.042	0.856 8	15.86%	1.01%
A_−30	0.753 1	2.043	0.857 2	17.41%	1.06%
A_−45	0.759 8	2.051	0.855 9	16.83%	0.91%
A_−60	0.762 7	2.059	0.855 2	16.83%	0.83%

3. 压气机内部流场分析

图 2－112 为某一时刻下四种不同轴向偏转角的缝在 98% 叶高处的相对速度矢量图,四种缝均处在无量纲流量为 0.763 2 的工况,此时 A_−15 为近失速工况。由图 2－112(a)可以看出 A_−15 的叶顶通道存在低速区(图中黑色虚线包络的区域),低速区在通道进口处的周向宽度几乎占据了 2/3 栅距,轴向尺寸从叶片吸力面前缘延伸到吸力面尾缘,叶顶通道内的低速区严重阻碍来流进入流道,因此 A_−15 处于近失速状态;当轴向转角由−15°变化到−30°的时候,A_−30 叶顶通道内的低速区的面积大幅度减小,在通道进口附近的低速区被消除,因此来流可以顺利地进入并流出叶顶通道,压气机转子可以在更小的流量下稳定工作;A_−45 和 A_−60 的低速区大小基本相同,缝对叶顶通道进口附近的低速区的激励作用不如 A_−30,但略好于 A_−15;从四种缝的相对速度矢量方向看,在

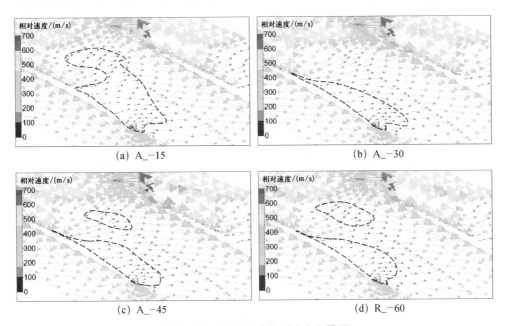

(a) A_−15　　　　　　　　　　　　　(b) A_−30

(c) A_−45　　　　　　　　　　　　　(d) R_−60

图 2－112　98% 叶高相对速度矢量图

不同轴向偏转角的反角向缝的作用下，在小流量工况时，叶顶通道内无反流区存在，同时低速区内的流动方向基本沿着叶片约束的方向。综上所述，不同轴向偏转角的缝均可抑制叶顶通道内反流区的形成，但在对低速区的激励作用上存在差异，A_-30激励低速区内的低能流体的能力最强，而 A_-15 的激励能力最弱。

在反角向缝的作用下，间隙泄漏流经过激波后膨胀仍然是诱发压气机转子失速的重要原因，为了揭示不同轴向偏转角的缝对叶顶通道内的激波和间隙泄漏流的影响规律，图 2－113 为某一时刻下，四种缝作用下 98% 叶高处的无量纲静压（normalized static pressure，NSP）云图，当地静压被标准大气压无量纲化，所有算例均处于无量纲流量为 0.763 2 的工况。图 2－113 中实线为静压等值线，用带箭头的虚线连接吸力面前缘附近的静压等值线波谷，代表间隙泄漏涡涡核轨迹，静压等值线急剧变化的位置用点画线标出，代表激波的位置，图 2－113 中用数字标出了激波附近的相对马赫数当地值。对比分析可知：当轴向偏转角变化时，间隙泄漏涡涡核轨迹与 Z 轴的夹角在 69.8°~70.5° 变动，变化很小，因此轴向偏转角的改变对叶顶间隙泄漏流的发展轨迹的影响很小。图 2－113 中标注出了激波与叶片吸力面的交界处的弦长百分比，对比分析可以看出：A_-15 的激波起始位置在距前缘的 51% 弦长处，当轴向偏转角为 -30° 时，激波的起始位置被向上游推到 45% 弦长处，而 A_-45 和 A_-60 的激波起始位置又被推向下游，均在距离前缘 47% 弦长处；由此可知：反角向缝的轴向偏转角的改变是通过将叶顶通道内的激波位置向

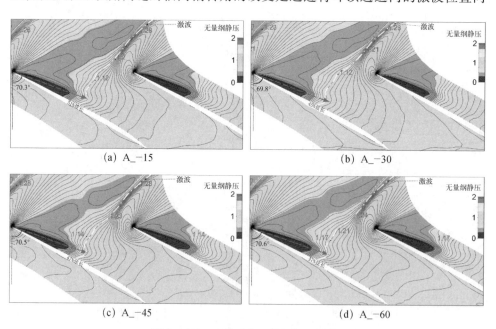

(a) A_-15   (b) A_-30

(c) A_-45   (d) A_-60

图 2－113   98% 叶高无量纲静压云图

上游或下游移动来对叶顶的低速区产生影响,其中 A_-30 能将激波的位置向上游推得更远,因此使间隙泄漏流在上游的高速区与激波干涉,减少了激波后低速流线的产生。

　　为了进一步阐述轴向偏转角影响激波干涉位置后泄漏流流线的形态和发展,图 2 - 114 给出了四种缝在某一时刻下叶顶间隙泄漏流的瞬时流线,所有算例均处于无量纲流量为 0. 763 2 的工况,图中实线为相对马赫数为 1. 2 的等值线,由图 2 - 113 中的数值显示激波附近的相对马赫数均值在 1. 2 左右,因此这条实线可以近似代表激波位置。图 2 - 114 中用点画线椭圆框圈出了三个关键区域,其中,区域 I 为间隙泄漏流与激波发生干涉的位置,区域 II 为激波后低速间隙泄漏流充分发展的位置,区域 III 为间隙泄漏流下游跨越相邻叶片二次泄漏的位置。从图中可以看出:A_-15 的间隙泄漏流在和激波发生干涉时激波面发生大幅度弯折,激波后的低速流线膨胀幅度较大,一部分泄漏流的下游在相邻叶片的中段发生二次泄漏;相比之下,A_-30 在区域 I 激波面弯折的程度减弱,尽管区域 II 仍存在低速流线,但间隙泄漏流流线的形态相对集中,未发生大幅度弯折,区域 III 的二次泄漏的流线减少;当轴向偏转角继续增大时,A_-45 和 A_-60 在区域 I 和 III 的改变相对于A_-30 的并不明显,但是在区域 II 的低速流线的膨胀程度大于 A_-30 的膨胀程度。综上所述,当反角向缝的轴向偏转角为-30°时,缝对间隙泄漏流的二次泄漏抑制效果更好,从而使激波后的低速流线的形态较集中,未发生过度膨胀,因此提升流动稳定性的能力最强。

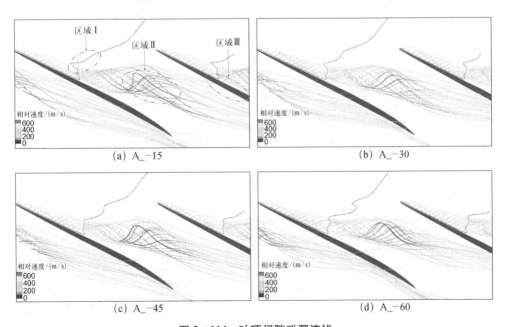

(a) A_-15　　　　　　　　　　　　(b) A_-30

(c) A_-45　　　　　　　　　　　　(d) A_-60

图 2 - 114　叶顶间隙泄漏流线

　　为了阐明反角向缝的轴向偏转角变化对缝内形成的喷射和抽吸作用的差异，图 2-115 为某一时刻下四种缝在开口截面上的无量纲径向动量（normalized radial momentum，NRM）的瞬时云图，当地的径向动量被 A_15 的平均径向动量无量纲化，所有算例均处于无量纲流量为 0.763 2 的工况，当地的无量纲径向动量被标注在图中用来定量比较喷射或抽吸效应的大小，正值代表抽吸径向动量，负值代表喷射径向动量。对比分析可知：A_-15 的缝在开口面的抽吸径向动量和喷射径向动量均明显低于其他三种缝，因此其对叶顶区域触发失速的低速堵塞区的抑制效果最弱，扩稳效果最差。当轴向偏转角为-30°时，叶尖弦长中下部扫过缝的开口面会形成高抽吸径向动量区，有利于移除吸力面尾缘附近的由附面层分离导致的低能区，并且当叶尖前缘扫掠缝的开口面会在缝的前端面附近形成高喷射径向动量区，这有利于抑制叶顶间隙泄漏流与主流的掺混。A_-45 和 A_-60 的喷射动量和抽吸动量的强度接近，但 A_-45、A_-60 与 A_-30 相比，从图中的无量纲径向动量数值可以看出缝产生的喷射动量减弱，但三者的抽吸动量的强度处在同一水平，即当轴向偏转角由-30°变化到-60°时，缝产生的抽吸动量强度不变，但喷射动量强度减弱，这是 A_-45 和 A_-60 的扩稳效果低于 A_-30 的主要原因。

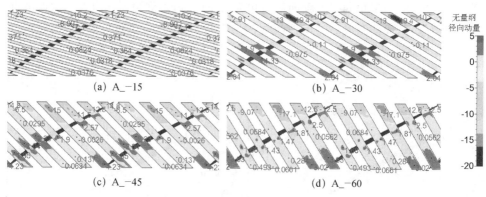

(a) A_-15　　　　(b) A_-30　　　　(c) A_-45　　　　(d) A_-60

图 2-115　缝开口面瞬时无量纲径向动量云图

　　为了从内部流场的差异分析不同轴向偏转角的缝对压气机转子设计点效率的影响，图 2-116 给出了四种机匣处理沿子午流面周向平均后的熵云图，图中显示为非定常计算的时均值结果，四种缝均处在设计点无量纲流量工况，值为 0.961 7。对比分析可以看出：在四种轴向偏转角的缝的作用下，压气机的子午流道内均有一个旋流区，而且旋流中心的位置都在主流与缝内流的交界面附近。四种缝中 A_-30 的高熵增区面积最小，旋流区的流动损失最小。A_-15 与 A_-30 相比，缝内喷射流区域的熵增较高，因此 A_-15 的设计点效率提升效果不如 A_-30。在轴向偏转角由-30°变化到-60°的过程中，旋流中心和缝内流动的高熵增区明显增大，因此设计点效率的提升幅度逐渐降低。简言之,当轴向偏转角由-15°逐步变化到-60°时,缝内流动及其与主流的干涉引发的熵增经历了先减小再增大的过程,但在缝内的旋流区数量一直保持为一个的情况下,压气机内部流动损失先增大后减小,因此导致了设计点效率改进量先增大后减小。

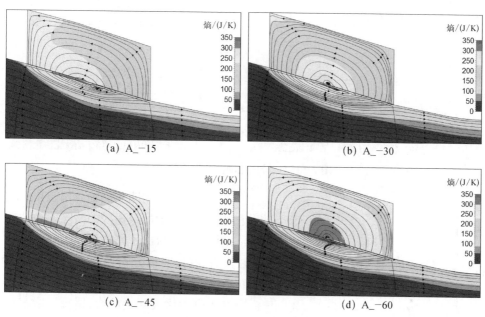

(a) A_-15   (b) A_-30

(c) A_-45   (d) A_-60

图 2 - 116　子午流面熵云图

为了进一步分析不同轴向偏转角的缝内流动非定常性,图 2 - 117 给出了缝内喷射/抽吸流的流量和动量随时间变化的曲线图,四种缝均处于无量纲流量为 0.763 2 的工况。图 2 - 117 中横坐标代表物理时间步,叶片旋转过一个栅距需要 20 个物理时间步,图中横坐标显示了两个叶片周期。喷射流和抽吸流的流量或动量在数量上是相等的,纵坐标代表抽吸/喷射流的流量和动量占进口截面流量和动量的百分比。由图 2 - 117 可知:从喷射流和抽吸流流量的时均水平上看,A_-60 最大,A_-30 最小;从喷射流和抽吸流的动量时均水平上看,A_-15 和 A_-30 最小,A_-60 最大。从非定常性上看,喷射流和抽吸流的流量/动量展现了一致的非定常性变化规律,A_-15 的非定常性最弱,A_-30 的非定常性最强,喷射流和抽吸流的流量/动量随时间近似呈正弦变化,A_-45 和 A_-60 的非定常性相同,即 A_-45、A_-60 的喷射流和抽吸流的流量/动量随时间同步变化,两者的非定常幅值低于 A_-30。由此可知:轴向偏转角影响反角向缝的扩稳能力的主要机制是缝内流动对主流作用的非定常性,而不是喷射流和抽吸流的流量/动量的时均水平,且非定常性越强,扩稳效果越好。

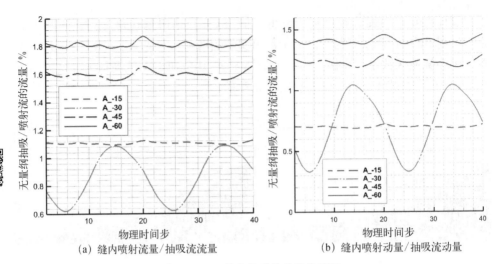

(a) 缝内喷射流量/抽吸流流量　　　(b) 缝内喷射动量/抽吸流动量

图 2－117　缝内流动的非定常发展

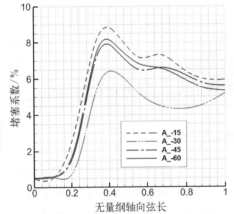

图 2－118　堵塞系数的轴向分布（时均值）

为了进一步阐明不同轴向偏转角的反角向缝对通道中的低速区的清除能力的差异,图 2－118 给出了堵塞系数沿叶顶轴向弦长的分布,四种缝均处于无量纲流量为 0.763 2 的工况,横坐标为无量纲轴向弦长,0、1 分别代表叶尖前缘、尾缘。堵塞系数的定义为各弦长处 S_3 流面上相对马赫数小于 0.3 的面积占该弦长下几何通道面积的百分比。从图 2－118 中可以看出: A_-30 对各弦长处的堵塞区的清除效果最好,A_-15 对各弦长处的堵塞区的清除效果最差,A_-45、A_-60 对低速区的清除能力介于 A_-15 和 A_-30 之间,并且在总体水平上接近。由此可知,当反角向缝的轴向偏转角为-30°时,缝能更好地抑制叶顶低速堵塞区的产生,能够使压气机在更小的流量工况下工作,从而推迟了流动失稳的发生。

4. 小结

通过轴向偏转角变化的研究,可得到以下结论:

(1) 四种轴向偏转角的反角向缝均能拓宽压气机稳定工作范围。从扩稳效果上看,A_-30 最好,A_-15 最差,A_-45、A_-60 的水平接近且介于以上两者。反角向缝的设计点效率改进量随着轴向偏转角的减小而先增大后减小,当轴向偏转角为-30°时达到峰值。

(2) 反角向缝的轴向偏转角改变导致缝开口面感受叶顶静压的位置改变,缝内产生的喷射流和抽吸流的强度发生变化。A_-15 的喷射流和抽吸流均最弱,其扩稳效果最差。A_-45 和 A_-60 的喷射流和抽吸流的强度接近,因此两者的扩稳效果一致。A_-30 相比于 A_-45 和 A_-60,抽吸流的强度不变,但喷射流明显增强,因此其扩稳效果最好。

(3)轴向偏转角影响反角向缝的扩稳能力的主要机制是缝内流动对主流作用的非定常性,而不是喷射流和抽吸流的流量/动量的时均水平,且非定常性越强,扩稳效果越好。A_-30 产生的喷射流和抽吸流的非定常性幅值明显高于其他三种缝,因此其扩稳能力最强。

2.7 本 章 小 结

下面给出了缝式机匣处理设计经验的一些总结,具体如下。

1. 西北工业大学亚声速轴流压气机

本章以西北工业大学单级高亚声轴流压气机转子为研究对象,开展了不同结构的缝式机匣处理影响压气机性能及稳定性的试验及数值模拟研究,基于本书及课题组前期的研究结果,得到的缝式机匣处理设计经验如下所示:

(1)轴向叠合量对机匣处理的扩稳能力、机匣处理影响压气机效率的程度影响很大,为了兼顾综合裕度改进量及压气机效率,轴向叠合量(中心偏移度为正值)建议在 35%~45% 选择。

(2)径向倾斜角度对机匣处理的扩稳能力、机匣处理影响压气机效率的程度影响很大,径向倾斜角度建议在 45°~75° 选择。

(3)轴向偏转角在一定范围内变化时,对压气机稳定性及效率的影响程度均比轴向叠合量、径向倾斜角的小,轴向偏转角建议在(90°-转子叶顶安装角)±10°范围内或(转子叶顶安装角-90°)±10°范围内选择。前者对应叶片角向缝,后者对应反叶片角向缝。

(4)缝数(开放面积率)对机匣处理的扩稳能力、机匣处理影响压气机效率的程度影响也很大,建议缝数为转子叶片数目的 2~4 倍(在缝宽与转子叶顶轴向弦长之比约为 0.24 的基础上)。

2. NASA Rotor 35 跨声速轴流压气机

本章还以 NASA Rotor 35 为研究对象,开展了不同结构的缝式机匣处理影响压气机性能及稳定性的数值模拟研究,得到反叶片角向缝机匣处理设计经验如下所示:

(1)轴向叠合量(中心偏移度)对机匣处理的扩稳能力、机匣处理影响压气机效率的程度影响较小,为了兼顾综合裕度改进量及压气机效率,轴向叠合量(中心偏移度为正值)建议在 50%~100% 选择。

（2）径向倾斜角度对机匣处理的扩稳能力、机匣处理影响压气机效率的程度影响较小，径向倾斜角度建议在 30°~65°选择。

（3）轴向偏转角度对机匣处理的扩稳能力、机匣处理影响压气机效率的程度影响小，轴向偏转角建议在一定的范围（±10°-转子叶顶安装角）内选择。

值得说明的是，在缝式机匣处理设计中，应根据所研究压气机转子叶顶的流动分布（如叶顶低能流体区的分布范围、激波的形状及分布范围等）合理地选择轴向叠合量范围、轴向偏转角等设计参数。

此外，在多级轴流压气机研究中，还需考虑机匣处理后对级间匹配性的影响程度，有可能机匣处理后，多级轴流压气机率先失速的部位从转子叶顶转移至下游静子叶片的其他部位。

参考文献

［1］　Koch C. Experimental evaluation of outer case blowing or bleeding of a single-stage axial-flow compressor［R］. Cincinnati：NASA－CR－54592, 1970.

［2］　Moore R D, Kovich G, Blade R J. Effect of casing treatment on overall and blade element performance of a compressor rotor［R］. Cleveland：NASA－TN－D－6538, 1971.

［3］　Bailey E E. Effect of grooved casing treatment on the flow range capability of a single-stage axial-flow compressor［R］. Cleveland：NASA－TM－X－2459, 1972.

［4］　李克明, 赵全春, 孙元楹. 机匣处理对轴流式压气机性能的影响［J］. 工程热物理学报, 1981, 3：56－58.

［5］　Osborn W M, Lewis Jr G W, Heidelberg L J. Effect of several porous casing treatments on stall limit and on overall performance of an axial flow compressor rotor［R］. Cleveland：NASA－TN－D－6537, 1971.

［6］　Prince D C, Wisler D C, Hilvers D E. Study of casing treatment stall margin improvement phenomena［R］. Cincinnati：NASA－CR－134552, 1974.

［7］　Takata H, Tsukuda Y. Study on mechanism of stall margin improvement of casing treatment［J］. Journal of Mechanical Engineering, 1975, 97（5）：53－53.

［8］　Takata H, Tsukuda Y. Stall margin improvement by casing treatment-its mechanism and effectiveness［J］. Journal of Engineering for Power, 1977, 99（1）：121－133.

［9］　Moss Jr J E. Effect of slotted casing treatment on performance of a multistage compressor［R］. Cleveland：NASA－TM－X－3350, 1976.

［10］　Moss Jr J E. Effect of slotted casing treatment with change in Reynolds number on performance of a jet engine［R］. Cleveland：NASA－TP－1058, 1977.

［11］　Fujita H, Takata H. A study on configurations of casing treatment for axial flow compressors［J］. Bulletin of JSME, 1984, 27（230）：1675－1681.

［12］　Pundhir D S, Sharma P B, Chaudhary K K. Effect of casing treatment on aerodynamic performance of a contrarotating axial compressor stage［J］. Proceedings of the Institution of Mechanical Engineers, Part A：Journal of Power and Energy, 1990, 204（1）：47－55.

［13］　刘志伟, 张长生, 时静珣, 等. 缝式机匣处理的若干观测和机理探讨［R］. 中国航空科技文

献,1985.

[14]　刘志伟,张长生,时静珣,等.倾斜缝机匣处理轴向位置对压气机性能影响的研究[J].工程热物理学报,1987,8(1):52-54.

[15]　Wilke I, Kau H P, Brignole G. Numerically aided design of a high-efficient casing treatment for a transonic compressor[C]. Reno: ASME Turbo Expo 2005: Turbomachinery Technical Conference and Exposition, 2005.

[16]　Wilke I, Kau H P. A numerical investigation of the influence of casing treatments on the tip leakage flow in a HPC front stage[C]. Amsterdam: ASME Turbo Expo 2002: Turbomachinery Technical Conference and Exposition, 2002.

[17]　Wilke I, Kau H P. A numerical investigation of the flow mechanisms in a HPC front stage with axial slots[C]. Atlanta: ASME Turbo Expo 2003: Turbomachinery Technical Conference and Exposition, 2003.

[18]　Streit J A, Heinichen F, Kau H P. Axial-slot casing treatments improve the efficiency of axial flow compressors: aerodynamic effects of a rotor redesign[C]. San Antonio: ASME Turbo Expo 2013: Turbomachinery Technical Conference and Exposition, 2013.

[19]　Goinis G, Voß C, Aulich M. Automated optimization of an axial-slot type casing treatment for a transonic compressor[C]. San Antonio: ASME Turbo Expo 2013: Turbomachinery Technical Conference and Exposition, 2013.

[20]　Inzenhofer A, Guinet C, Hupfer A, et al. Difference in the working principle of axial slot and tip blowing casing treatments[C]. Seoul: ASME Turbo Expo 2016: Turbomachinery Technical Conference and Exposition, 2016.

[21]　Danner F C T, Kau H P, Schiffer H P, et al. Experimental and numerical analysis of axial skewed slot casing treatments for a transonic compressor stage[C]. Orlando: ASME Turbo Expo 2009: Turbomachinery Technical Conference and Exposition, 2009.

[22]　Brandstetter C, Wartzek F, Werner J, et al. Unsteady measurements of periodic effects in a transonic compressor with casing treatments[J]. Journal of Turbomachinery, 2016, 138(5): 51007.

[23]　Djeghri N, Vo H D, Yu H. Parametric study for lossless casing treatment on a mixed-flow compressor rotor[C]. Montreal: ASME Turbo Expo 2015: Turbomachinery Technical Conference and Exposition, 2015.

[24]　Brignole G A, Danner F C T, Kau H P. Time resolved simulation and experimental validation of the flow in axial slot casing treatments for transonic axial compressors[C]. Berlin: ASME Turbo Expo 2008: Turbomachinery Technical Conference and Exposition, 2008.

[25]　Lin F, Ning F, Liu H. Aerodynamics of compressor casing treatment: Part I-Experiment and time-accurate numerical simulation[C]. Berlin: ASME Turbo Expo 2008: Turbomachinery Technical Conference and Exposition, 2008.

[26]　Ning F, Xu L. Aerodynamics of compressor casing treatment: Part II - A quasi-steady model for casing treatment flows[C]. Berlin: ASME Turbo Expo 2008: Turbomachinery Technical Conference and Exposition, 2008.

[27]　张皓光,楚武利,吴艳辉,等.轴向倾斜缝机匣处理影响压气机性能的机理[J].推进技术, 2010,31(5):555-561.

［28］ 杜辉,滕金芳.机匣处理改善某单级跨声轴流压气机性能的机理研究[J].航空动力学报,2011,26(9)：2089-2094.

［29］ Emmrich R, Niehuis R. Time resolved investigations of an axial compressor with casing treatment：Part I - Experiment［C］. Montreal：ASME Turbo Expo 2007：Turbomachinery Technical Conference and Exposition, 2007.

［30］ Emmrich R, Kunte R, Niehuis R. Time resolved investigations of an axial compressor with casing treatment：Part II - Simulation ［C］. Montreal：ASME Turbo Expo 2007：Turbomachinery Technical Conference and Exposition, 2007.

［31］ Donald C. Effect of casing treatment on performance of an inlet stage for a transonic multistage compressor［R］. Cleveland：NASA - TM - X - 3347, 1976.

［32］ 朱俊强,刘志伟.4 种不同型式机匣处理的实验研究及机理分析[J].航空学,1997,18(5)：567-570.

［33］ Lu J L, Chu W, Wu Y. Investigation of skewed slot casing on transonic axial-flow fan stage ［C］. Orlando：ASME Turbo Expo 2009：Turbomachinery Technical Conference and Exposition, 2009.

［34］ 张皓光,安康,楚武利,等.角向倾斜缝处理机匣对压气机性能的影响[J].推进技术,2018,39(6)：1260-1266.

［35］ Zhang H G, Liu W, Wang E, et al. Mechanism investigation of enhancing the stability of an axial flow rotor by blade angle slots ［J］. Proceedings of the Institution of Mechanical Engineers, Part G：Journal of Aerospace Engineering, 2019, 233(13)：4750-4764.

［36］ 旷海洋,楚武利,张皓光.不同轴向偏转角处理机匣实验与机理分析[J].航空动力学报,2015,30(8)：1900-1908.

［37］ 张皓光,谭锋,楚武利,等.反叶片角向缝机匣处理影响轴流压气机性能的机理[J].航空动力学报,2016,31(10)：2387-2394.

［38］ 楚武利,朱俊强,刘志伟.折线斜缝式机匣处理的实验研究及机理分析[J].航空动力学报,1999,14(3)：270-274.

［39］ Lu X G, Chu W L, Zhang Y G, et al. Experimental and numerical investigation of a subsonic compressor with bend-skewed slot-casing treatment ［J］. Proceedings of the Institution of Mechanical Engineers, Part C：Journal of Mechanical Engineering Science, 2006, 220(12)：1785-1796.

［40］ Voges M, Willert C, Monig R, et al. The effect of a bend-slot casing treatment on the blade tip flow field of a transonic compressor rotor［C］. San Antonio：ASME Turbo Expo 2013：Turbomachinery Technical Conference and Exposition, 2013.

［41］ Alone D B, Kumar S S, Thimmaiah S, et al. Performance characterization of the effect of axial positioning of bend skewed casing treatment retrofitted to a transonic axial flow compressor［C］. Dusseldorf：ASME Turbo Expo 2014：Turbomachinery Technical Conference and Exposition, 2014.

［42］ Alone D B, Kumar S S, Thimmaiah S, et al. Experimental investigation on the effect of porosity of bend skewed casing treatment on a single stage transonic axial flow compressor［C］. Dusseldorf：ASME Turbo Expo 2014：Turbomachinery Technical Conference and Exposition, 2014.

[43] Alone D B, Kumar S S, Thimmaiah S, et al. On understanding the effect of plenum chamber of a bend skewed casing treatment on the performance of a transonic axial flow compressor[C]. Dusseldorf：ASME Turbo Expo 2014：Turbomachinery Technical Conference and Exposition, 2014.

[44] 李玲,于清. 处理机匣在单级跨声速风扇上的实验研究[J]. 推进技术,2000,21(3)：49-52.

[45] 周小勇.跨声速压气机机匣处理扩稳机理和设计方法研究[D].北京：中国科学院工程热物理研究所,2015.

[46] 张皓光,安康,吴艳辉.周向槽轴向位置影响机匣处理扩稳能力的机理[J].推进技术,2016,37(12)：2296-2302.

[47] Reid L, Moore R D. Design and overall performance of four highly-loaded, high-speed inlet stages for an advanced high-pressure-ratio core compressor[R]. Cleveland：NASA - TP - 1337, 1978.

[48] 张皓光,谭锋,安康,等.缝式机匣处理及其轴向偏转角对跨声速轴流压气机稳定性的改善[J].航空学报,2018,39(8)：113-127.

第三章
轴流压气机周向槽机匣处理扩稳技术

大量的试验与数值研究表明周向槽机匣处理能有效地提高压气机的稳定工作范围,但仍有许多关键问题需要做进一步的研究。周向槽几何参数对其扩稳效果肯定有影响,例如,开槽深度、开槽数目、开槽宽度及中心偏移度。对比以前的试验研究成果可以发现,开槽深度对其扩稳效果影响的规律并不一致,对于开槽数目等因素同样如此。这说明在关于周向槽几何参数这一方面的试验研究还有待于做进一步的工作,以期发展和丰富周向槽机匣处理的几何结构设计准则。

另一方面,由于叶尖区域流动的复杂性,槽式机匣处理后对叶尖区的流场有何影响,目前仍没完全地认识清楚,这将影响到对其扩稳机制的理解。因为机匣处理主要是靠对叶尖流场施加影响而使压气机失速裕度得到改进,对机匣处理后叶尖区的流场进行细致地研究,将有助于对其扩稳机制的深入理解。利用全三维的数值手段来模拟带槽式机匣处理结构的压气机内部流场,将能进一步探索机匣处理影响压气机内部的流动机制及不同几何结构的机匣处理造成扩稳效果不同的机理性原因所在,机制的深入研究将对机匣处理设计准则的优化起指导作用。

为了进一步完善机匣处理设计准则及对机匣处理扩稳机制的深入探索,本章针对槽式机匣处理进行研究。

3.1　周向槽机匣处理研究进展

周向槽机匣处理技术的研究工作主要开展于 20 世纪 70 年代,尤其是试验研究做了较多的工作,现择其大端,作扼要综述。

1. 开槽深度的影响

开槽深度直接影响到机匣处理的效果、机匣尺寸和质量,这是人们所关注的问题。文献[1]中提供了其他尺寸相同,仅开槽深度不同的三种周向槽机匣及其试验结果。试验结果表明,槽最深的机匣扩稳效果最好——失速裕度增加而对效率没有明显影响。同时指出,如果没有足够的槽深,则难以获得有意义的改进效果。

文献[2]在一亚声速轴流孤立转子上进行三种不同槽深的周向槽机匣处理试

验,也仅改变槽深这一几何参数。试验结果表明,在一定的相对转速下,随着槽深的加大失速裕度改进量也随之增大,这种趋势在低转速下表现尤为明显,而在高转速下,裕度改进量随槽深的加大变得比较平缓。该研究还提出了最佳槽深的概念。Yasunori 等[3]针对 NASA Rotor 37 进行了周向单槽轴向位置与槽深的数值模拟研究,发现在距前缘 $20\%C_a$ 处开槽能够获得良好的扩稳效果,加深槽深能够进一步提升扩稳性能。

关于槽深对扩稳效果的影响,文献[4]中得到了与文献[1,2]不一致的结论。文献[4]中的周向槽试验结果表明:槽深为 1.25 mm 的浅槽处理的扩稳效果比槽深为 20.32 mm 的深槽处理好得多。

对目前已有的研究成果综合分析表明,足够开槽深度才有明显扩稳效果的推断是不一致的,从这点考虑,有必要对槽深这一几何因素如何影响周向槽机匣处理的扩稳效果进行研究。除此之外,如何把槽深因素纳入压气机设计体系的问题还没解决,这些问题可能是:槽深的绝对值是没有普遍意义的,需要找出槽深与所处理的压气机之间存在怎样的有机联系,例如,与叶片、叶栅几何尺寸的关系? 与叶片叶型、叶片载荷的关系? 等等,从而找出某些有普遍意义的相对值或者相对范围,以便将槽深这个参数引入实际工程应用中去。

2. 开槽宽度的影响

在所有关于槽式机匣处理试验研究的公开文献中,相当一大部分都是对周向槽机匣的开槽数目、中心偏移度及开槽深度这三个结构因素做了研究,对周向槽机匣中的槽宽因素而言,这方面的试验研究甚少。文献[2]曾对两种槽宽的周向槽机匣处理(在相同处理总宽下,其他几何参数不变)做过试验,试验结果表明,在三个换算转速下,小槽宽机匣处理均获得较高的失速裕度改进量。开槽深度存在一个最佳范围,在此范围内,扩稳效果最好。在其他几何参数不变的前提下,是否存在一个最佳槽宽范围? 为此至少要设计三种不同槽宽的机匣处理结构,这是一个值得研究的问题,将这问题弄清有助于补充和发展周向槽机匣处理的几何结构设计准则。

3. 开槽数目的影响

文献[5]研究了在相同槽深时,4 种不同开槽数目对扩稳效果有何影响,从表 3-1 可看到,当 1~5 凹槽开放的结构是最有意义的,此时周向槽机匣处理覆盖整

表 3-1 四种开槽数目的试验结果

开放的槽数	槽的深度/mm	近失速点流量/(kg/s)	失速裕度改进量/%
1~5	20.0	4.25	6.8
1~4	20.0	4.33	5.0
2~4	20.0	4.45	2.4
2~3	20.0	4.53	0.7

个叶顶轴向弦长范围，随着凹槽开放数目的减少，其扩稳效果也逐渐减弱。该研究表明第一及最后一个凹槽有助于失速裕度的改进。

文献[1]中同样研究了在相同槽深时，各种不同凹槽数目和轴向位置的组合，从表3-2可看到，第一也可能第二及最后的两个凹槽对失速裕度的改进似乎并没有帮助，而2~6凹槽和3~7凹槽的结构获得最好的扩稳效果，该研究表明只有在转子叶尖弦长的中部区域上方的周向开槽才能获得最大的失速裕度改进量。

表3-2 六种开槽数目的试验结果

开放的槽数	槽的深度/mm	近失速点流量减少的百分数/%	
		70%转速	100%转速
1~9	11.43	1.6	3.6
1~2	11.43	0	-0.6
1~5	11.43	2.4	2.8
2~5	11.43	3.9	4.2
2~6	11.43	4.4	5.8
3~7	11.43	4.1	5.5

文献[5]和文献[1]中关于开槽数目的结论是不尽相同的，相同之处都认为叶尖附近的弦长中部区域可能是与旋转失速的开始有关联的最危险的气流区域，不同之处是文献[5]肯定在靠近叶片前后缘处的机匣上进行凹槽处理有助于失速裕度的改进，而文献[1]得到相反的论断。由此，从开槽数目的角度考虑，仍有必要对开槽数目这一因素对周向槽机匣处理的扩稳效果有何影响进行研究。

4. 中心偏移度的影响

文献[6]中研究三个不同中心偏移度的周向槽机匣处理(图3-1)对某亚声速轴流压气机失速裕度改进量的影响(中心偏移度，即试验转子叶排中心与处理中心的位置差与叶尖弦长的轴向投影之比，机匣前伸取正值)。试验结果列于表3-3中，无论机匣处理前移或后移，获得的近失速流量减少量都比中心偏移度为零时大，其中机匣处理前移获得最大的近失速流量减少量。关于类似这样的研究少，因

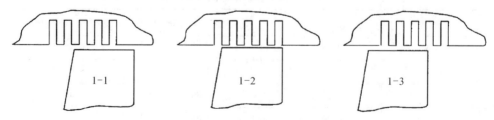

图3-1 3种中心偏移度的机匣处理结构简图

此有必要对周向槽机匣处理中心偏移度的改变如何影响其扩稳效果做进一步的研究。

表 3 - 3　三种中心偏移度的试验结果

机匣类型	槽　　数	槽深/mm	槽宽/mm	中心偏移度	近失速点流量减少的百分数/%
1 - 1	5	5	5	0.313	8.93
1 - 2	5	5	5	0	5.82
1 - 3	5	5	5	-0.313	7.36

5. 周向槽机匣处理对转子叶片表面压力分布的影响

机匣处理对转子叶片(尤其是叶尖处)表面压力分布的影响问题引起了广泛的关注,因为这有可能是机匣处理抑制旋转失速的原因之一。

Horlock 等[7]认为在有周向槽机匣处理与无机匣处理的情况下,叶顶处的压力分布实际是相同的,进而否定压力分布的变化与旋转失速推迟的联系。

Prince 等[8]也认为带周向槽机匣处理后的叶顶压力分布变化极小,可视为相同,他认为:就实体壁机匣与周向槽机匣而言,在试验所能分辨的范围内具有接近相同的压力分布;在接近尖部的尾缘区内,周向槽机匣显示出稍微高一些的横跨叶片的压差。

文献[9]在对一亚声速孤立转子的试验研究中指出,周向槽机匣处理时,与实体壁机匣比较,转子出口的相对切向分速在叶尖区域是减少的。而周向槽机匣处理对转子的所有进口参数沿叶高的分布影响甚微,由此可判定叶尖区附近的基元叶片载荷是增加的。这暗示着周向槽机匣处理的作用不是靠减轻基元叶片的负载来推迟失速的发生。

从上面的叙述可知,周向槽机匣处理对叶尖区压力分布的影响规律不尽相同,有的甚至互为相反。作者认为,否定压力分布的变化与旋转失速推迟的联系似乎论据欠足,这个问题仍值得进一步深入研究。考虑到叶尖附近流场的复杂性,无论是试验还是数值研究分析都应十分谨慎,从机制研究角度应避免周向槽影响较小而忽略对叶片顶部压力分布影响的研究。

6. 周向槽机匣处理对气流参数沿径向分布的影响

沿径向测量可以发现,机匣处理对气流参数沿叶高的分布有着十分明显的影响,这个现象对于我们探索机匣处理的机制可能是相当重要的。

Takata 等[10]在一低速孤立转子上使用周向槽机匣处理技术获得的数据表明:① 机匣处理技术使得转子在较大的攻角下才会发生旋转失速;② 机匣处理不改变进口轴向速度的径向分布,但进口轴向速度减少,这与相应失速点流量的降低是一致的;③ 对于周向槽机匣,靠近转子尖部的出口轴向速度与叶中处相比有明显的减少。与实体壁机匣相比这个梯度大得多,这表明气流通过叶排有一个大的减速。对于斜缝类机匣,靠近转子尖部的出口轴向速度与叶中相比减少得不多,气流通过叶排时还略有加速;④ 与实体壁机匣相比,周向槽机匣没有明显的改变总压损失系数的分布,除了在尖部略有增加,总的来说,总压损失系数有所降低。但是对于改进失速裕度显著的倾斜缝机匣而言,则有完全不同的结果:总压损失系数在叶尖略有降低,而径向分布梯度几乎趋于零,与实体壁机匣相比,除尖部略有降低外,总的来说是增加的,且在叶中附近增加显著。

从以上结果可以看到机匣处理结构对其邻近的主流施加特殊的影响,这种影响波及叶中,甚至更多。效果越明显者,波及的深度也越大。

7. 周向槽机匣对转子叶尖流场的影响

研究者们从机匣处理技术的初步研究中认识到,叶尖流场的变化是探讨机匣处理机制的关键之一,文献[11]在这方面做了许多有意义的工作。该文应用显形技术和高速摄影手段获得了该处流场的物理图像。结果表明:① 靠近机匣的流动主要是切向;② 径向速度具有的数量级小于切向速度,但它有着重要意义;③ 流动基本上是层流。

该文中的图像结果还表明,实壁机匣时下洗流是较大的,而周向槽机匣的采用显著地降低了下洗流动(轴向缝则更加明显)。通过分析,失速发生的主要原因之一是叶尖处泄漏的下洗气流引起叶顶通道堵塞。从高速影像的气流镜头看,周向槽较其他的机匣处理有着较大的尖部泄漏量。周向槽机匣处理的采用,导致叶片尖部泄漏气流的渠道化,从而使下洗气流显著地减少。同时这也导致了叶尖泄漏量的增加,而使最高设计效率下降。但由于减少了下洗气流和叶顶通道的堵塞,会使非设计效率改进。文献[11]中还指出,多级试验台的实验分析表明,周向槽机匣在效率方面则没有任何明显的变化。

由该文中试验结果归纳出的物理模型为数学处理提供了简化假设的可靠依据,即可假设:① 在尖部通道中的流动是二维的,只有径向和切向速度分量;② 在尖部通道中,径向速度的数量级小于切向方向的数量级。

8. 处理腔内流场的测量

为了揭示机匣处理的机制,人们对于处理腔内的流动状况做了不少研究工作,文献[8]获得了一些有意义的成果,该文中的主要测量工作如下所示:

(1)采用在转子叶片外部嵌装的透明机匣,并在腔内配置丝线束,可获得直观的腔内流动的定性显示。对于周向槽内流动的丝线束测量表明,占支配地位的流动是在旋转方向上沿槽的流动,这意味着横向和径向的分量是较低的,与周向分量相比,是一个低得多的数量级。对于轴向倾斜缝,叶片角缝的观察表明,那里的流动复杂得多。考虑到丝线束自身的惯性,应充分估计到它的随机性是不好的。因而,动态的流动状态,这种方法是不足以判明的。

（2）为了有效地测定速度的时均值和瞬时波动,采用了热线风速仪。槽内总压的测量和在侧壁、槽底静压的测量包含同样的时均值。在一典型的周向槽机匣中心槽内测得的速度约为近槽表面的主流速度的2/3,并随着深度增加,线性地变化到槽内,在80%深度处,降到大致为主流的1/2,超过80%深度,可以发现附面层的轮廓。

（3）在周向槽内进行动态测量。测量采用叉形的热丝,且置于与槽的轴线呈45°的位置上。这样,叉形热丝可测量径向和切向速度分量。测量结果表明,径向速度分量相当小,与切向速度之比约为0.25。但是在测得这个径向速度分量后,结束了当时是否存在径向流动的争论。还可以注意到,周向槽机匣诱导的径向速度很小,但缝类机匣诱导的径向速度则强烈得多,数量级可达±40 m/s。这为我们做出一定的提示,如果采取哪种方式增加周向槽中的径向诱导速度,将能使其扩稳效果更加明显。

3.2　周向槽机匣处理的正交试验方案

不同几何结构的周向槽机匣处理对压气机性能影响的实验研究工作是在西北工业大学单级轴流压气级实验台上进行的。单级轴流压气机实验台及参数测量系统介绍详见第二章2.1节。

正交试验设计是用于多因素试验的一种方法,它是从全面试验中挑选出部分有代表的点进行试验,这些代表点具有"均匀"和"整齐"的特点。正交试验设计是部分因子设计（fractional factorial designs）的主要方法,具有很高的效率。正交试验方法的详细介绍见文献[12]。

3.2.1　周向槽机匣处理的设计参数

周向槽机匣处理是最早的机匣处理技术之一,关于它的研究已有众多的文献可供参考。从众多的研究结果中,可以概括出周向槽机匣处理中几个关键几何参数的确定原则,这些参数对压气机性能有着显著的影响。如图3-2所示,周向槽的几个关键几何参数分别为处理宽度、槽深、槽宽、槽片宽。这四种几何参数的选取一般如下:

（1）传统机匣处理的理论认为,处理位置应位于易分离失速的地方,因而叶片中后部应予以关键处理。如果需要考虑前排尾

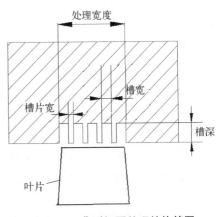

图3-2　典型机匣处理结构简图

迹对叶片前部的影响，则叶片前部也应该有处理槽的覆盖。所以，周向槽机匣处理的轴向范围（处理宽度）应包括大部分叶尖轴向投影区域，机匣处理在其名义机匣表面中具有 65%~75% 的开放面积。

（2）周向槽的作用是靠其诱导气流对主流施以影响来实现的。一般而言，槽深与叶片弦长之比应大于 0.2，但也不是越深越好。当槽深增加到一定程度后，失速裕度改进量不再随着槽深的增加而增大，实验表明，槽深存在一最佳范围。除此之外，实际的压气机结构也决定了处理槽不能过深。

（3）增加处理槽的宽度能增大诱导气流，但是槽宽过大会使槽内气流的轴向流动加大，引起过大的流动损失。传统经验表明，槽宽过窄使扩稳效果不佳，槽宽与槽深之比约为 0.33 时较好。

（4）传统的实践经验表明，槽片宽应与叶顶处基元叶片的最大厚度相当。

3.2.2　正交试验中周向槽机匣结构的选取

在相同的处理总宽下，关于槽深对扩稳效果的影响，文献[4]中得到了与文献[1,2]不一致的结论，文献[4]认为浅槽处理的扩稳效果比深槽处理好得多；关于开槽位置，即中心偏移度（试验转子叶排中心与处理中心的位置差与叶尖弦长的轴向投影之比，机匣前伸取正值）对扩稳效果的影响，相关的研究很少，文献[4]试验研究认为无论机匣处理前移或后移，获得的近失速流量减少量都比中心偏移度为零时的大；关于开槽宽度对扩稳效果的影响，文献[13]在叶栅通道计算研究了 2 种槽宽的变化对扩稳效果的影响，指出在相同的处理深度下，宽槽的扩稳作用强于窄槽。文献[14]中也数值研究 2 种槽宽对转子稳定工作范围的影响，得出与文献[13]相同的结论。文献[2]试验研究 2 种槽宽的周向槽机匣处理，得到与文献[13,14]相反的结论。由此，针对槽宽这一几何因素如何影响周向槽机匣处理的扩稳效果，仍值得进一步作试验与数值研究。

归纳上面关于开槽深度、开槽宽度、开槽位置的研究，要么是得到相反的结论，要么就是相关研究极少，并且关于槽宽研究的种类只有 2 种，如果研究 3 种槽宽将得到何种结论？为此，在书中主要研究开槽深度、开槽宽度、开槽位置（中心偏移度）的改变对周向槽机匣处理扩稳效果有何影响。

本项试验中，参考上面介绍的周向槽机匣传统设计准则，设计机匣处理时主要考虑三个因素，分别为开槽深度、开槽宽度、中心偏移度，每个因素具有三个水平。正交试验的目的是找出何种槽深、槽宽和中心偏移度组合的周向槽机匣处理获得最高的失速裕度改进量。根据前期的机匣处理试验经验，认为这三个因素交叉影响很小，因此在该正交试验方案及试验结果的分析中忽略各几何因素之间的交叉影响。

正交表是用于安排多因素试验的一类特别的表格，每个正交表有一个代号

$L_n(q^m)$,其含义如下：L 表示正交表;n 为试验总数;q 为因素的水平数;m 为表的列数,表示最多能容纳因素个数。书中采用的正交表为 $L_9(3^4)$,如表 3 - 4 所示。图 3 - 3 给出了正交试验中的九种机匣处理结构简图。

表 3 - 4　$L_9(3^4)$试验方案

试　验　号	槽宽/mm	槽深/mm	中心偏移度
No. 1	2. 2	6	0. 33
No. 2	2. 2	9	0
No. 3	2. 2	12	−0. 33
No. 4	3. 0	6	0
No. 5	3. 0	9	−0. 33
No. 6	3. 0	12	0. 33
No. 7	3. 75	6	−0. 33
No. 8	3. 75	9	0. 33
No. 9	3. 75	12	0

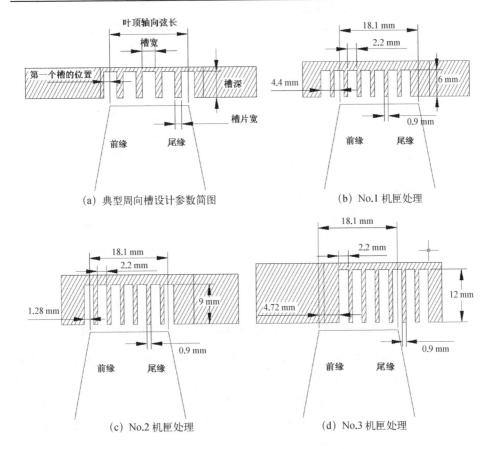

(a) 典型周向槽设计参数简图　　　　(b) No.1 机匣处理

(c) No.2 机匣处理　　　　(d) No.3 机匣处理

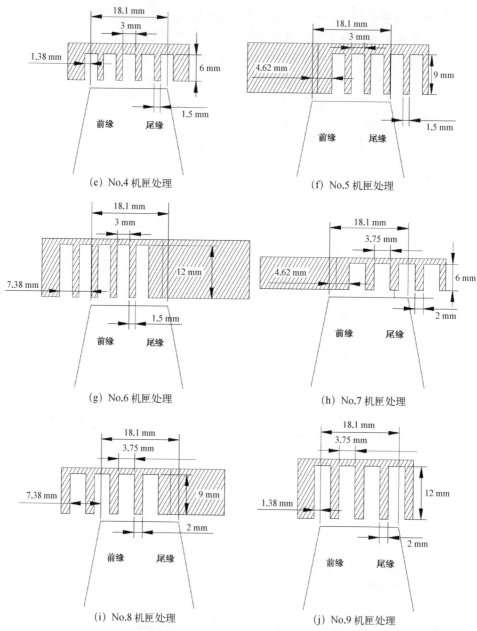

(e) No.4 机匣处理　　　　　(f) No.5 机匣处理

(g) No.6 机匣处理　　　　　(h) No.7 机匣处理

(i) No.8 机匣处理　　　　　(j) No.9 机匣处理

图 3－3　典型周向槽设计参数简图与 No.1～No.9 机匣处理结构简图

　　编号 No.1～No.9 机匣处理的处理宽度均为 21 mm。No.1～No.3 机匣处理槽数为 7，槽宽/槽片宽为 2.44，槽宽/叶片最大厚度为 0.55；No.4～No.6 机匣处理槽数为 5，槽宽/槽片宽为 2，槽宽/叶片最大厚度为 0.75；No.7～No.9 机匣处理槽数为 4，槽宽/槽片宽为 1.875，槽宽/叶片最大厚度为 0.938。三种凹槽深度与叶尖轴向弦长之比分别为 19.2%、28.8%、38.4%。其中,被试验压气机转子叶片的叶高约为 58 mm,叶片在叶尖处的实际弦长为 30 mm,安装后叶片叶尖处的轴向弦长约为 18.1 mm。

3.2.3　周向槽机匣处理研究的试验方法

针对表 3-4 和图 3-3 给出的 9 种机匣处理的几何结构。试验时,对于每一种压气机机匣壁结构,首先保持压气机转速不变,通过改变压气机实验台排气管出口的节气锥位置调节压气机的节流状态。在一定的换算转速下,包括近失速边界点在内一般测定不少于 6 个工况点,对于在稳定状态下的每个工况点,录取按等环面布置的 7 个径向位置处的流场参数。近失速工况点一般只录取一个径向位置的流场参数,因为稍微地沿径向移动探针将造成扰动,有可能引起压气机失速。

由于机匣种类众多,为了精确地获得各机匣处理的失速裕度改进量,这就要求在试验中准确地测量近失速流量。试验中通过锥堵式节气门装置来改变压气机的节流程度,在近失速流量的测量中,通过手动操作调整节气门位置,每转动一圈螺杆,可使节气门位置步进或步退约 0.4 mm,有时甚至只转动半圈螺杆。由此可知,试验中近失速流量的调节是相当精确的,可有力地保证各机匣处理对应的失速裕度改进量准确可靠。

压力探针的测量值为时均值,转子后气流参数的周向平均用时均值代替,并按照面积平均参数代替质量平均参数。全部试验数据用自行开发的程序来处理,以便计算压气机总压比、效率、流量等参数,并根据压气机失速前的空气流量确定压气机的稳定工作边界。

3.3　周向槽机匣处理的正交试验研究

3.3.1　周向槽机匣处理对压气机性能的影响

为了便于与其他文献的研究结果进行比较,在比较周向槽机匣处理和实壁机匣的压气机转子总性能时,援引了两项指标:失速裕度改进量 SMI 与峰值绝热效率改进量 $\Delta\eta_{rm}$。

峰值绝热效率改进量 $\Delta\eta_{rm}$ 定义为

$$\Delta\eta_{rm} = \left[(\eta_{rcM}^{*}/\eta_{roM}^{*}) - 1 \right] \times 100\% \tag{3-1}$$

式中,η_r^* 表示孤立转子的总绝热效率,下标 c 表示机匣处理的,下标 o 表示实壁机匣的,下标 M 表示最高效率点的。

为了能在分析中更好地说明不同周向槽机匣处理结构下压气机峰值效率和失

速裕度的相对变化大小,表 3 - 5 和表 3 - 6 分别给出了 8 130 r/min 和 10 765 r/min 两种换算转速下,9 种机匣处理和实壁机匣时压气机转子的近失速换算流量,近失速总压比、峰值效率、峰值效率改进量和失速裕度改进量的数值,Solid 代表实壁机匣。失速裕度改进量和峰值效率改进量分别按式(2 - 1)、式(3 - 1)计算。图 3 - 4 和图 3 - 5 给出了某几种机匣处理与实壁机匣情况下孤立转子的压气机特性线,目的是为了说明不同机匣处理结构对压气机性能的影响(由于机匣种类众多,为辨别清楚,仅给出部分机匣的特性线)。

表 3 - 5 10 种机匣的试验结果(8 130 r/min)

机匣编号	M_{nps}/(kg/s)	π_{rs}^*	η_{rM}^*	$\Delta\eta_{rm}$/%	SMI/%
Solid	2.934 2	1.071 2	0.926 6	—	—
No. 1	2.797 4	1.071 5	0.930 8	0.453	4.92
No. 2	2.704 2	1.068 7	0.917 6	−0.971	8.25
No. 3	2.810 8	1.069 5	0.920 4	−0.669	4.22
No. 4	2.825 7	1.069 7	0.926 4	−0.022	3.69
No. 5	2.825 8	1.069 0	0.914 9	−1.263	3.62
No. 6	2.773 9	1.070 5	0.926 5	−0.011	5.71
No. 7	2.846 0	1.070 9	0.921 6	−0.540	3.07
No. 8	2.871 9	1.067 9	0.919 6	−0.755	1.85
No. 9	2.801 3	1.069 9	0.919 3	−0.788	4.62

表 3 - 6 10 种机匣的试验结果(10 765 r/min)

机匣编号	M_{nps}/(kg/s)	π_{rs}^*	η_{rM}^*	$\Delta\eta_{rm}$/%	SMI/%
Solid	3.913 0	1.118 6	0.913 8	—	—
No. 1	3.632 2	1.120 8	0.906 4	−0.810 9	7.10
No. 2	3.543 0	1.123 5	0.904 4	−1.029	10.93
No. 3	3.818 6	1.122 0	0.899 6	−1.554	2.78
No. 4	3.712 3	1.124 2	0.901 2	−1.379	5.93
No. 5	3.763 1	1.122 5	0.898 3	−1.70	4.35
No. 6	3.744 4	1.123 0	0.897 1	−1.828	4.91
No. 7	3.780 5	1.122 8	0.909 9	−0.427	3.89
No. 8	3.820 3	1.119 2	0.908 5	−0.580	2.67
No. 9	3.883 5	1.121 8	0.910 8	−0.328	1.05

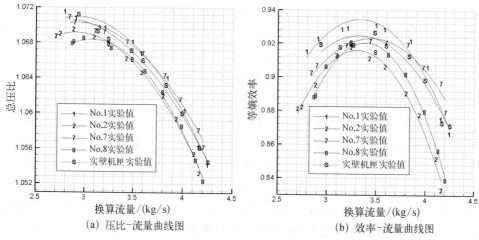

（a）压比-流量曲线图　　　　　　（b）效率-流量曲线图

图 3－4　四种机匣处理与实壁机匣的压气机特性线（8 130 r/min）

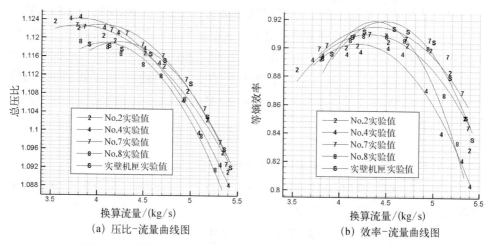

（a）压比-流量曲线图　　　　　　（b）效率-流量曲线图

图 3－5　四种机匣处理与实壁机匣的压气机特性线（10 765 r/min）

由表 3－5、表 3－6、图 3－4 和图 3－5 可知：

（1）在 8 130 r/min 和 10 765 r/min 两个换算转速下，无论采取哪种型式的机匣处理，均增加了压气机的失速裕度，其中 No. 2 机匣处理在两个转速下都获得了最大的失速裕度改进量，分别为 8.25% 和 10.93%。一般来说，周向槽机匣处理可以获得中等水平的裕度改进量，一般在 10% 以内。No. 2 机匣处理在 10 765 r/min 转速下，获得了 10.93% 的失速裕度改进量，这是一个令人鼓舞的结果。

（2）在两个转速下，最小槽宽的机匣处理（No. 1～No. 3）获得的失速裕度改进量之和是最大的，而最大槽宽的机匣处理（No. 7～No. 9）获得的失速裕度改进量之和是最小的。从失速裕度改进量之和角度看，似乎小槽宽周向槽机匣处理的扩稳效果比宽槽机匣处理的好。

（3）在两个转速下，中心偏移度为 0 的机匣处理（No. 2、No. 4、No. 9）取得的失速裕度改进量之和是最高的，中心偏移度为-0.33 的机匣处理（No. 3、No. 5、No. 7）取得的失速裕度改进量之和是最低的。中心偏移度，即试验转子叶排中心与处理中心的位置差与叶尖弦长的轴向投影之比，机匣前伸取正值。从失速裕度改进量之和角度看，似乎机匣处理后移（中心偏移度为负值）时获得的失速裕度改进量是最小的。

（4）在 8 130 r/min 转速下，除了 No. 1 机匣处理的近失速总压比比实壁机匣的高，其他机匣处理的近失速总压比均比实壁机匣的低。其中 No. 2、No. 8 机匣处理在大部分流量范围内的总压比比实壁机匣的小，而 No. 1、No. 7 机匣处理在大部分流量范围内的总压比比实壁机匣的大。在 10 765 r/min 转速下，实壁机匣的近失速总压比都比所有机匣处理的低。其中 No. 8 机匣处理除了近失速总压比比实壁机匣的大之外，其他工况下的总压比均比实壁机匣的小。而 No. 4、No. 7 机匣处理在小流量范围内的总压比比实壁机匣的大。

（5）从峰值效果角度分析，在 8 130 r/min 转速下，除了 No. 1 机匣处理的效率高于实壁机匣，No. 4、No. 6 两种机匣处理与实壁机匣的几乎持平外，其他型式的机匣处理的峰值效率都比实壁机匣的低；在 10 765 r/min 转速下，所有型式机匣处理的峰值效率都比实壁机匣的低。在小槽宽、8 130 r/min 转速时，机匣处理的轴向位置前移（No. 1、No. 6），在增加失速裕度的同时，还提高或几乎不降低压气机原有的峰值效率。

3.3.2　机匣处理试验结果的正交分析

书中正交试验的目的是找出何种槽深、槽宽和中心偏移度组合的周向槽机匣处理获得最大的失速裕度改进量。

1. 8 130 r/min 转速下实验结果的正交分析

9 次试验结果中以第 2 次试验的失速裕度改进量最高，为 8.25%，相应的水平组合 $W_1H_2O_2$（$W_1 = 2.2$ mm，$H_2 = 9$ mm，$O_2 = 0$）是当前最好的水平搭配，W、H、O 分别代表槽宽、槽深、中心偏移度。下面通过直观分析，也许能找到更好的水平搭配，其步骤如下：

1）计算各因素在每个水平下的平均裕度改进量

表 3-7 第二行给出了分别在槽宽 2.2 mm、槽深 6 mm、中心偏移度 0.33 下的所有试验得到的失速裕度改进量之和，例如，在槽宽 2.2 mm 下，$\sum \overline{M_1} = 4.92 + 8.25 + 4.22 = 17.39$（表 3-5 中各数据），其均值 $\sum \overline{M_1}/3 = 5.80$。在槽深 6 mm 下，$\sum \overline{M_2} = 4.92 + 3.69 + 3.07 = 11.68$，其均值 $\sum \overline{M_2}/3 = 3.89$。在中心偏移度 0.33 下，$\sum \overline{M_3} = 4.92 + 5.71 + 1.85 = 12.48$，其均值 $\sum \overline{M_3}/3 = 4.16$。类似地，

其他行的计算方法同上。在三个开槽宽度下失速裕度改进量平均值的极差为 max $\{5.80,4.34,3.18\}-\min\{5.80,4.34,3.18\}=2.62$。其他槽深、中心偏移度下的失速裕度改进量平均值的极差计算方法类似。

表 3-7　诸因素在每个水平下的平均失速裕度改进量（8 130 r/min）

槽宽/mm	$\sum \overline{M_1}$/%	$\sum \overline{M_1}$ 均值	槽深/mm	$\sum \overline{M_2}$/%	$\sum \overline{M_2}$ 均值	中心偏移度	$\sum \overline{M_3}$/%	$\sum \overline{M_3}$ 均值
2.2	17.39	5.80	6	11.68	3.89	0.33	12.48	4.16
3	13.02	4.34	9	13.72	4.57	0	16.56	5.52
3.75	9.54	3.18	12	14.55	4.85	−0.33	10.91	3.64
极差	—	2.62	—	—	0.96	—	—	1.88

2）将平均失速裕度改进量点图

将每个因素的 3 个水平下的平均失速裕度改进量表示在图 3-6 上，有如下结论：

（1）槽宽为 2.2 mm 时的失速裕度改进量最大；

（2）槽深为 12 mm 时的失速裕度改进量最大；

（3）中心偏移度为 0 时的失速裕度改进量最大。

综合来看，以 $W_1H_3O_2$（$W_1=2.2$ mm，$H_3=12$ mm，$O_2=0$）组合最好。

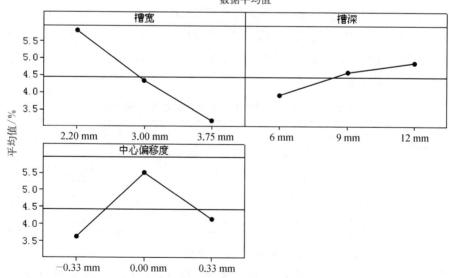

失速裕度改进量　主效应图
数据平均值

图 3-6　失速裕度改进量与三因素关系图（8 130 r/min）

3）将因素对响应的影响排序

在一项试验中，诸因素对响应的影响是有主次的，对于机匣处理试验，直观上很容易得出，一个因素对失速裕度改进量影响大，是主要的，那么这个因素不同的水平相应的失速裕度改进量之间差异就大；一个因素影响不大，是次要的，相应的失速裕度改进量之间差异就小。反映在图上，点子散布范围大的因素是主要的，散布范围小的是次要。从图 3-6 容易看出主次关系如下：

$$主 \longrightarrow 次$$
$$W \quad O \quad H$$

其实，这个主次关系可用极差来表示，由表 3-7 的最后一行可看到，W、H、O 三个因素的极差分别为 2.62、0.96、1.88。由此即可将它们对失速裕度改进量的影响排序为 W、O、H。

4）追加试验

通过上述正交试验结果的分析，推测最佳水平组合为 $W_1 H_3 O_2$。可惜，在 9 次试验中没有包含这个水平组合，故追加 $W_1 H_3 O_2$ 组合试验，机匣编号为 No.10，结构参数如表 3-8 所示。最简单的方法是在 $W_1 H_3 O_2$ 下做几次试验，看看平均失速裕度改进量是否高于已做的 9 次试验。

表 3-8　No.10 机匣处理的主要设计参数

机匣编号	槽数	槽宽/mm	槽深/mm	中心偏移度
No.10	7	2.2	12	0

通过表 3-9 可看到，8 130 r/min 转速下 No.10（$W_1 H_3 O_2$ 组合）机匣处理的失速裕度改进量为 8.81%，其扩稳效果比 No.2 机匣处理的好，No.2（$W_1 H_2 O_2$ 组合）机匣处理的失速裕度改进量为 8.25%。与 No.2 机匣处理相比，该组合机匣处理对效率的损害程度较小。

表 3-9　No.2 与 No.10 机匣处理的试验结果比较

机匣编号	转速/(r/min)	η_{rM}^*	M_{nps}/(kg/s)	π_{rs}^*	$\Delta\eta_{rm}$/%	SMI/%
No.2	8 130	0.917 6	2.704 2	1.068 7	−0.971	8.25
	10 765	0.904 4	3.543 0	1.123 5	−1.029	10.93
No.10	8 130	0.925 0	2.698 6	1.072 0	−0.173	8.81
	10 765	0.906 5	3.588 0	1.124 5	−0.80	9.63

2. 10 765 r/min 转速下实验结果的正交分析

9 次试验结果中以第 2 次试验的失速裕度改进量最高，为 10.93%，相应的水平组合 $W_1 H_2 O_2$（$W_1 = 2.2$ mm，$H_2 = 9$ mm，$O_2 = 0$）是当前最好的水平搭配。下面通过直观分析，也许能找到更好的水平搭配，其步骤如下：

1）计算各因素在每个水平下的平均裕度改进量

表 3 - 10　诸因素在每个水平下的平均失速裕度改进量(10 765 r/min)

槽宽/mm	$\sum \overline{M_1}/\%$	$\sum \overline{M_1}$ 均值	槽深/mm	$\sum \overline{M_2}/\%$	$\sum \overline{M_2}$ 均值	中心偏移度	$\sum \overline{M_3}/\%$	$\sum \overline{M_3}$ 均值
2.2	20.81	6.93	6	16.92	5.64	0.33	14.68	4.89
3	15.19	5.06	9	17.95	5.98	0	17.91	5.97
3.75	7.61	2.54	12	8.74	2.91	-0.33	11.02	3.67
极差	—	4.39	—	—	3.07	—	—	2.30

注：表 3 - 10 中平均失速裕度改进量、极差的计算方法与表 3 - 7 中的一致。

2) 将平均失速裕度改进量点图

将每个因素的 3 个水平下的平均失速裕度改进量表示在图 3 - 7 上,可得出如下结论:

(1)槽宽为 2.2 mm 时的裕度改进量最大;

(2)槽深为 9 mm 时的裕度改进量最大;

(3)中心偏移度为 0 时的裕度改进量最大。

综合来看,以 $W_1 H_2 O_2$ 组合最好。

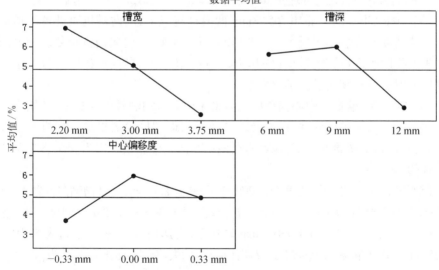

图 3 - 7　失速裕度改进量与三因素关系图(10 765 r/min)

3) 将因素对响应的影响排序

从图 3 - 7 容易看出主次关系如下:

$$主 \longrightarrow 次$$
$$W \quad H \quad O$$

由表 3 – 10 的最后一行可看到，W、H、O 三个因素的极差分别为 4.39、3.07、2.30。由此即可将它们对失速裕度改进量的影响排序为 W、H、O。

4）追加试验

基于正交试验结果的分析，推断最佳水平组合为 $W_1H_2O_2$，在 9 次试验中包含这个水平组合。

通过表 3 – 9 还可看到，10 765 r/min 转速下 No.10（$W_1H_3O_2$ 组合）机匣处理的失速裕度改进量为 9.63%，其扩稳效果没 No.2 机匣处理的好，No.2（$W_1H_2O_2$ 组合）机匣处理的为 10.93%。这种组合机匣处理对效率的损害程度没 No.2 机匣处理的大。

3.3.3　小结

通过分析周向槽机匣处理的正交试验结果，可得到如下结论：

（1）采用正交分析方法在 8 130 r/min 转速下得到的推测结果与实验结果相符合，即推测最佳组合为 $W_1H_3O_2$（No.10 机匣处理），在 9 次实验中没出现，故追加 $W_1H_3O_2$ 组合试验，实验结果表明此组合机匣处理的扩稳效果最好。

（2）使用正交分析方法在 10 765 r/min 转速下推测出的结果同样是准确的。基于实验结果的分析，推断最佳水平组合为 $W_1H_2O_2$（No.2 机匣处理），在 9 次试验中包含了这个水平组合，其组合机匣处理在 10 765 r/min 转速下获得最大的失速裕度改进量。

（3）在 8 130 r/min 和 10 765 r/min 两换算转速下，周向槽机匣处理的槽宽因素对失速裕度改进量影响最大。在 8 130 r/min 转速下，周向槽机匣处理的槽深因素对失速裕度改进量影响最小；在 10 765 r/min 转速下，周向槽机匣处理的中心偏移度因素对失速裕度改进量影响最小。

（4）在槽深、槽宽及中心偏移度三因素无交叉影响的假设前提下，使用正交分析方法对试验结果进行处理，在两换算转速下均得到扩稳效果最佳的机匣处理组合形式，并得到了试验的验证，这表明在该正交试验中假设各因素交叉影响可忽略是合理的。

（5）10 次组合实验中，在两个换算转速下，槽宽 2.2 mm，处理槽轴向位置不变（中心偏移度为 0），槽深为 9 mm、12 mm 时，扩稳效果比其他 8 种水平组合明显。其中槽深 12 mm（No.10 机匣处理）在 8 130 r/min 转速下，失速裕度改进量最大，为 8.81%，在 10 765 r/min 转速下，槽深 9 mm（No.2 机匣处理）的失速裕度改进量最大，为 10.93%。

3.4　周向槽机匣处理扩展性的试验研究

在周向槽机匣处理正交性试验的基础上，本书还进行了机匣处理扩展性的试验研究，增加 No.10~No.16 七种机匣处理，主要设计参数如表 3 – 11 所示。研究的主要目的和具体试验内容如下。

表 3－11　No. 10～No. 16 机匣处理的主要设计参数

机匣编号	槽　数	槽宽/mm	槽深/mm	中心偏移度	处理宽度/mm
No. 10	7	2. 2	12	0	21
No. 11	5	3. 0	12	0	21
No. 12	4	3. 75	9	0	21
No. 13	7	2. 2	12	0. 33	21
No. 14	3	2. 2	12	0. 34	8. 4
No. 15	5	2. 2	12	0. 17	14. 8
No. 16	5	2. 2	12	-0. 17	14. 8

（1）研究开槽深度的影响。中心偏移度为 0 时，在 3 种槽宽下分别试验两种槽深对压气机性能的影响，具体机匣型号分别为：No. 2、No. 10（槽宽 2. 2 mm，对应槽深分别为 9 mm、12 mm），No. 4、No. 11（槽宽 3 mm，对应槽深分别为 6 mm、12 mm），No. 9、No. 12（槽宽 3. 75 mm，对应槽深分别为 12 mm、9 mm）。

（2）研究开槽宽度的影响。在槽深 9 mm，中心偏移度为 0 时，试验两种槽宽的机匣处理对孤立转子性能的影响，机匣型号为：No. 2、No. 12。在槽深 12 mm，中心偏移度为 0 时，试验三种槽宽对孤立转子性能有何影响。具体机匣型号为：No. 9、No. 10、No. 11。

（3）研究开槽中心偏移度的影响。在槽宽 3 mm，槽深 12 mm 时，试验研究两种中心偏移度的机匣处理对孤立转子性能的影响，机匣型号为：No. 6、No. 11。在槽宽 2. 2 mm，槽深 12 mm 时，试验研究三种中心偏移度的机匣处理对孤立转子性能有何影响，机匣型号为：No. 3、No. 10、No. 13。

（4）在 No. 10 机匣为全 7 槽开放的基础上，分别对仅 1～3 槽开放（No. 14 机匣）、仅 1～5 槽开放（No. 15 机匣）和仅 3～7 槽开放（No. 16 机匣）的三种机匣处理进行试验，研究不同凹槽的开放对压气机稳定性有何影响，即研究每个凹槽对失速裕度改进的贡献大小。No. 10 机匣分别关闭最后四个槽、最后两个槽、前面两个槽，形成的机匣与 No. 14～No. 16 机匣相对应。

为了能在分析中更好地说明不同周向槽机匣处理结构下压气机峰值效率和失速裕度的相对变化大小，表 3－12 和表 3－13 分别给出了 8 130 r/min 和 10 765 r/min 两种换算转速下，13 机匣处理时压气机转子的近失速换算流量、近失速总压比、峰值效率、峰值效率改进量和失速裕度改进量的数值。

表 3－12　13 种机匣处理的试验结果（8 130 r/min）

机匣编号	M_{nps}/(kg/s)	π_{rs}^{*}	η_{rM}^{*}	$\Delta\eta_{\text{rm}}$/%	SMI/%
No. 2	2. 704 2	1. 068 7	0. 917 6	-0. 971	8. 25
No. 3	2. 810 8	1. 069 5	0. 920 4	-0. 669	4. 22

机匣编号	$M_{nps}/(kg/s)$	π_{rs}^*	η_{rM}^*	$\Delta\eta_{rm}/\%$	SMI/%
No. 4	2.825 7	1.069 7	0.926 4	−0.022	3.69
No. 6	2.773 9	1.070 5	0.926 5	−0.011	5.71
No. 8	2.871 9	1.067 9	0.919 6	−0.755	1.85
No. 9	2.801 3	1.069 9	0.919 3	−0.788	4.62
No. 10	2.698 6	1.072 0	0.925 0	−0.173	8.81
No. 11	2.762 5	1.070 8	0.926 4	−0.022	6.18
No. 12	2.827 4	1.071 1	0.925 2	−0.151	3.77
No. 13	2.753 9	1.069 4	0.921 1	−0.594	6.37
No. 14	2.842 4	1.069 4	0.925 5	−0.119	3.06
No. 15	2.753 8	1.071 5	0.925 9	−0.076	6.58
No. 16	2.773 4	1.070 1	0.923 3	−0.357	5.69

表 3 - 13　13 种机匣处理的试验结果（10 765 r/min）

机匣编号	$M_{nps}/(kg/s)$	π_{rs}^*	η_{rM}^*	$\Delta\eta_{rm}/\%$	SMI/%
No. 2	3.543 0	1.123 5	0.904 4	−1.029	10.93
No. 3	3.818 6	1.122 0	0.899 6	−1.554	2.78
No. 4	3.712 3	1.124 2	0.901 2	−1.379	5.93
No. 6	3.744 4	1.123 0	0.897 1	−1.828	4.91
No. 8	3.820 3	1.119 2	0.908 5	−0.580	2.67
No. 9	3.883 5	1.121 8	0.910 8	−0.328	1.05
No. 10	3.588 0	1.124 5	0.906 5	−0.710	9.63
No. 11	3.632 8	1.123 6	0.915 1	0.142	8.19
No. 12	3.842 6	1.121 0	0.915 0	0.131	2.05
No. 13	3.704 2	1.122 6	0.914 8	0.109	6.01
No. 14	3.789 5	1.121 5	0.918 3	0.492	3.53
No. 15	3.660 5	1.124 0	0.912 7	−0.120	7.41
No. 16	3.706 8	1.120 5	0.914 2	0.044	5.74

3.4.1　不同开槽深度对压气机性能的影响

图 3 - 8 ~ 图 3 - 13 给出了 6 种机匣处理与实壁机匣情况下孤立转子的特性线，目的是为了更全面地说明不同槽深机匣处理结构对压气机性能的影响。

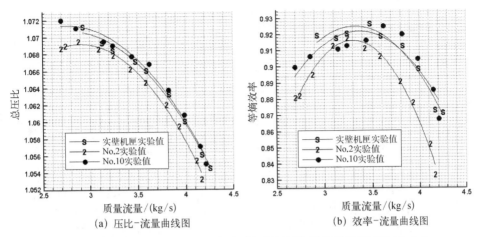

(a) 压比-流量曲线图　　　　　　　　(b) 效率-流量曲线图

图 3－8　No. 2、No. 10 机匣处理与实壁机匣的压气机特性线(8 130 r/min)

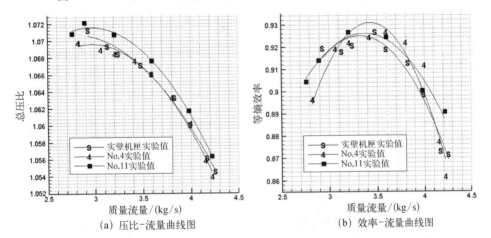

(a) 压比-流量曲线图　　　　　　　　(b) 效率-流量曲线图

图 3－9　No. 4、No. 11 机匣处理与实壁机匣的压气机特性线(8 130 r/min)

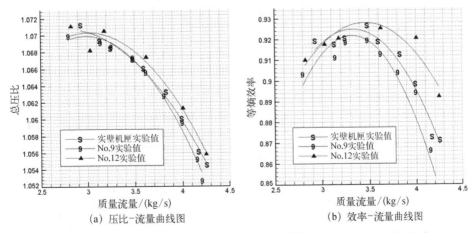

(a) 压比-流量曲线图　　　　　　　　(b) 效率-流量曲线图

图 3－10　No. 9、No. 12 机匣处理与实壁机匣的压气机特性线(8 130 r/min)

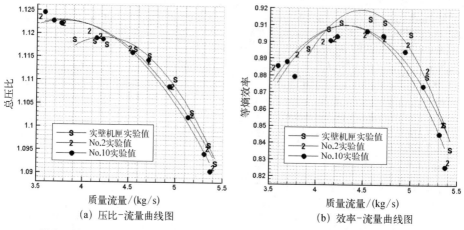

图 3 - 11　No. 2、No. 10 机匣处理与实壁机匣的压气机特性线(10 765 r/min)

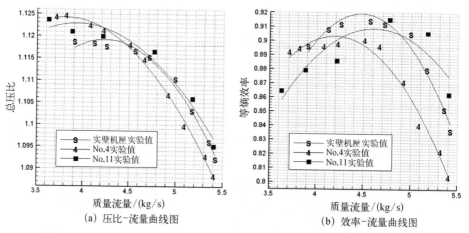

图 3 - 12　No. 4、No. 11 机匣处理与实壁机匣的压气机特性线(10 765 r/min)

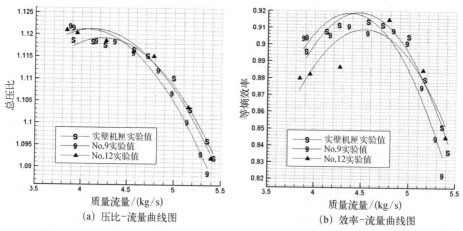

图 3 - 13　No. 9、No. 12 机匣处理与实壁机匣的压气机特性线(10 765 r/min)

由表 3 - 12、表 3 - 13、图 3 - 8~图 3 - 13 可知：

（1）槽宽 2.2 mm，中心偏移度为 0 时，在 8 130 r/min 转速下，槽深 12 mm（No. 10 机匣处理）的失速裕度改进量比槽深 9 mm（No. 2 机匣处理）的大，并且在大部分流量范围内，槽深 12 mm 的总压比和效率都比槽深 9 mm 的高；在 10 765 r/min 转速时，槽深 12 mm 的失速裕度改进量比槽深 9 mm 的低。在两个转速下，槽深 12 mm 的近失速总压比均比槽深 9 mm 的高。

（2）槽宽 3.75 mm，中心偏移度为 0 时，在 8 130 r/min 转速时，槽深 12 mm（No. 9 机匣处理）的失速裕度改进量比槽深 9 mm（No. 12 机匣处理）的大，并且两种机匣处理的峰值效率都比实壁机匣的低；在 10 765 r/min 转速时，槽深 12 mm 的失速裕度改进量比槽深 9 mm 的小，在 10 765 r/min 转速时，槽深 9 mm 的机匣处理获得小正值的峰值效率改进量。两个转速时，在大部分流量范围内，槽深 9 mm 的总压比均较槽深 12 mm 的高。

（3）槽宽 3 mm，中心偏移度为 0 时，8 130 r/min 转速时两机匣处理对峰值效率的恶化程度很小；10 765 r/min 转速时槽深 6 mm 的效率改进量为负值，槽深 12 mm 获得小正值的峰值效率改进量。两个转速下，槽深 12 mm（No. 11 机匣处理）的失速裕度改进量都比槽深 6 mm（No. 4 机匣处理）的大，而且在大部分流量范围内，No. 11 机匣处理的总压比都较 No. 4 机匣处理的大。

归纳以上分析可知，在槽宽 2.2 mm、3.75 mm 下得到了相同的结论：即槽深为 9、12 mm 时，在 8 130 r/min 转速下，槽越深，获得的失速裕度改进量越大，在 10 765 r/min 转速下刚好相反。两个转速下的失速裕度改进量差别都在 1% 之内。在槽宽 3 mm 下：槽深为 6 mm、12 mm 时，两个转速下，槽越深获得的失速裕度改进量越大，失速裕度改进量差别都在 2% 以上。由此推断存在最佳槽深范围，即槽深在 9~12 mm 之间，与文献 [2] 得到的结论一致。在此范围内，对该压气机进行周向槽机匣处理将获得最佳的失速裕度改进量。

3.4.2　不同开槽宽度对压气机性能的影响

图 3 - 14~图 3 - 17 给出了 5 种机匣处理与实壁机匣情况下孤立转子的特性线，由表 3 - 12、表 3 - 13、图 3 - 14~图 3 - 17 可知：

（1）在中心偏移度为 0，槽深 9 mm 时，在 8 130 r/min 转速下，No. 2 机匣处理在大部分流量范围内的总压比和效率均比 No. 12 机匣处理的低，两机匣处理的峰值效率都比实壁机匣的小；在 10 765 r/min 转速下，两机匣处理的总压比在大流量范围内与实壁机匣的差别不大，只是近失速总压比都比实壁机匣的高。小槽宽机匣处理（No. 2 机匣）在两个转速下获得失速裕度改进量都比大槽宽机匣处理（No. 12 机匣）的高。随着转速的提高，两机匣处理失速裕度改进量的差值越大，在 10 765 r/min 转速时，差值超过 8.8%，相当明显。

（2）在中心偏移度为 0,槽深 12 mm 时,在 8 130 r/min 和 10 765 r/min 转速下,三种机匣处理的失速裕度改进量随着槽宽的减少而增大,最大和最小失速裕度改进量的差值随转速的提高而增大,在 10 765 r/min 转速时,差值超过 8.5%。两转速下,小槽宽机匣处理(No. 10、No. 11) 在小流量范围内的总压比都比大槽宽(No.9)的高,除了在 10 765 r/min 转速下 No. 11 机匣处理获得小正值峰值效率改进量外,其他情况下机匣处理的峰值效率都比实壁机匣的低。

由上面的分析可知,最小槽宽机匣处理(槽宽 2. 2 mm)在两个转速下均获得了最大的失速裕度改进量,而最大槽宽机匣处理(槽宽 3. 75 mm)的扩稳效率明显不如小槽宽机匣处理的好,随着转速的提高,两机匣处理失速裕度改进量的差值是增大的。在此亚声速压气机上试验了三种不同槽宽的机匣处理,在处理总宽、槽深及中心偏移度相同时,得到窄槽处理的扩稳效果比宽槽处理好的结论。

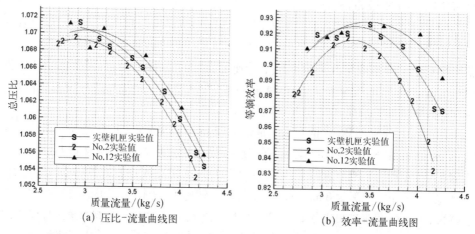

(a) 压比-流量曲线图　　　　　(b) 效率-流量曲线图

图 3 - 14　No. 2、No. 12 机匣处理与实壁机匣的压气机特性线(8 130 r/min)

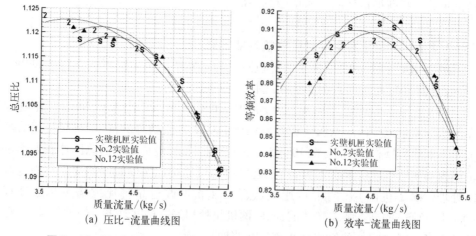

(a) 压比-流量曲线图　　　　　(b) 效率-流量曲线图

图 3 - 15　No. 2、No. 12 机匣处理与实壁机匣的压气机特性线(10 765 r/min)

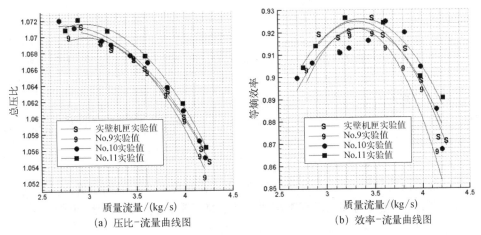

（a）压比-流量曲线图　　　　　　　　（b）效率-流量曲线图

图 3-16　No. 9、No. 10、No. 11 机匣处理与实壁机匣的压气机特性线（8 130 r/min）

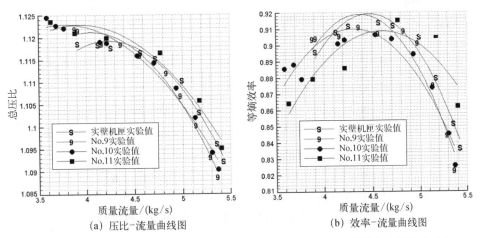

（a）压比-流量曲线图　　　　　　　　（b）效率-流量曲线图

图 3-17　No. 9、No. 10、No. 11 机匣处理与实壁机匣的压气机特性线（10 765 r/min）

3.4.3　不同开槽中心偏移度对压气机性能的影响

图 3-18～图 3-21 给出了 5 种机匣处理与实壁机匣情况下孤立转子的特性线，由表 3-12、表 3-13、图 3-18～图 3-21 可知：

（1）在 8 130 r/min 和 10 765 r/min 时，周向槽其他结构参数不变，机匣处理前移（No. 6 机匣）获得的失速裕度改进量比机匣处理轴向位置不变（No. 11 机匣）的小。8 130 r/min 转速时，No. 6 机匣处理的总压比特性线与实壁机匣的相当，No. 11 机匣处理在整个流量范围内的总压比都比其他两种机匣的大。在此转速下，两机匣处理的峰值效率与实壁机匣的相当。10 765 r/min 转速时，两机匣处理的近失速总压比均比实壁机匣的高，No. 6 机匣处理获得了负值的峰值效率改进量，No. 11 机匣处理获得了正值的效率改进量，但效率变化程度在小流量时比 No. 6 机匣处理的大。

（2）槽深12 mm，槽宽2.2 mm时，在两个换算转速下，三种中心偏移度的机匣处理获得的失速裕度改进量排序为：偏移度0（No. 10机匣）>偏移度0.33（No. 13机匣）>偏移度-0.33（No. 3机匣）。中心偏移度为0与中心偏移度为-0.33的机匣处理的失速裕度改进量差值随转速的提高而增加，在10 765 r/min转速时，高达近7%。在两个转速下，机匣处理后移（No. 3机匣）对峰值效率损害程度最大，除了机匣处理前移（No. 13机匣）在10 765 r/min转速下获得正的峰值效率改进量外，其他情况机匣处理都恶化了峰值效率。

归纳上面的分析可得，在两个转速下，中心偏移度为0时获得失速裕度改进量均为最高，机匣处理前移或后移都削弱了其扩稳效果，随着转速增大削弱效果越明

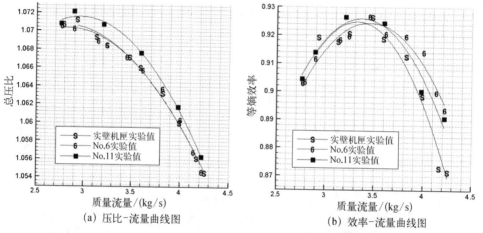

（a）压比-流量曲线图　　　　　　（b）效率-流量曲线图

图3-18　No. 6、No. 11机匣处理与实壁机匣的压气机特性线（8 130 r/min）

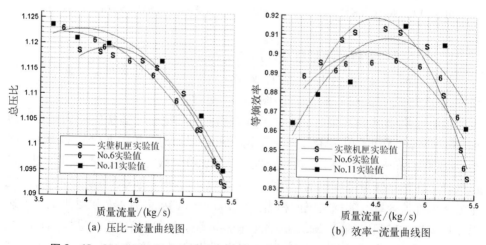

（a）压比-流量曲线图　　　　　　（b）效率-流量曲线图

图3-19　No. 6、No. 11机匣处理与实壁机匣的压气机特性线（10 765 r/min）

显。在此亚声速压气机上试验了三种不同中心偏移度的周向槽机匣处理,得到了中心偏移度为 0 时机匣处理的扩稳效果是最好的结论,这与文献[6]中在一亚声速转子上试验三种中心偏移度得到的结论刚好相反。本试验的中心偏移量与叶片弦长之比分别为±0.2、0,文献[6]中的为分别±0.147、0,同样为周向槽机匣处理。

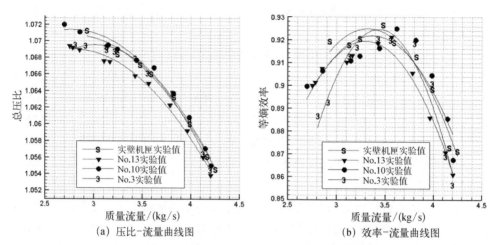

(a) 压比-流量曲线图　　　　　(b) 效率-流量曲线图

图 3-20　No. 3、No. 10、No. 13 机匣处理与实壁机匣的压气机特性线(8 130 r/min)

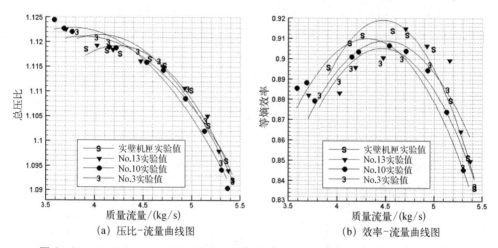

(a) 压比-流量曲线图　　　　　(b) 效率-流量曲线图

图 3-21　No. 3、No. 10、No. 13 机匣处理与实壁机匣的压气机特性线(10 765 r/min)

3.4.4　不同位置凹槽开放对压气机性能的影响

该处的试验研究是在 No. 10 机匣处理(全部凹槽都开放)的基础上展开的,试验目的是通过堵槽的方式来确定不同凹槽开放的机匣处理对压气机性能的影响,同时还判明各凹槽对失速裕度改进量的贡献大小。

图 3-22 和图 3-23 给出了 4 种机匣处理与实壁机匣情况下孤立转子的压气

机特性线,由表 3-12、表 3-13、图 3-22~图 3-23 可知:

（1）在两个转速下,No.14、No.16 机匣处理的总压比在大部分流量范围内均比其他 3 种机匣的低,其中 No.10、No.15 机匣处理的近失速总压比都比实壁机匣的高。在 8 130 r/min 转速下,所有机匣处理的峰值效率都比实壁机匣的低。在 10 765 r/min 转速下,除了 No.10、No.15 机匣处理,其他机匣处理都获得了正的峰值效率改进量。

（2）在两个转速下,四种机匣处理获得的失速裕度改进量排序为:1~7 凹槽开放（No.10 机匣）>1~5 凹槽开放（No.15 机匣）>3~7 凹槽开放（No.16 机匣）>1~3 凹槽开放（No.14 机匣）。在 No.10 机匣处理基础上关闭后 4 槽形成 No.14 机匣处理,后 4 槽的关闭对失速裕度改进量影响很大,在两个转速下 No.14 机匣处理的失速裕度改进量都未超过 4%。关闭前 2 槽、后 2 槽对失速裕度改进量的影响较小,前 2 槽（No.15 机匣）在两转速下对失速裕度改进量的贡献比后 2 槽（No.16 机匣）的贡献大。

通过上面的分析可知,只有在转子叶尖弦长的中部区域上方（具有 65%~75% 的开放面积）周向开槽才有可能获得较大的失速裕度改进量,仅开放叶片前部的 3 个凹槽获得较小的失速裕度改进量,只有全部开放 7 个凹槽才可取得最大的失速裕度改进量。与此同时还可知第一个、第二个或最后两个凹槽的开放有助于失速裕度的提高,开放前 2 槽对失速裕度改进量的贡献比开放后 2 槽的大。文献[5]中的研究也指出第一或最后一个凹槽有助于失速裕度的改进。

从平均的角度分析还可知,在两个转速下,No.14 机匣（1~3 凹槽开放）中每个槽的平均失速裕度改进量比 No.15 机匣（1~5 凹槽开放）中的小,4~5 凹槽的开放有助于提升其他凹槽对失速裕度改进的贡献。

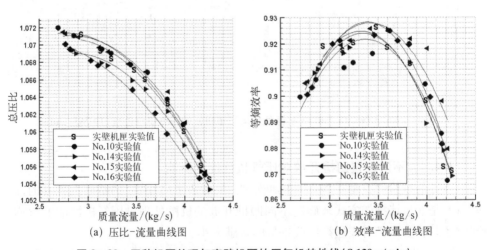

(a) 压比-流量曲线图   (b) 效率-流量曲线图

图 3-22   四种机匣处理与实壁机匣的压气机特性线（8 130 r/min）

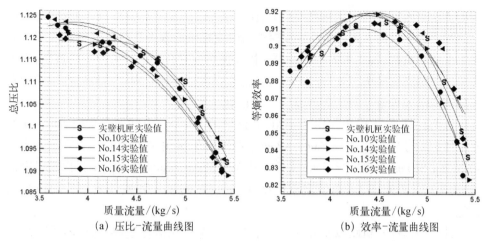

图 3-23　四种机匣处理与实壁机匣的压气机特性线(10 765 r/min)

3.4.5　小结

周向槽机匣处理扩展性的试验研究表明：

（1）在周向槽机匣处理其他几何参数不变的前提下,对于槽深因素而言存在最佳槽深范围,开槽深度与叶片高度的比值在 0.155~0.207 时,采用周向槽机匣处理技术在两个转速下将获得最佳的失速裕度改进量。

（2）对于开槽宽度因素而言,在中心偏移度为 0、相同的槽深及处理总宽时,试验了三种不同槽宽的机匣处理,在两个转速下都得到了窄槽处理的扩稳效果比宽槽处理好的结论,三种开槽宽度与叶尖轴向弦长之比分别为 12.1%、16.5%、20.6%。

（3）在周向槽其他几何结构相同的基础上,试验了三种不同中心偏移度的周向槽机匣处理,在两个转速下,中心偏移度为 0 时获得失速裕度改进量均为最高,其他两种中心偏移度的机匣处理都削弱了其扩稳效果,随着转速增大削弱效果越明显。试验的三种中心偏移度分别为 0.33、0、-0.33。

（4）对于不同位置凹槽开放而言,只有在转子叶尖弦长的中部区域上方(具有65%~75%的开放面积)周向开槽才有可能获得较大的失速裕度改进量,仅开放叶片前缘处的前 3 个凹槽时,周向槽机匣处理获得较小的失速裕度改进量,全 7 槽开放获得最大的失速裕度改进量。第一个、第二个或最后两个凹槽的开放有助于失速裕度的改进,开放前 2 槽对失速裕度改进量的贡献比开放后 2 槽的大。在两个转速下,No.14 机匣(1~3 凹槽开放)中每个槽的平均失速裕度改进量比 No.15 机匣(1~5凹槽开放)中的小,4~5 凹槽的开放有助于提升其他凹槽对失速裕度改进的贡献。

3.5　不同结构周向槽机匣处理扩稳机制的探讨

在本节中结合 3.3 节、3.4 节的周向槽机匣处理试验结果,采用全三维数值模拟的方法来研究不同周向槽机匣处理结构对压气机性能及内部流场的影响，以期达到以下两个目的：其一为进一步探索周向槽机匣处理对压气机性能及内部流场影响的流动机制；其二为揭示改变周向槽几何结构对其扩稳效果影响的机制，为亚声速压气机周向槽机匣处理的工程设计优化提供指导性原则。数值研究中的所有周向槽机匣处理编号与3.3节、3.4节中的相一致。

数值计算采用了 NUMECA FINE 软件包的 Euranus 求解器。采用 Jameson 的有限体积差分格式并结合 Baldwin-lomax 湍流模型对相对坐标系下的三维雷诺时均 Navier-Stokes 方程进行求解，采用显式四阶 Runge-Kutta 法时间推进以获得定常解，为提高计算效率，采用了多重网格法、局部时间步长和残差光顺等加速收敛措施。

计算中，轮毂、机匣以及叶片等固壁上给定绝热无滑移边界条件，转子上游延伸段进口边界条件取总压为101325Pa、进口总温为288.2K，根据试验数据给定进口气流角分布，转子下游延伸段出口边界条件设为平均静压，通过不断调整出口延伸段背压获得特性线。当压气机出口背压调整到一定程度时，经过一定迭代步数后各物理量不收敛时，认为进入失速工况。

在比较不同结构周向槽机匣处理时，援引了以下指标：失速裕度改进量 SMI，详细定义见第二章式(2-1)。

3.5.1　槽式机匣处理扩稳机制分析

周向槽机匣处理试验件的结构参数如表3-14所示。试件的处理宽度覆盖转子叶顶的整个轴向宽度。

表3-14　周向槽机匣处理试件主要几何参数表

处理型式	NO. 11
槽数	5
处理面积比	71.4%
槽深/叶尖栅距	38.4%
槽深/槽宽	4
槽宽/槽片宽	2
中心偏移度	0

为了降低计算量，采取单通道计算。周向槽采用 H 型网格。机匣处理中每一个周向槽内网格点分布分别为：65×49×13（周向×径向×轴向）。周向槽网格块与转子通道网格块的交接面采用直接耦合方式处理。

数值计算在 8 130 r/min、10 765 r/min 两个换算转速下进行，其相对转速分别为 0.54、0.71。实验判明该转子首先在叶尖部位发生旋转失速,并同时波及整个环面流场,因此数值研究时,主要详细分析叶顶区的流场,下面仅对 8 130 r/min 换算转速下的叶尖区域流场作分析。

1. 总性能比较

图 3 - 24 是该压气机在换算转速 8 130 r/min 和 10 765 r/min 下试验和计算得到的总性能图。计算时压气机出口背压逐步调大得到每个工况点,压力最大点对应近失速点。实壁机匣和机匣处理的近失速流量计算值均比试验值偏小。从图 3 - 24 中可以看到,采取周向槽机匣处理后,增大了压气机的稳定工作范围。计算和试验得到的失速裕度改进量如表 3 - 15 所示,在表中可看到在两个换算转速下,计算得到的失速裕度改进量均比试验值偏大。

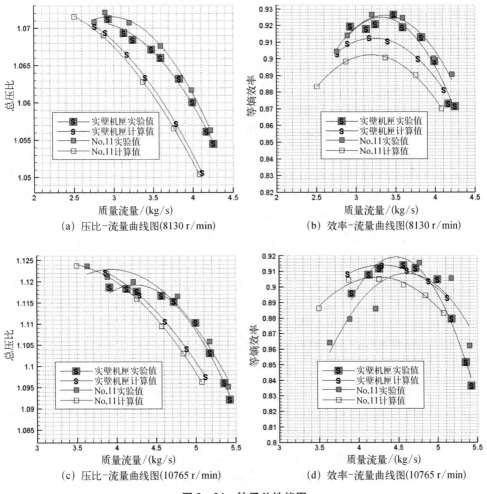

(a) 压比-流量曲线图(8130 r/min)

(b) 效率-流量曲线图(8130 r/min)

(c) 压比-流量曲线图(10765 r/min)

(d) 效率-流量曲线图(10765 r/min)

图 3 - 24 转子总性能图

表 3-15　周向槽机匣处理试验与数值结果

机匣代号	槽深/mm	实验 8 130 r/min SMI/%	计算 8 130 r/min SMI/%	实验 10 765 r/min SMI/%	计算 10 765 r/min SMI/%
No. 11	12	6.18	10.3	8.19	10.58

两个转速下,在相同流量时,带周向槽机匣处理计算的等熵效率比实壁机匣的小 1%左右。总的来看,计算得到的总压比特性以及等熵效率特性线变化趋势与试验值符合得较好。文献[2]根据基元性能认为,由于周向环槽的存在,叶片压力面的气流沿着环槽流向叶片的吸力面,环流的存在造成加功量的耗损,使得基元损失加大,效率降低。

2. 压气机内部流场分析

压气机失速的产生与叶尖处的泄漏流动、端部堵塞有着极其重要的关系。文献[15]提到叶顶间隙泄漏运动主要是由叶片顶部压力面与吸力面之间的静压差驱动产生,压差越大,叶尖泄漏速度越大,叶尖泄漏运动与叶片通道主流相互作用产生间隙泄漏涡,间隙泄漏涡涡核的强度与泄漏速度成正比。图 3-25 中两种机匣的流量近似相等。图 3-25(a)给出了约 99%叶高处叶片表面静压分布,从该图中可看到,实壁机匣时沿叶顶轴向弦长方向,压力面和吸力面之间的静压差是逐渐减少的,静压差在叶片前部是最大的。机匣处理后,静压差沿叶片轴向弦长方向的变化趋势与实壁机匣相比差别很大,图中 A、B、C 三个部位的静压差比实壁机匣时的小,在叶片尾缘处的静压差与实壁机匣时的差不多。采用周向槽机匣处理后,削弱了产生叶尖泄漏运动的驱动力(特别是在叶片前部),这必然能抑制叶尖泄漏涡的发展以及减弱因它造成的堵塞,将有效地增加压气机的稳定工作范围。值得指出的是,在所有 5 个周向槽中,只有前 4 个凹槽降低了对应径向投影区域的静压差,最后一个凹槽对削弱间隙泄漏运动的驱动力几乎没起作用。

图 3-25(b)、(c)分别给出了 50%间隙高度处的吸力线上(后处理分析数据时,在间隙中可生成一个类似叶顶型面的曲面,也由压力线和吸力线构成)相对速度、相对速度切向分量沿叶尖轴向弦长方向的分布。在图 3-25(b)、(c)中可看出,机匣处理后,两图中正方形标注处的相对速度及切向分量比实壁机匣时相同轴向位置处的小(正方形标注大致对应前四个周向凹槽的轴向位置),这现象与上面关于静压差的分析相一致,静压差小必然使间隙中的泄漏流体的相对速度数值小。在两图中圆形标注处的相对速度及切向分量比实壁机匣时的略大,圆形标注大致对应槽片所处的位置,这可能是槽片下方的气流始终有流入凹槽内的趋势且凹槽具有一定的深度使得该处气流速度增大。比较图 3-25(b)、(c)中实壁机匣时相对速度及切向分量曲线,可观察到相对速度和其切向分量沿轴向变化的趋势几乎相同,并且在数值上相差很小,这说明间隙泄漏流几乎是沿着切向流出叶顶间隙

区。泄漏流的相对速度及切向分量大,这就意味着其与叶顶通道主流之间的相互作用强,形成间隙泄漏涡的涡核强度也相应强。图 3-25(d)给出了气流进气角沿叶高的分布(沿周向平均),为清晰地比较图中各曲线,仅列出近叶尖处的分布(约1.8%叶片高度范围)。从图 3-25(d)中可看到实壁机匣时叶尖部分叶高处的进气角为负值,这是由于该处气流的轴向速度为负值造成。机匣处理后提高了叶顶来流的进气角,即降低来流的攻角,这将能使该压气机的稳定工作范围得以扩宽。

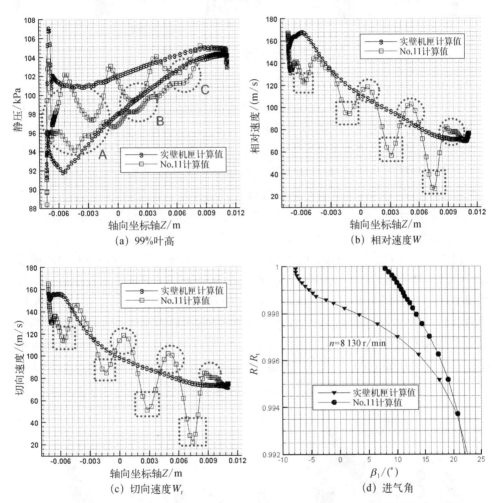

图 3-25　叶顶表面静压、间隙中相对速度沿轴向分布及进气角沿叶高分布图

图 3-26 给出了转子通道内相对总压分布云图,由六个近似垂直叶片表面的截面组成,两种机匣的压气机流量近似相等,此时实壁机匣近失速工况。图中低、更低标注分别代表低、更低的相对总压范围。从图 3-26 中可看到实壁机匣时,沿着叶片弦长方向,间隙泄漏涡涡核中心的位置都逐渐远离吸力面向压力面推移,并

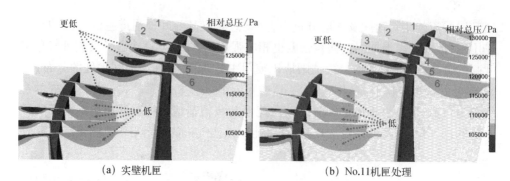

（a）实壁机匣　　　　　　　　　　（b）No.11机匣处理

图 3 - 26　转子通道内相对总压云图

且更低相对总压在叶顶通道占据的范围越来越大,在叶顶出口区域沿圆周方向几乎把出口堵严。机匣处理后,泄漏涡涡核中心并没有像实壁机匣时那么靠近叶片压力面,5、6 截面上的涡核中心反而靠近叶片吸力面。与实壁机匣相比,更低相对总压在叶顶通道占据的面积大为缩小,在 3、4、6 截面表现尤为明显,3 截面上几乎看不到更低相对总压区域,6 截面上的更低相对总压区域沿周向大约占据 1/2 叶顶栅距范围。由于周向槽具有径向抽吸叶尖区附面层中低能流体的作用,进而能降低泄漏涡涡核中心的相对总压损失,使叶顶出口处的更低相对总压区域面积减少,这将有力地减弱转子叶尖通道内的堵塞情况。

　　图 3 - 27 给出了叶顶间隙处的泄漏流线图。从图 3 - 27(a)可看到,间隙前缘处的泄漏流与叶顶通道主流相互作用,形成具有明显卷起现象的间隙泄漏涡。泄漏流体在流向转子下游通道的过程中,由于受到逆压梯度的作用,其不能保持集中涡的形态,涡核半径将变大,在图中椭圆形标注范围内存在相对速度数值很低的泄漏流体,如果转子出口背压继续增大,将有可能使泄漏涡涡核破碎,在叶顶通道靠近相邻叶片压力面处形成大面积的低速流区,引起大的堵塞,使压气机进入失速工况。从图 3 - 27(b)中可看到,机匣处理后,间隙前缘处的泄漏流体在通道内分成

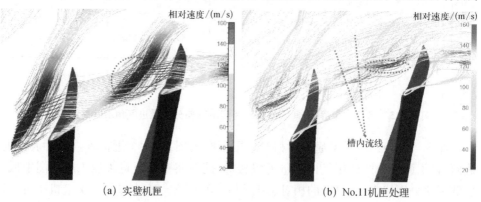

（a）实壁机匣　　　　　　　　　　（b）No.11机匣处理

图 3 - 27　叶顶间隙泄漏流线图

两股流线,其中一股流向叶片通道中部,流向通道中部的泄漏流体具有高的相对速度,且在通道内无明显的卷起现象。另外一股几乎贴着叶片吸力面流往下游,到达叶片中后部位置时,出现了卷起现象,泄漏流线不能保持集中的态势,这与图3－26(b)中5、6截面上的涡核中心靠近叶片吸力面的现象相对应,此时叶片通道中只存在小面积的低速泄漏流(小椭圆形标注区内)。采取周向槽机匣处理技术后,周向凹槽把叶尖泄漏流线切成几段,甚至把泄漏流抽吸入凹槽中,这将能抑制间隙泄漏流在叶片顶部通道内的发展或降低泄漏涡涡核的强度,有效地削弱了间隙泄漏流造成的负面影响,使叶顶通道内的流场得到有利的改善。

图3－28所示转子99.4%叶高处的S_1流面上相对马赫数分布云图,此时实壁机匣近失速状态,两种机匣的压气机流量近似相等,图中M代表低相对马赫数区域。从图3－28(a)中看到,实壁机匣时靠近叶片压力面区域,有大面积的低相对马赫数区域存在(其他叶尖高度处的分布情况与之类似,越靠近机匣面,低相对马赫数区域越大,数值越小),这与图3－27(a)中间隙泄漏流在相邻叶片的压力面附近具有数值很低的相对速度现象相一致。叶片尾缘处也存在着低相对马赫数区域,这暗示着在叶片尾缘处附近存在逆流区。大量低能气团占据了大部分的叶片顶部通道,形成大的堵塞区域,使气流不能顺畅地流出叶片通道,如果转子出口背压继续增大,该低相对马赫数范围将扩大,随后而来的泄漏涡涡核破碎将加剧堵塞程度,最终触发压气机失速。周向槽机匣处理后,可在图3－27(b)中明显地看到,靠近叶片压力面和叶片尾缘处的低相对马赫数区域面积大为缩小,这是由于周向槽具有径向抽吸或者吹除叶尖低能量气团的能力,推迟该区域的低能量气团分离而稳定叶尖区的气流,使压气机能在更高的出口背压下运转,因此提高了压气机的稳定工作范围。

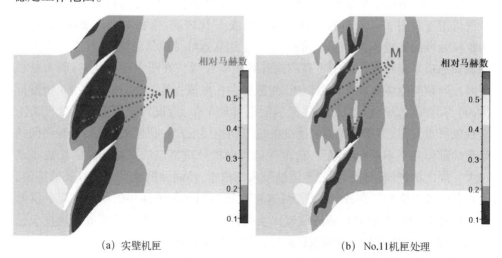

(a) 实壁机匣　　　　　　　　　　(b) No.11机匣处理

图3－28　99.4%叶高处S_1流面上相对马赫数分布云图

图 3-29 给出了转子 99.4%叶高处的 S_1 流面上相对速度分布图。从图 3-29 中可看到,实壁机匣时,在叶片通道内有逆流速度矢量出现(图中 3 个圆形标注区域内),这些区域内的流体具有负的轴向速度分量,其在叶片吸力面处开始出现逆流,并流向相邻叶片压力面前缘处,但在进口气流的挤压下未能从叶片上游进口流出。可以预料的是,随着压气机在更高的背压下运转,上述的逆流区范围将扩大且逆流从叶片上游进口流出,阻碍叶片进口处的气流流入叶片通道,使压气机进入不稳定工况。机匣处理后,有效地抑制了叶片吸力面处逆流现象的发生,极大地改善了叶背区域的流动状况,使叶顶通道内的气体能顺利地从通道下游流出。

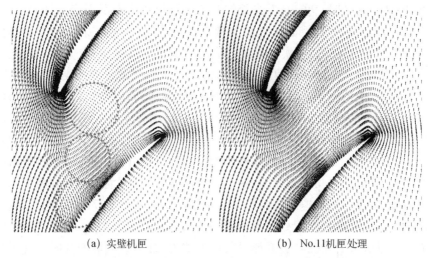

(a) 实壁机匣　　　　　　　　　　(b) No.11机匣处理

图 3-29　99.4%叶高处 S_1 流面上相对速度矢量分布图

图 3-30 给出了子午面上相对总压分布云图(周向平均)与相对速度矢量图,压气机工况与图 3-28 中的一致。图中曲线 L 代表高、低相对总压交接面曲线。与机匣处理的比较,实壁机匣中的 L 曲线更加靠近叶片顶部前缘,这代表着间隙泄漏流和通道主流相互作用于更靠前的叶片前缘位置。在图中还可观察到,实壁机匣时在叶顶间隙中都存在间隙倒流,间隙中存在数值很低的相对总压区域(矩形标注内),间隙倒流迫使进口处的气流流向低叶展部位,造成转子顶部进口处气流下洗现象严重,这从顶部前缘处的速度矢量方向也可看出。机匣处理后,在有周向槽处理的部位几乎不存在间隙倒流,没受到周向槽处理部位的间隙倒流强度也不是很大。周向槽把间隙处的低能流体抽吸入凹槽中,使间隙倒流得到了有效的抑制,大部分叶顶前缘处不存在间隙倒流,这将有效地削弱转子顶部进口处气流下洗趋势。虽然 L 曲线在通道后部的位置比实壁机匣时的偏低,但是从该处的速度矢量方向可知,机匣处理并没有加重通道后部气流的下洗程度。

图 3-31 为转子通道内子午流面上的绝对总温分布云图(经过周向平均),在

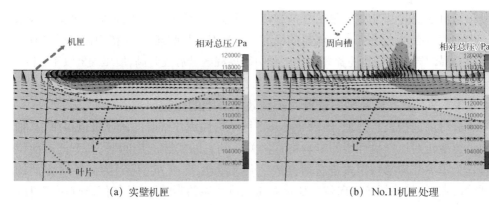

（a）实壁机匣　　　　　　　　　　　　（b）No.11机匣处理

图 3 - 30　子午面相对速度及相对总压分布图

图 3 - 31(b)中还给出了后面三个凹槽中部分气流的流线形状。在图 3 - 31(b)中可观察到大面积的高绝对总温区域(图中椭圆形标识中)，这些区域主要位于最后三个周向槽对应下方的叶片顶部流道中及出口后的近端壁区域，而实壁机匣时，对应位置的高绝对总温区域在径向范围内比机匣处理后的小。从槽中流出的气流与通道主流相互作用将引起掺混损失，并且槽中回流的绝对温度比叶片通道内气流的高，致使叶片通道内掺混区域的气流温度上升，这也预示着控制最后三个周向槽中的回流可能使压气机的效率基本不降低或略微提高。

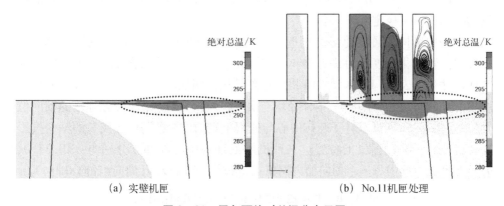

（a）实壁机匣　　　　　　　　　　　　（b）No.11机匣处理

图 3 - 31　子午面绝对总温分布云图

3. 小结

通过周向槽机匣处理的扩稳机制研究，可得到如下结论：

（1）相对于实壁机匣，采取机匣处理后减少叶顶区的叶片载荷，降低了产生叶尖泄漏运动的驱动力，周向凹槽把叶尖泄漏流线切成几段，甚至把泄漏流抽吸入凹槽中，有效地削弱了间隙泄漏流造成的负面影响，使叶顶通道内的流场得到有利的改善。

（2）周向槽具有抽吸或吹除机匣端壁区低相对总压流体的能力，使低能气团在叶顶通道堆积的范围大为缩小，并抑制转子通道内气流下洗现象，极大地增强叶顶通道内的流通能力，这将扩大压气机的稳定工作范围。与此同时，从槽中流出的具有高绝对总温的气流与通道主流相互作用将引起掺混区域温度升高，使压气机效率下降。

3.5.2 槽式机匣轴向位置对扩稳效果影响的数值研究

针对周向槽机匣处理，国内外对其进行结构性优化试验的研究报道很少，其轴向位置变化对压气机性能的影响将直接关系到它的实际应用问题，关于把轴向位置作为单项几何结构因素进行研究的公开文献很少，文献[1,6]提到了这方面的试验研究，但仅分析了轴向位置变化对压气机性能的影响，对其如何影响压气机内部流动结构没有涉及。文献[14]中数值研究了轴向槽机匣处理轴向位置前移对一台高压压气机性能影响的流动机制。Houghton 等[16]对一单级压气机转子最佳周向单槽的位置的研究表明，距前缘 $8\%C_a$（轴向弦长）和 $50\%C_a$ 处开槽能获得最大裕度提升，距前缘 $0\%C_a$ 和 $50\%C_a$ 处开槽对效率的影响最小。Li 等[17]对某轴流压气机转子开展了多个轴向位置周向单槽的实验研究，证明了任何位置的周向单槽均能起到控制叶顶不稳定流动的作用，位于中部的周向单槽获得最大为 6.5% 的裕度提升。另一方面，目前国内外关于周向槽机匣处理轴向位置变化对压气机内部流场影响的研究相当少。杜娟等[18]结合数值模拟与实验对单周向槽位置进行了深入研究，结果表明后槽的扩稳效果优于前槽，前槽改变了失速先兆类型，而后槽的流动相对更稳定。

本书中轴向位置变化幅度接近正负 33% 叶顶轴向弦长，稍微区别于文献[6]中轴向位置变化幅度约为±31.3% 叶顶轴向弦长。三种周向槽机匣处理试验件的几何尺寸列于表 3-16 中，No.10 机匣处理结构简图如图 3-32 所示。通过两个厚度均为 6 mm 的环形垫块（其内外径均与实壁机匣的一样）来改变处理槽的轴向位置（中心偏移度，即试验转子叶排中心与处理中心的位置差与叶尖弦长的轴向投影之比，机匣前伸取正值）的位置。三种机匣处理的中心偏移度分别为：-0.33、0、0.33。机匣处理中每一个周向槽内网格点分布为：65×49×9（周向×径向×轴向）。

表 3-16 周向槽机匣处理试件主要几何参数表

结构类型	No.13	No.10	No.3
槽数	7	7	7
中心偏移度	0.33	0	-0.33
槽深/叶尖栅距	38.4%	38.4%	38.4%
槽深/槽宽	5.45	5.45	5.45
槽宽/槽片宽	2.44	2.44	2.44
处理总宽/mm	21.0	21.0	21.0

数值计算在 8 130 r/min、10 765 r/min 两个换算转速下进行,其相对转速分别为 0.54、0.71。流场分析时,仅分析 8 130 r/min 换算转速下的叶尖区域流场。

1. 总性能比较

图 3-33 为两换算转速下实验与计算得到的周向槽机匣处理、实壁机匣的总性能图(为了清晰地辨别,在图中仅列出扩稳效果最佳的机匣处理的特性线)。通过图 3-33 可看到,机匣处理后,增大了压气机稳定工作范

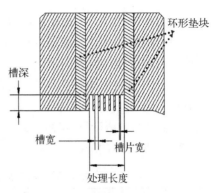

图 3-32　周向槽机匣试件结构简图

围。表 3-17 为 8 130 r/min 和 10 765 r/min 两换算转速下三种周向槽机匣处理试

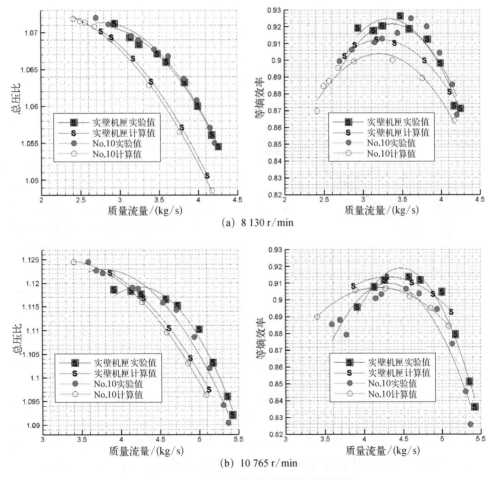

(a)　8 130 r/min

(b)　10 765 r/min

图 3-33　压气机试验与数值的总性能图

验与数值计算得到的失速裕度改进量结果,通过表 3 - 17 可以看到,计算得到的三种机匣处理失速裕度改进量变化趋势与实验符合良好。对比三种机匣处理情况,无论机匣处理轴向位置前移或后移,压气机转子的失速裕度改进量都比在叶顶中心时的小,其中机匣处理轴向位置前移的失速裕度改进量比后移的大,机匣处理轴向位置后移较大地削弱周向槽机匣处理的扩稳作用。从图 3 - 33 中的效率曲线可看到,无论实验还是数值计算,机匣处理后,压气机边界点效率和峰值效率与实壁机匣比较,都有不同程度的降低。

表 3 - 17　三种周向槽机匣处理试验与数值结果

机匣代号	轴向位置	实验 8 130 r/min SMI/%	计算 8 130 r/min SMI/%	实验 10 765 r/min SMI/%	计算 10 765 r/min SMI/%
No. 13	前移	6. 37	10. 33	6. 01	9. 78
No. 10	中心	8. 81	14. 81	9. 63	13. 87
No. 3	后移	4. 22	8. 74	2. 78	6. 42

2. 压气机内部流场分析

图 3 - 34 给出了约 99% 叶高处叶片表面静压分布图,此时三种机匣处理的压气机流量近似相等,No. 3 机匣处理近失速工况。从图 3 - 34 中可看到,在近 99% 叶高处,随着 Z 轴向坐标增大,沿着叶顶弦长方向静压差大致趋势是减少的。No. 10、No. 13 两种机匣处理的静压分布大致相似,No. 3 机匣处理时在叶顶前部近 25% 轴向弦长区域的静压差比其他两种机匣处理在相同位置的大,这是由于 No. 3 机匣处理后移将近 1/3 叶顶轴向弦长距离,使得在叶顶前缘处未受到周向凹槽抽吸叶顶附面层气团的作用,产生叶尖泄漏运动的驱动力仍然很强。三种不同轴向位置的机匣处理在其他轴向坐标处的叶片表面静压分布趋势和量级类似。

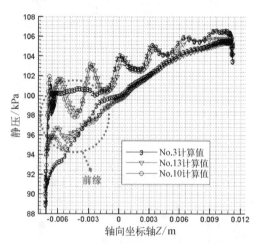

图 3 - 34　99% 叶高处叶片表面静压分布图

图 3 - 35 为三种不同轴向位置机匣处理时转子叶顶部间隙区的流动分布情况,压气机流量都近似相同,此时 No. 3 机匣处理近失速状态,图中 A、B、C 标注代表低相对速度区域。从图 3 - 35 中可看到,No. 13、No. 10 两种机匣处理间隙前缘处的泄漏流动类似,都在靠近叶片吸力面前缘分成两股流线,泄漏运动在通道内没有明显的卷起现象。No. 10 机匣处理时,一股泄漏流线紧贴叶片吸力面型线流往下游,最后朝相

邻叶片压力面处转折流出叶片通道,另一股转折到叶片通道中部并流出通道。No.13机匣处理时,两股泄漏流线都从叶片通道中部流出,其中一股流线并没有像 No.10 机匣处理的那么紧贴叶片吸力面。当轴向位置后置时(No.3 机匣处理),叶尖前部将近33%的轴向弦长宽度没有受到机匣处理的作用,所以没能削弱产生叶尖泄漏运动的驱动力,不能抑制叶尖泄漏涡的产生及发展。从图 3 - 35(c)中可看到,机匣处理轴向位置后移时,叶顶通道进口靠近吸力面处,存在明显的间隙泄漏涡。在近通道中部泄漏流动分成两路,一路流出叶片通道,另外一路通过相邻叶片间隙前缘处,这一路的间隙泄漏流在图中 C 标注部位具有小数值的相对速度,在通过相邻叶片间隙前缘处时受到静压差的驱动又重新加速,最终汇入相邻叶片通道的间隙泄漏涡中,周而复始在另外一个叶片通道内形成类似上一个通道内的间隙流动状况,这种间隙泄漏运动形式极大地阻碍进口处的气流流入顶部通道,最终将诱发压气机失速。

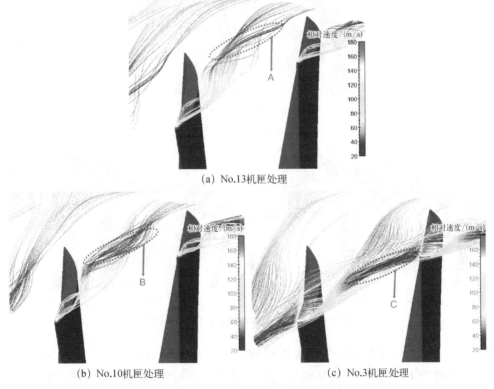

(a) No.13机匣处理

(b) No.10机匣处理　　　　(c) No.3机匣处理

图 3 - 35　叶顶间隙泄漏流线

图 3 - 36 给出了转子通道内相对总压分布云图,由 7 个近似垂直叶片表面的截面组成,三种机匣的压气机流量近似相等,此时 No.3 机匣处理近失速工况。图中更低标注代表低相对总压范围。比较 No.10、No.13 两种机匣处理可看到,当轴向位置未变时,3~7 截面上的低相对总压面积均比轴向位置前移时的小,轴向位置

前移(No.13 机匣处理)并不能使前面几个截面上的低相对总压区面积减少。从图 3-36(c)中可看到机匣处理轴向位置后移时,沿着叶片弦长方向,从 3 截面到 7 截面上的低相对总压区面积是逐渐增大的,其中 7 截面上的低相对总压区在周向上占据了在整个叶顶栅距范围,在径向范围延伸的距离也是明显的,这现象与图 3-35(c)中低速间隙泄漏流把相邻叶片顶部进口通道阻塞住的状况相对应,此时叶顶进口通道附近的流动损失相当大,如果压气机出口背压增大,将加剧这一现象的恶化,最终使压气机进入失速工况,另外其他几个截面上的低相对总压区面积也都比其他两种机匣处理轴向位置的大。

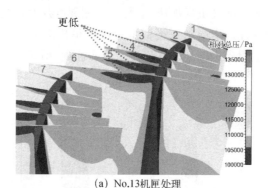

(a) No.13机匣处理

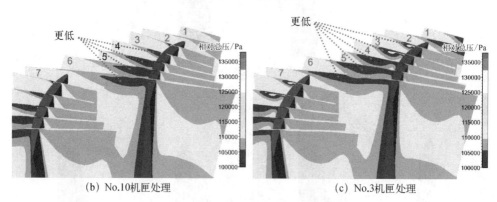

(b) No.10机匣处理   (c) No.3机匣处理

图 3-36   转子通道内相对总压分布云图

图 3-37 为转子 99.4%叶高处 S_1 流面上相对马赫数分布云图,此时 No.3 机匣处理近失速状态,三种机匣的压气机流量都近似相等。从图 3-37 可观察到: No.10 机匣处理时,叶片通道内没有存在明显的低相对马赫数区域; No.13 机匣处理时,在叶片通道后部,接近 1/3 的叶顶轴向弦长宽度范围内存在低相对马赫数区域,沿圆周方向几乎占据整个叶片出口通道; No.3 机匣处理时,靠近叶片压力面,低相对马赫数区域沿圆周方向占据了约 2/3 进口通道面积(其他叶尖高度处的分布情况与之类似)。采取 No.13 机匣处理形式,由于叶顶弦长后 1/3 部位没受到机

匣处理的作用,大量低能气团存在于叶片顶部通道出口,如果转子出口背压继续增大,将加剧堵塞程度,最终触发压气机的失速。采取 No.3 机匣处理形式,大量低能气团存在于叶片顶部通道进口区,也形成大的堵塞区域,使气流不能顺畅地流入叶片通道,这与在图 3-35 中关于 No.3 机匣处理的叶顶间隙泄漏流动分析得到的结论一致。采取 No.10 机匣处理形式,无论在叶片通道前部还是后面,都没有出现大面积低相对马赫数占据通道的情况,由于在整个叶尖轴向弦长范围内,叶顶区域都受到周向槽径向抽吸或吹除叶顶区低能气团的作用,从而推迟该区域的低能量气团分离而稳定叶尖区的气流,使 No.10 机匣处理形式时压气机能在更高的出口背压下运转,与其他两种机匣处理比较,可以获得更高的失速裕度改进量。

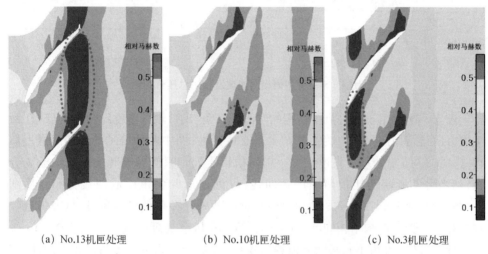

(a) No.13机匣处理　　　　(b) No.10机匣处理　　　　(c) No.3机匣处理

图 3-37　99.4%叶高处 S_1 流面上相对马赫数分布云图

上一节在分析实壁机匣近失速工况的子午面相对总压分布时,在叶顶前缘处有极低的相对总压区存在,在图 3-38(a)中再现了这种现象,图中曲线 L 代表高、低相对总压(经过周向平均)交接面曲线,压气机工况与图 3-37 中的一致。图 3-38(a)、(b)中 L 曲线开始的轴向位置差别不大,区别在于轴向位置后移(No.3 机匣处理)时 L 曲线与叶片相交于更低的叶展部位,而轴向位置前移(No.13 机匣处理)中的几乎相交于叶顶处,在图 3-38(a)椭圆形标注内的低相对总压区约占据 1/3 叶顶轴向弦长的距离(因为 No.3 机匣处理的中心偏移度约为-0.33),并且间隙中倒流现象相当明显,间隙倒流迫使转子顶部进口前缘处的气流转折从低叶展方向流入通道内,在图中叶顶前缘进口处存在旋涡状的流动区,形成流动障碍并造成大的相对总压损失,加之叶顶前缘处的间隙泄漏流对气流下洗趋势起着增强的作用[从图 3-35(c)可知间隙泄漏涡发展充分,卷起现象明显],使得叶顶进口通道处的气流下洗现象严重,此时叶顶通道内的流通能力不强。反观轴向位置前移时,由于叶顶前缘经受了周向槽的处理，削弱了该处间隙倒流的强度及间隙泄漏涡的发展，使得叶顶通道内无明显旋涡状的流动形式存在，并且低相对总压区域的面积与 No.3 机匣处理的比较少了很多，该形式机匣处理有效地改善了叶顶前缘处的流动状况。

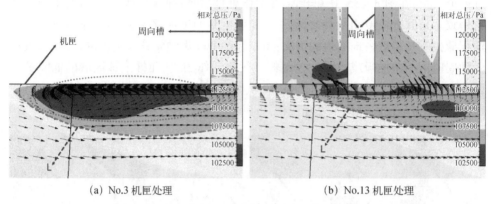

(a) No.3 机匣处理　　　　　　　(b) No.13 机匣处理

图 3‑38　子午面相对速度及相对总压分布图

图 3‑39 给出了两种机匣处理的气流进气角、出口轴向速度沿叶高的分布（沿圆周方向进行周向平均），为了使结果具有可比性，图中两种机匣处理的流量近似相等，No.13 机匣处理近失速工况。周向槽机匣处理只能影响叶尖区域的流场分布，加之为了清晰地比较两图中各曲线，仅列出近叶尖范围的曲线分布。从图3‑39(a) 可观察到 No.13 机匣处理时靠近叶顶处存在负值进气角，这是因为近叶顶处存在逆流。在图中相同叶高位置时，No.10 机匣处理的进气角均比 No.13 机匣处理的大（即攻角小），最大差值约为 $6°$，在靠近叶顶附近时差值是较大的，随着叶高的降低，气流进气角的差值逐渐变小，到达 0.98 处时两机匣处理的进气角几

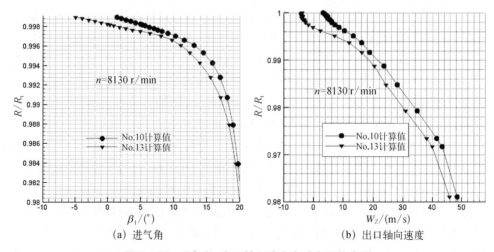

(a) 进气角　　　　　　　　　　(b) 出口轴向速度

图 3‑39　进气角、出口轴向速度在叶尖区分布图

乎相等。从图 3－39 中也看到,由于 No.13 机匣处理在叶顶尾缘部没有受到周向槽径向抽吸端壁附面层中低能气团的作用,图中叶尖区在相同叶高处的轴向速度均比 No.10 机匣处理时的小,最大差值出现在叶顶处,约为 8 m/s。这时 No.13 机匣处理在叶顶区域的流通能力较 No.10 机匣处理的弱。

3. 小结

通过周向槽机匣处理轴向位置变化的研究,可得到如下结论:

（1）试验与数值结果均表明,机匣处理轴向位置位于叶顶中部时扩稳效果最好,前移次之,后移轴向位置的扩稳效果最差。机匣处理轴向位置后移使叶尖轴向弦长近 33% 的宽度没有经受机匣处理的作用,因此未能有效地减少产生叶顶泄漏运动的驱动力,对泄漏涡的产生及发展起不到抑制作用,在叶片顶部通道进口形成大的堵塞区域,使压气机更易接近失速工况。

（2）轴向位置前移,虽然抑制了间隙泄漏涡的发展,但由于在叶顶后部近 1/3 轴向弦长宽度的范围内,缺乏周向槽的作用,端壁区低能流体未能被抽吸或吹除,这也在叶片顶部通道出口形成高的堵塞区,使得叶顶通道的流通能力不强,并且气流进气角较小（即攻角大）,随着出口背压的增大,最终触发压气机失速。轴向位置位于叶顶中部时,机匣处理覆盖整个叶顶区域,这时扩稳效果最好。

3.5.3　槽式机匣开槽宽度对扩稳效果影响的数值研究

周向槽槽宽变化对其扩稳效果的影响将关系到它的实际应用,在处理总宽、中心偏移度和槽深相同的几何条件下,槽宽变化如何影响机匣处理扩稳效果的试验与数值研究甚少。文献[13]在叶栅通道计算研究了 2 种槽宽的变化对扩稳效果的影响,指出在相同的处理总宽、槽深及中心偏移度条件下,宽槽的扩稳作用强于窄槽。文献[15]中也数值研究 2 种槽宽对转子稳定工作范围的影响,得出与文献[13]相同的结论。在本书的三种槽宽机匣处理试验研究中,得到的结论为窄槽的扩稳效果最好。这与文献[13,15]得到的结论有所区别,但与文献[2]试验研究得到的结论相同。基于上述原因,结合试验结果,采用数值模拟方法对槽宽变化如何影响周向槽的扩稳效果进行研究。

三种周向槽机匣处理试验件的几何尺寸列于表 3－18 中。三种机匣处理都覆盖整个叶顶基元的轴向投影宽度范围。三种机匣处理的中心偏移度均为 0。三种凹槽宽度与叶尖轴向弦长之比分别为 12.1%、16.5%、20.6%。

表 3－18　周向槽机匣处理试件的主要几何参数

结构类型	No.10	No.11	No.9
槽数	7	5	4
槽深/叶尖栅距	38.4%	38.4%	38.4%

续　表

槽深/槽宽	5.45	4	3.2
槽宽/槽片宽	2.44	2	1.875
处理总宽/mm	21.0	21.0	21.0
槽宽/叶片最大厚度	0.55	0.75	0.938

为了降低计算量,采取单通道计算。周向槽采用 H 型网格。三种机匣处理每一个凹槽内网格点分布为：65×49（周向×径向），在轴向三种槽宽的网格数分别为：9、13、17（按槽宽从小到大一一对应）。数值计算在 8 130 r/min、10 765 r/min 两个换算转速下进行,其相对转速分别为 0.54、0.71。流场分析时,仅分析 8 130 r/min 换算转速下的叶尖区域流场。

1. 总性能比较

图 3‐40 给出了两换算转速下实验与计算得到的周向槽机匣处理、实壁机匣

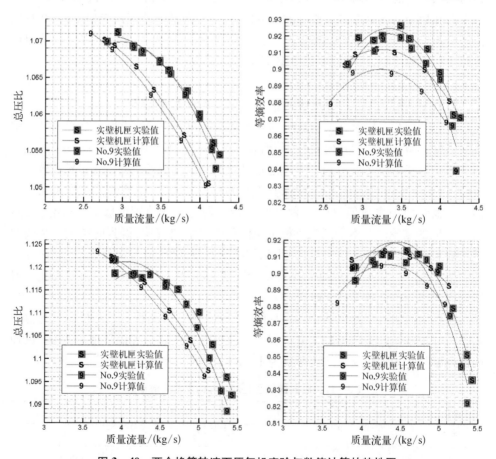

图 3‐40　两个换算转速下压气机实验与数值计算的特性图

的总性能图(为了清晰地辨别,在图中仅列出扩稳效果最差的机匣处理的特性线)。在图中可看到机匣处理后,扩大了压气机的稳定工作范围,计算得到的总压比特性以及等熵效率特性线趋势与试验值符合得较好。表 3-19 为三种周向槽机匣处理试验与数值计算得到的失速裕度改进量结果,通过表 3-19 可看到,计算得到的三种机匣处理失速裕度改进量变化趋势与实验符合良好。对比 No.10、No.11、No.9 三种机匣处理,可观察到随着槽宽变大,失速裕度改进量是变小的,槽宽最小时,扩稳效果最好。

表 3-19　三种周向槽机匣处理试验与数值结果

机匣代号	槽宽/mm	实验 8 130 r/min SMI/%	计算 8 130 r/min SMI/%	实验 10 765 r/min SMI/%	计算 10 765 r/min SMI/%
No.10	2.2	8.81	14.81	9.63	13.87
No.11	3.0	6.18	10.3	8.19	10.58
No.9	3.75	4.62	7.05	1.05	5.03

从图 3-40 中的效率曲线可看到,无论实验还是数值计算时,机匣处理后,压气机的边界点效率和峰值效率与实壁机匣比较,都有不同程度的降低。

2. 压气机内部流场分析

图 3-41 为气流进气角、出气角、进口轴向速度沿叶高的分布图(沿圆周方向进行周向平均),为了使结果具有可比性,图中三种机匣处理的流量近似相等,No.9 机匣处理近失速工况。为方便比较图中各曲线,仅列出靠近叶尖范围的曲线分布。在图 3-41(a)中对比三种机匣处理的进气角可看到,在大部分叶尖区内相同叶高时 No.9 机匣处理(宽槽)的进气角没其他两种机匣处理(窄槽)的大,这就意味着 No.9 机匣处理的攻角是最大的,气流易在叶背发生分离,使之较其他机匣处理更接近失速工况。在图 3-41(c)中也可观察到,宽槽的轴向速度比两窄槽的小,槽宽越小,轴向速度就越大。在叶尖区由于凹槽抽吸或吹除附面层的作用,使靠近叶尖前缘的附面层发生径向和周向迁移,这势必改变叶顶区的流动分布,如果何种机匣处理能使叶片前缘处的气流方向更加靠近轴向或增加气流的轴向速度,将能更有效地扩大压气机的稳定工作范围。

图 3-42 为三种机匣处理在 99.4%叶高处 S_1 流面上相对马赫数云图,三种机匣处理的流量近似相等,此时 No.9 机匣处理近失速工况。No.10、No.11、No.9 三种机匣处理在图中的低马赫数区域分别为 A、B、C。从图 3-42 中可看到,No.9 机匣处理与其他两种窄槽机匣处理相比,低相对马赫数在叶片通道占据的面积最大,而且在圆周方向,低马赫数区相通。在靠近叶片压力面区域,槽宽从小到大变化,低相对马赫数堆积的面积范围逐步增大,No.10 机匣处理在叶片压力面处的低马赫区较其他两种机匣处理的小了很多。从图 3-41(b)中的气流出气角分布也可

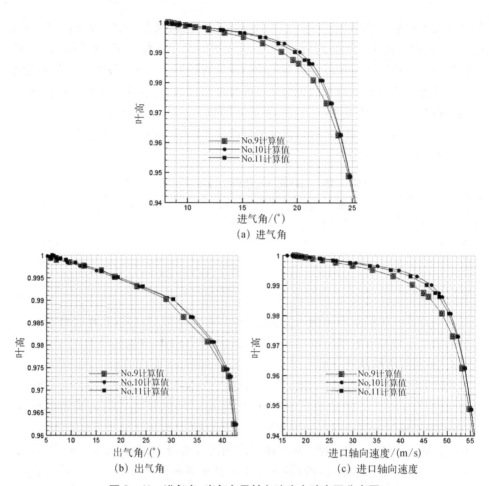

图 3 – 41 进气角、出气角及轴向速度在叶尖区分布图

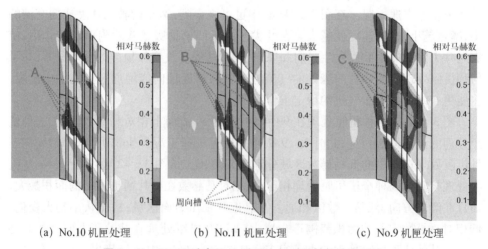

图 3 – 42 99.4%叶高处 S_1 流面上相对马赫数分布云图

看到 No.9 机匣处理的出气角在叶尖大部分区域内比其他两种机匣处理的小,意味着它的气流落后角最大,这说明气流分离现象最明显,流动最不稳定,致使叶尖区域的堵塞进一步增强,流动损失加大,使其扩稳效果没有窄槽理想。

图 3-43 为 No.10、No.11、No.9 三种机匣处理转子叶顶间隙处的泄漏流线分布图,压气机流量都近似相等,此时 No.9 机匣处理近失速状态。从图中可看到,三种机匣处理间隙前缘处的泄漏流动类似,泄漏流线在约前缘 1/4 弦长处开始分叉,在通道内没有明显的泄漏涡现象,这是因为周向槽把泄漏流动切断成几部分或抽吸入凹槽中,抑制间隙泄漏涡的产生及发展。很多文献都提到间隙泄漏涡涡核的破碎或泄漏流线向压力面前缘推移将触发压气机失速,在图 3-43 中没发现上述 2 种现象,机匣处理后,引起该亚声速压气机失速的主要因素已不再是间隙泄漏涡。

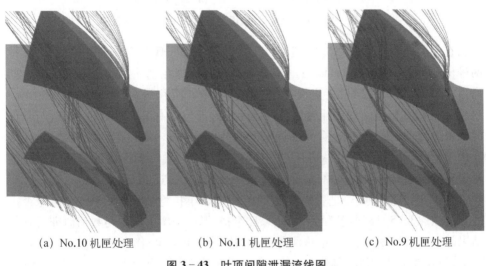

(a) No.10 机匣处理　　(b) No.11 机匣处理　　(c) No.9 机匣处理

图 3-43　叶顶间隙泄漏流线图

图 3-44 为 99.4% 叶高处 S_1 流面上总压损失系数分布云图,这里总压损失定义为: $C_p = \dfrac{p_t - p_{t_{\text{inlet}}}}{0.5\rho w_{\text{inlet}}^2}$, $p_{t_{\text{inlet}}}$、w_{inlet} 分别为进口截面的平均相对总压及平均相对速度,ρ 为密度,$p_t\left(= p_s + \dfrac{1}{2}\rho w^2\right)$ 为叶片通道内任一点的气流相对总压。图 3-44 两种机匣处理的流量近似相等,No.11 机匣处理近失速工况。图中符号 A、B 分别代表高、低相对总压区,从图中可看到,窄槽机匣处理时,通道内高相对总压区面积比宽槽的大,而低相对总压区面积比宽槽的少。宽槽机匣处理时,在通道进口处,低相对总压区占据了约 90% 的圆周范围,这也意味着总压损失范围大,说明宽槽机匣处理抑制流动损失的能力没窄槽处理的强。

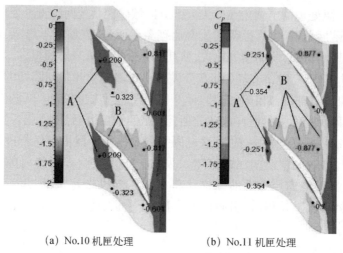

(a) No.10 机匣处理   (b) No.11 机匣处理

图 3-44 99.4%叶高处 S_1 流面上总压损失系数分布云图

在相同处理总宽下,No.10 机匣处理在其机匣表面具有 74% 的开口面积,其他两种槽宽具有 71% 的开口面积;三种槽宽的机匣处理在剔除第一个及最后一个凹槽后,No.10、No.11、No.9 机匣处理具有的开口面积分别为 52.2%、42.8%、35.7%,No.10 机匣处理在叶尖弦长投影的关键部位具有最大的处理面积,与其他两种机匣处理比较,更能充分发挥周向槽的抽吸或吹除叶尖区附面层的能力,使得叶顶端壁区域的流通能力得到有力的提高,这对于改善叶尖区在近失速边界的气流堵塞状况起着更大的作用,从而进一步延迟了旋转失速的发生。

在相同处理总宽下,是否周向凹槽的槽宽越小扩稳效果越好呢,答案是否定的。文献[13,15]提到宽槽的扩稳效果比窄槽的好,而本书试验与数值研究得到的结果是窄槽扩稳效果最好,把这两种矛盾的结论关联起来,作者认为在相同处理总宽下,与存在最佳槽深范围类似,有一个最佳槽宽范围。为了验证这一推断,设计槽宽更小的 No.17 机匣处理(最窄槽),该周向槽机匣处理的主要几何参数列于表 3-20,数值模拟得到的失速裕度改进量在两个转速下分别为 9.8%、8.7%,均比 No.10 机匣处理(窄槽)的失速裕度改进量低。

表 3-20 No.17 机匣处理的主要几何参数

槽数	槽深/叶尖栅距	槽深/槽宽	槽宽/槽片宽	处理总宽/mm	槽宽/叶片最大厚度
11	38.4%	8.57	2.5	21.0	0.35

图 3-45 给出了子午流面上相对速度分布云图(沿周向平均)及凹槽内速度矢量图。图中两种机匣处理的流量近似相等,No.17 机匣处理近失速工况。在图 3-45 中可看到,在椭圆形标注范围内,No.17(最窄槽)机匣处理时,叶顶区域的低速流体范围比 No.10 机匣处理时的大,且低速流体区域是连续相通的。

前 3 个周向槽内的速度值也没 No. 10 机匣处理(窄槽)时的大,这从速度矢量大小也可看出,此现象表明 No. 17 机匣处理(最窄槽)的径向抽吸或吹除叶尖附面层的能力较弱。随着槽宽的减少,槽数的增多,必然使槽片宽减少。由于槽片宽的减少,在逆压梯度的作用下,低能流体从下游凹槽流出时更易与从上游凹槽流出的高能流体发生掺混,流动循环造成新的堵塞,削弱周向槽抑制堵塞的能力。最佳槽宽范围的推断很好地解决了文献[14,16]与本书试验及数值研究得到结论相反的矛盾。

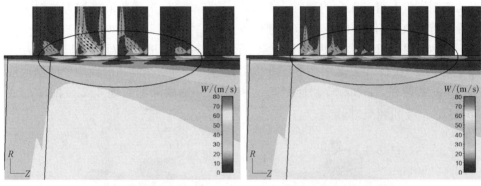

(a) No.10 机匣处理　　　　　　　　　(b) No.17 机匣处理

图 3‑45　子午流面上相对速度分布云图,凹槽内速度矢量图

3. 小结

通过周向槽机匣处理槽宽变化的研究,可得到如下结论:

(1)在相同处理总宽、中心偏移度和槽深时,槽数分别为 4、5、7 的三种周向槽机匣处理试验与数值结果都表明,7 槽(窄槽)的扩稳效果最好,4 槽(最宽槽)的扩稳效果最差。与此同时还数值模拟了槽数为 11(最窄槽)的周向槽机匣处理形式,计算结果表明 11 槽机匣处理的失速裕度改进量在两个换算转速下都没 7 槽机匣处理的高,因此推断存在有一个最佳槽宽范围,使机匣处理在叶尖弦长投影的关键部位具有最大的处理面积,更能充分发挥周向槽的抽吸或吹除叶尖区附面层的能力,有效地改善叶尖区的低能气流堵塞程度,从而起到最好的扩稳效果。

(2)在覆盖整个叶顶轴向范围的周向槽机匣处理后,触发该压气机失速的主要因素已不再是间隙泄漏涡,而与叶顶端壁区低能气流积累引起的堵塞及气流在叶背分离的程度有关。与宽槽机匣处理比较,窄槽机匣处理更能有效地增大叶顶区的气流进气角及进口轴向速度。与最窄槽(11 槽机匣处理)相比,槽数的增多使槽片宽减少。由于槽片宽的减少,在逆压梯度的作用下,低能流体从下游凹槽流出时更易与从上游凹槽流出的高能流体发生掺混,流动循环造成新的堵塞,因此削弱了周向槽抑制堵塞的能力。

3.5.4 槽式机匣不同凹槽开放对扩稳效果影响的数值研究

本小节的数值研究是在 No.10 机匣处理（全部凹槽都开放）的基础上展开的，研究的目的是探索不同位置凹槽开放的机匣处理对压气机性能影响的机制，并初步研究各凹槽对扩稳效果的贡献。

到目前为止，大部分关于周向槽机匣处理中不同位置凹槽的开放对扩稳效果影响的研究都是利用实验完成的。文献[1,5]中进行了这方面的试验研究工作。在槽深和槽宽等几何参数不变的前提下，不同凹槽开放对压气机内部流场影响的流动机制还没有得到完全的理解。本节基于试验结果，采用数值模拟方法对不同位置凹槽开放如何影响其扩稳效果进行研究。

四种机匣处理结构简图如图 3-46 所示，四种周向槽机匣处理试验件的几何尺寸列于表 3-21 中。其中在 No.10 机匣处理的基础上剔除掉前面 2 个凹槽形成 No.16 机匣处理，在 No.10 机匣处理的基础上分别剔除掉后面 4、2 个凹槽形成 No.14、No.15 机匣处理。

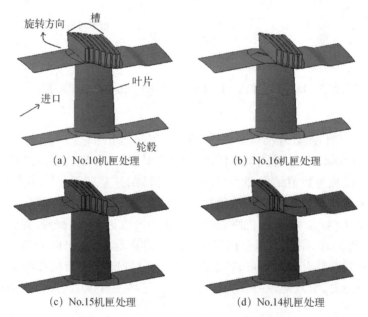

(a) No.10机匣处理   (b) No.16机匣处理

(c) No.15机匣处理   (d) No.14机匣处理

图 3-46   四种周向槽机匣处理结构简图

表 3-21   四种周向槽机匣处理试件主要几何参数

结构类型	No.10	No.16	No.15	No.14
槽数	7	5	5	3
槽深/叶尖栅距	38.4%	38.4%	38.4%	38.4%
槽深/槽宽	5.45	5.45	5.45	5.45

续　表

槽宽/槽片宽	2.44	2.44	2.44	2.44
处理总宽/mm	21.0	14.8	14.8	8.4

　　为了降低计算量,采取单通道计算。周向槽采用 H 型网格。4 种机匣处理每一个凹槽内网格点分布为:65×49×9(周向×径向×轴向)。数值计算在 8 130 r/min、10 765 r/min 两个换算转速下进行,其相对转速分别为 0.54、0.71。流场分析时,仅分析 8 130 r/min 换算转速下的叶尖区域流场。

　　1. 总性能比较

　　图 3-47 给出了两换算转速下实验与计算得到的周向槽机匣处理、实壁机匣的总性能图(为了清晰地辨别,在图中仅列出扩稳效果最差的机匣处理的特性线)。在图中可看到机匣处理后,扩大了压气机稳定工作范围。从图中的效率曲线可看到,无论实验还是数值计算时,机匣处理后,压气机的边界点效率和峰值效率

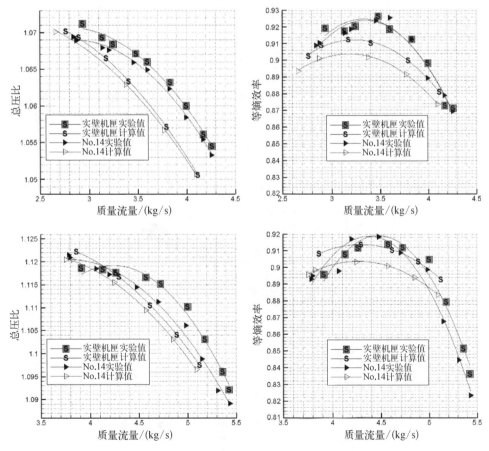

图 3-47　两个换算转速下压气机实验与数值计算的特性图

与实壁机匣比较，都有不同程度的降低。总的来说，计算得到的总压比特性以及等熵效率特性线变化趋势与试验值符合得较好。表 3-22 为四种周向槽机匣处理试验与数值计算得到的失速裕度改进量结果。通过表 3-22 可看到，两个换算转速下计算得到的 4 种机匣处理失速裕度改进量变化趋势都与实验符合良好。剔除槽后失速裕度改进量均比全 7 槽开放的小，在两换算转速下剔除前 2 槽、后 2 槽对失速裕度改进量的影响较小，剔除前 2 槽的失速裕度改进量比剔除后 2 槽的小。试验和数值计算都表明，在两个换算转速下 No.14 机匣（1~3 凹槽开放）中每个槽的平均失速裕度改进量都比 No.15 机匣（1~5 凹槽开放）中的小。

表 3-22   四种周向槽机匣处理试验与数值结果

机匣代号	槽　数	实验 8 130 r/min SMI/%	计算 8 130 r/min SMI/%	实验 10 765 r/min SMI/%	计算 10 765 r/min SMI/%
No.10	7	8.81	14.81	9.63	13.87
No.16	5	5.69	7.28	5.74	6.81
No.15	5	6.58	9.21	7.41	8.95
No.14	3	3.06	4.02	3.53	2.78

2. 压气机内部流场分析

图 3-48 为约 99%叶高处的叶片表面静压分布图。4 种机匣时的压气机流量都近似相等，此时 No.14 机匣处理近失速工况。从图中可看到沿叶顶弦长方向，压差是逐渐减少的，No.16 机匣处理时，叶片前缘附近部位（图中圆形标注区域）的静压差比其他 3 种机匣处理的大。No.10、No.14、No.15 三种机匣处理时，削弱了叶尖前缘间隙处产生泄漏运动的驱动力，反观 No.16 机匣处理由于前缘处缺少了 2

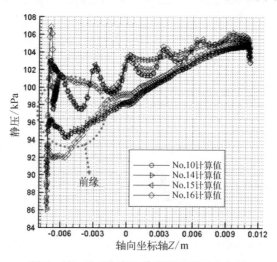

图 3-48   99%叶高处叶片表面静压分布图

个周向凹槽,造成此部位的叶片载荷较其他三种机匣处理的大,这表明在叶顶前缘处的机匣上进行周向开槽能明显地降低产生间隙泄漏流动的驱动力。

图 3-49 为 4 种机匣处理转子叶顶间隙区的泄漏流线分布图及通道内 4 个近似垂直叶表的截面上总压损失系数分布云图,压气机流量都近似相等,此时 No.14 机匣处理近失速状态。这里总压损失定义为:$C_p = \dfrac{p_{t_{\text{inlet}}} - p_t}{0.5\rho w_{\text{inlet}}^2}$,$p_{t_{\text{inlet}}}$、$w_{\text{inlet}}$ 分别为进口截面的平均相对总压及平均相对速度,ρ 为密度,$p_t\left(= p_s + \dfrac{1}{2}\rho w^2\right)$ 为叶片通道内任一点的气流相对总压。从图 3-49 中可看到,No.10、No.15 两种机匣处理间隙前缘处的泄漏流动以及通道内的总压损失系数分布情况类似,No.16 机匣处理的泄漏流线与其他 3 种机匣处理比较更加靠近相邻叶片的压力面,这是由于 No.16 机匣处理在叶片前缘处没凹槽处理,在图 3-48 中也可看到,叶尖泄漏运动的驱动力比其他 3 种机匣处理的大,造成泄漏速度大,使泄漏流线更接近切向,虽然此时间隙泄漏流的速度大,但由于该机匣处理覆盖了大部分的叶顶机匣表面,在此压气机流量下,仍能抑制间隙泄漏涡的发展。No.10、No.15、No.16 三种机匣处

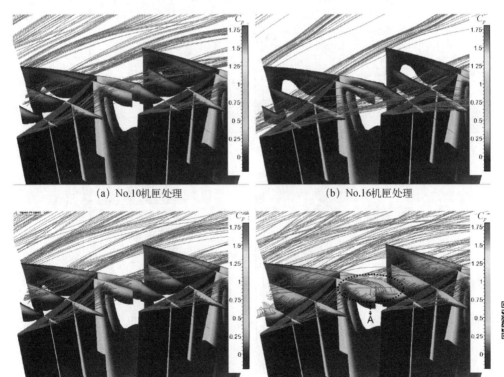

(a) No.10 机匣处理　　　　　　　　(b) No.16 机匣处理

(c) No.15 机匣处理　　　　　　　　(d) No.14 机匣处理

图 3-49　叶顶泄漏流线图、总压损失系数分布云图

理时在通道内没有明显的泄漏涡现象，这是因为周向凹槽把叶顶通道内的泄漏流动切断成几部分或把其抽吸入凹槽中，削弱间隙泄漏涡的发展。No.14 机匣处理时，叶片通道内有明显的泄漏涡卷起现象，从总压损失系数的分布也可看出，在叶顶通道后 2 个截面上有大面积的高总压损失区存在（图中符号 A 标注），几乎占据整个叶片顶部通道出口，结合泄漏流线和通道内总压损失的分布，可推测此时叶尖间隙泄漏涡涡核已破碎。

图 3-50 为 99.4%叶高处 S_1 流面上相对马赫数分布云图，四种机匣处理工况与图 3-49 分析中的一致，此时 No.14 机匣处理近失速工况。图中标注 B 代表较低马赫数范围，标注 A 代表相对马赫数接近 0 数值区域。从图中可观察到，No.10 机匣处理在叶片通道内的低相对马赫数区面积在 4 种机匣处理中是最小的，其中 No.16 机匣处理在通道前部靠近叶片压力面处有低相对马赫区，但是面积不大；

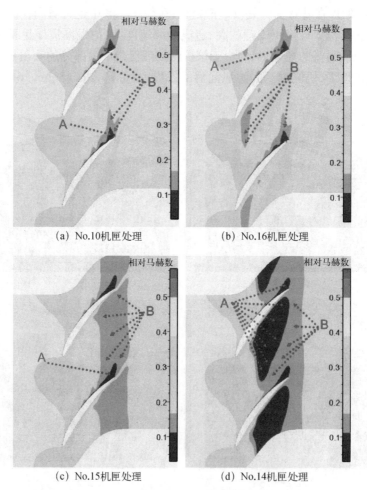

(a) No.10机匣处理　　　　　　(b) No.16机匣处理

(c) No.15机匣处理　　　　　　(d) No.14机匣处理

图 3-50　99.4%叶高处 S_1 流面上相对马赫数分布云图

No. 15 机匣处理在通道后面有较大面积的低相对马赫区;上面三种机匣处理中的相对马赫数接近 0 数值区域皆出现在叶片尾缘吸力面处。No. 14 机匣处理时,在叶片通道后部,存在大面积的低相对马赫数区域,其中 0 数值相对马赫数区靠近叶片压力面,在周向占据约 80% 叶顶栅距的宽度。叶顶区的低能泄漏流体与通道主流通过动量交换以获取能量使之能流出叶片通道且保持集中涡核形态,当压气机出口压力达到一定程度时,尽管低能流体与通道主流有动量交换,但在大的逆压梯度作用下不足以使之流出叶片通道且维持泄漏涡涡核的集中状态,泄漏涡涡核发生破碎,在叶片通道内有大面积的循环区域存在,造成高的堵塞,最终将触发压气机失速。与其他三种机匣处理比较,No. 14 机匣处理在叶顶后面缺少 4 个凹槽的处理,没能把机匣端壁区低能流体抽吸或吹除,也不能抑制叶尖泄漏涡的发展以及减弱因它造成的堵塞。从上面的分析还可知,覆盖整个叶顶轴向范围的周向槽机匣处理能很好地使叶顶区的流通能力得到增强,无论在通道前部和后部都无较大范围的低相对马赫数区。

图 3‑51 给出了子午流面上相对总压分布云图(周向平均)与相对速度矢量图,压气机流量都近似相等,此时 No. 16 机匣处理近失速状态。图中曲线 L 代表

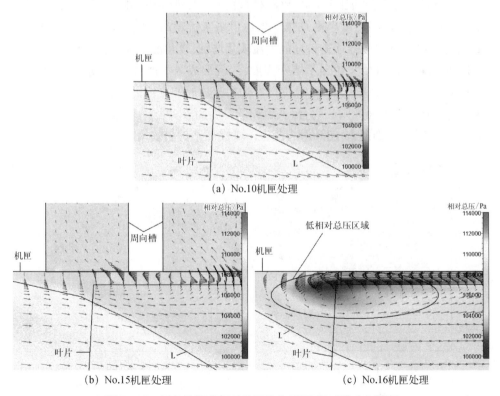

(a) No.10机匣处理

(b) No.15机匣处理

(c) No.16机匣处理

图 3‑51 子午流面上相对总压分布云图,相对速度矢量图

高、低相对总压交接面曲线，No.10、No.15 机匣处理在图中的流场分布类似，差别在于 No.15 机匣处理中的曲线 L 与叶片相交于稍低的叶展位置，这表明间隙泄漏流下洗趋势较 No.10 机匣处理的强。No.16 机匣处理时，曲线 L 在通道内的位置比其他两种机匣处理的更靠前且与叶片相交于更低的叶展位置，这意味着间隙泄漏流动和通道主流相互作用于更低的叶展位置。从图中还可看到，No.16 机匣处理时，在叶顶前缘处存在旋涡，旋涡覆盖区域的相对总压较其他部位的低很多，这意味着此处的流动损失很大，在叶顶前缘存在大的堵塞区，而且间隙倒流的开始位置比其他两种机匣处理的更靠前且倒流现象更显著。在图 3-49 分析中提到由于 No.16 机匣处理在叶片前缘处无凹槽处理，使泄漏流线接近切向。随着压气机出口背压的增加，泄漏流线更加接近切向，叶顶前缘处的堵塞范围将增大，最终阻碍来流进入叶顶通道，使压气机进入失速状态。

图 3-52 给出了进气角、出口轴向速度在叶尖区的分布，图 3-53 给出了 99.4%叶高处 S_1 流面上的相对速度矢量图，图中两机匣处理的压气机流量都近似相等，此时 No.15 机匣处理近失速状态。从图 3-52 中可看到 No.15 机匣处理时，相同径向位置的进气角及出口轴向速度都比 No.10 机匣处理的小，在图中叶尖区大部分相同叶高位置约比 No.10 机匣处理的小 1°，进气角小即攻角大，更易逼近失速工况。出口轴向速度小则意味叶顶通道堵塞程度高，堵塞效应将使叶顶来流轴向速度降低，进而使叶顶进口处的气流攻角增加，攻角的增大必然加剧气流在叶背的分离，而气流分离又增强了堵塞程度，这就形成一个恶性循环，最终迫使压气机进入失速工况。在图 3-53(b)中可看到在叶片通道尾缘处有逆流出现，这与文献[19]提到的近失速准则相吻合，从上面的分析可知，对于该亚声速压气机转子，在叶顶尾缘部位机匣上周向开槽将能进一步提高其扩稳效果。

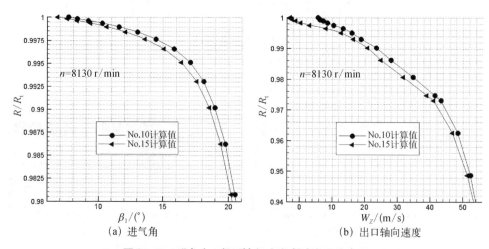

图 3-52　进气角、出口轴向速度在叶尖区分布图

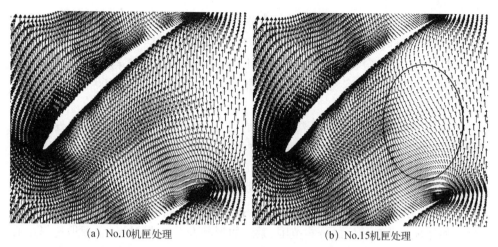

(a) No.10机匣处理　　　　　　　　　(b) No.15机匣处理

图3-53　99.4%叶高处 S_1 流面上相对速度矢量图

3. 小结

通过周向槽机匣处理槽数变化的研究,可得到如下结论:

(1)在某机匣处理(全部7个凹槽都开放)基础上展开的试验与数值结果都表明,随着凹槽从全7槽开放、仅前5槽开放、仅后5槽开放、到仅前3槽开放变化,扩稳效果逐步减弱。

(2)通过叶顶区的流场分析表明,仅前3槽开放机匣处理时,触发该压气机失速的原因是间隙泄漏涡涡核破碎,叶片通道内有大面积的循环区域存在,造成高的堵塞。后5槽开放机匣处理时,引起失速的原因是泄漏流线接近切向,叶顶前缘处存在旋涡,造成大的堵塞区域。

(3)前5槽开放机匣处理与全7槽开放机匣处理比较,由于叶顶尾缘部位没受到凹槽抽吸或吹除叶尖低能气团的作用,叶顶通道后部存在较大范围的低速区且叶顶通道尾缘处有逆流出现,堵塞情况明显,最终引起该压气机失速。

(4)试验和数值计算都还表明:在两个换算转速下,仅1~3凹槽开放中每个槽的平均失速裕度改进量都比仅1~5凹槽开放中的小;前两个凹槽对失速裕度改进量的贡献比最后两个凹槽的贡献大,这暗示着叶顶前缘处间隙泄漏流/间隙倒流对堵塞状况的贡献比叶顶通道后部低能气团的贡献大。

3.6　本章小结

本章以西北工业大学单级高亚声轴流压气机转子为研究对象,开展了不同结构槽式机匣处理影响压气机性能及稳定性的试验及数值模拟研究,基于本书的研究结果及课题组前期的研究结果,得到的槽式机匣处理设计经验如下所示:

（1）在周向槽机匣处理其他几何参数不变的前提下，存在最佳槽深范围，开槽深度与叶片高度的比值在 0.155~0.207 时，扩稳能力最强。

（2）对于开槽宽度因素而言，在中心偏移度为 0、相同的槽深及处理总宽时，存在最佳槽宽范围，开槽宽度与叶尖轴向弦长之比在 0.077~0.165 时，扩稳能力最强。

（3）在周向槽其他几何结构相同的基础上，中心偏移度为 0 的机匣处理扩稳能力最强，为了兼顾压气机效率，可适当地将中心偏移度增大。

（4）在转子叶顶前缘处开槽比在叶顶尾缘处开槽效果好，为了获得可观的综合裕度改进量，建议在叶顶前缘至叶顶中部之间的区域上方周向开槽。

值得说明的是，在槽式机匣处理设计中，应根据所研究压气机转子叶顶的流动分布（如叶顶低能流体区的分布范围、激波的形状及分布范围等）合理地选择中心偏移度、机匣处理覆盖范围等设计参数。

参考文献

[1] Baily E E. Effects of grooved casing treatment on the flow range capability of a single stage axial flow comperssor[R]. Cleveland: NASA TM X-2459, 1972.

[2] 刘志伟,张长生.周向槽机匣处理增加失速裕度的改进机理[J].西北工业大学学报, 1986,4: 405-416.

[3] Yasunori S, Toshinori W, Takehiro H, et al. Numerical analysis of flow in a transonic compressor with a single circumferential casing groove: influence of groove location and depth on flow instability[J]. ASME Journal of Turbomachinery, 2014, 136(3), 031017.

[4] Rabe D C, Hah C. Application of casing circumferential grooves for improved stall margin in a transonic axial compressor[C]. Amsterdam: ASME Turbo Expo 2002, 2002.

[5] Fujita H, Takata H. A study on configurations of casing treatment for axial flow compressors [J]. Bulletin of JSME, 1984, 27(230): 1675-1681.

[6] Nezym. Development of new casing treatment configuration[J]. JSME International Journal Series B, 2004, 47(4): 804-812.

[7] Horlock J H, Lakhwani C M. Propagating stall in compressor with porous walls[C]. Houston: ASME Turbo Expo 1975, 1975.

[8] Prince D C, Wisler D C, Hilvers D E. A study of casing treatment stall margin improvement phenomena[C]. Houston: ASME Turbo Expo 1975, 1975.

[9] 刘志伟,张长生,时静珣,等.关于周向槽机匣处理的若干观测[J].西北工业大学学报, 1985(2): 207-217.

[10] Takata H, Tsukuda Y. Stall margin improvement by casing treatment—its mechanism and effectivness[J]. ASME Journal of Engineering for Power, 1977, 99(1): 121-133.

[11] Boyec M P, Schilkr R N, Desai A R. Study of casing treatment effects in axial flow compressors[J]. ASME Journal of Engineering for Power, 1975, 97(4): 477-483.

[12] 方开泰,马长兴.正交与均匀试验设计[M].北京:科学出版社,2001.

[13] 杜朝辉,刘志伟.评估周向槽机匣处理扩稳效果的新指标[J].航空动力学报,1994,9(4):

409 – 412.

[14] Wilke I, Kau H – P. A numerical investigation of the flow mechanisms in a HPC front stage with axial slots[C]. Atlanta: ASME Turbo Expo 2002, 2002.

[15] Wilke I, Kau H – P. A numerical investigation of the influence of casing treatments on the tip leakage flow in a HPC front stage[C]. Amsterdam: ASME Turbo Expo 2002, 2002.

[16] Houghton T, Day I. Enhancing the stability of subsonic compressors using casing grooves[C]. Orlando: ASME Turbo Expo 2009, 2009.

[17] Li J, Lin F, Wang S, et al. Extensive experimental study of circumferential single groove in an axial flow compressor[C]. Dusseldorf: ASME Turbo Expo 2014, 2014.

[18] Du J, Liu L, Nan X, et al. The dynamics of prestall process in an axial low-speed compressor with single circumferential casing groove[C]. San Antonio: ASME Turbo Expo 2013, 2013.

[19] Vo H D, Tan C S, Greitzer E M. Criteria for spike initiated rotating stall[C]. Reno-Tahoe: ASME Turbo Expo 2005, 2005.

第四章
轴流压气机自循环机匣处理扩稳技术

本章首先介绍了叶顶喷气及自循环机匣处理目前的一些研究进展,并详细介绍了喷嘴和自循环机匣处理的设计与优化方法。然后以西北工业大学高亚声轴流压气机转子为研究对象,采用试验与数值模拟方法对自循环机匣处理和叶顶喷气进行了参数化试验研究。通过对转子叶顶压力脉动的测量和全通道非定常数值模拟,分别详细阐述了自循环机匣处理、叶顶喷气对压气机失速裕度的影响机制。最后本章通过单通道和多通道非定常数值模拟研究了叶顶喷气在跨声速压气机NASA Rotor 37 中的作用规律,通过一次一因素实验设计研究了喷气速度、喷气温度、喷嘴周向覆盖比例和喷嘴数目对压气机失速裕度的作用规律,通过定制实验设计分析了喷气位置、喷嘴喉部高度和喷气偏航角与喷气量间的交互作用关系。

4.1　轴流压气机叶顶喷气的研究进展

叶顶喷气是指通过在机匣壁面上沿周向开孔或缝,将高能流体射入压气机转子叶顶流道,利用高能射流达到降低叶顶负荷、减小叶顶堵塞、抑制叶顶流动不稳定性的目的,从而提高压气机的失速裕度。为了明确下文中部分名词的含义,图4-1给出了用于叶顶喷气的典型喷嘴结构及叶顶喷气的主要流动特性示意图。

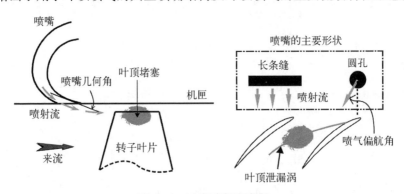

图 4-1　叶顶喷气示意图

4.1.1　叶顶喷气的历史发展

20 世纪 50 年代,美国兰利航空实验室开展了叶栅端壁附面层抽吸[1]和发动机进气道附面层抽吸[2]的实验,取得良好的附面层控制效果。受此成果激励,1966~1970 年,NASA 针对压气机开展了端壁抽吸和喷气的实验研究(图 4-2)。Griffin 和 Koch 等[3,4]发现,在进气畸变条件下,压气机的失速触发位置位于转子叶顶,端壁喷气和抽吸均能取得好的扩稳效果;即便关闭喷气,多孔机匣本身扩稳效果仅仅略小于执行喷气时的扩稳效果。Bailey 等[5]在后续研究中发现,对于图 4-2 中的锥形喷射孔结构,压气机本身产生的压升就可以驱动喷射流(内部流动循环)使压气机的失速裕度得到提升;对于带有蜂窝孔的机匣壁面,喷气与否对其扩稳效果没有明显影响,蜂窝孔机匣本身就可以起到较好的扩稳作用。

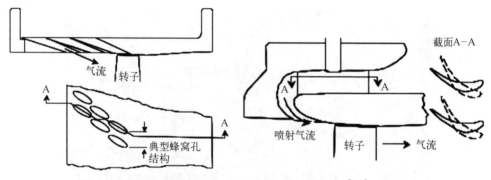

图 4-2　Griffin 和 Koch 等研究的喷气结构[3,4]

1970 年后,机匣处理的概念正式提出,NASA 在前期探索的基础上开展了对蜂窝孔、轴向缝和周向槽机匣处理的大量实验研究[6-8]。其中,轴向缝机匣处理的扩稳效果尤为明显,导致作为早期提出的喷气和抽吸的端壁流动控制技术被搁置。随着对机匣处理研究的深入,人们逐渐认识到机匣处理对压气机效率的负面影响是很难避免的,这促使了对新型失速控制方法的探索。1985 年,Epstein[9]提出"智能发动机"的概念,将发动机的开环控制转变为具有自我调节功能的闭环控制系统。对压气机失速进行主动控制是实现"智能发动机"的一个主要环节,主动控制通过对压气机进口畸变和局部流场的监测实现进口导叶和静子安装角的自动调节,从而使压气机高效运行的同时具有高失速裕度。随后,Epstein 等[10]对压气机内流动不稳定性的主动控制进行了专门的理论研究,他们通过在压缩系统中实施主动扰动来控制压气机内的流动不稳定性,使压气机的失速裕度提高了 20%,并且提出了几种实施主动扰动的方案,其中包括抽吸、声场激励、叶顶间隙调节和叶顶喷气等。

1993 年,剑桥大学的 Day[11]在四级低速轴流压气机上对喷气的主动控制进行了实验验证。研究发现,叶顶喷气使压气机在发生模态失速和突尖失速时的失速裕度分别提升了 4% 和 6%,使用的喷气量小于压气机流量的 1%。而且,即使压气机发生失速,通过叶顶喷气可使已失速的压气机从失速状态退出。

1989~1994 年,Rolls-Royce 公司的 Freeman 与剑桥大学的 Day 等[12]在"Rolls-Royce Viper"发动机上开展了喷气主动控制的研究(图 4-3)。该发动机的压气机为 8 级轴流压气机,总压比为 5.25。发动机上共安装了 6 个循环回路,循环回路上安装快速反应阀门实现喷气的主动控制。气流可以在压气机出口到进口、出口到第四级、出口到进口间进行循环。研究发现,这种闭环喷气控制系统在发动机整个运行工况范围内均可有效提升发动机的工作范围;将控制阀门一直打开(流动循环一直存在),相比于单独的放气措施,在多数运行转速下被动循环仍能产生更高的失速裕度。

图 4-3　Freeman 等进行主动控制的发动机及喷气循环回路[12]

1997 年,NASA 和 MIT 合作首次在跨声速压气机 NASA Rotor 35 上对叶顶喷气的主动和被动控制开展了研究,喷气设计如图 4-4 所示。Weigl 等[13]在对叶顶喷气进行被动控制的研究中发现,喷气偏航角的大小会影响压气机的失速裕度。在所研究的 0°、-15° 和 -30° 的喷气角度中,-15° 喷气角(反预旋)在设计转速下产生最大的失速裕度提升,同时提高了压气机的总压比和堵塞工作流量。该项研究结果表明,喷气参数的不同对叶顶喷气的作用结果会产生很大影响。因此,对于压气机失速的控制,叶顶喷气需要选择合适的喷气参数才能使压气机性能的提升最大化。与被动控制相比,在使用相同喷气量时,主动控制可以产生更大的裕度提升。在 70% 设计转速下,使用 1.5% 的喷气量,被动控制和主动控制对综合裕度的提升分别为16.8% 和 27.5%,两者相差约 10%;在设计转速下,使用 3.6% 的喷气量,被动控制

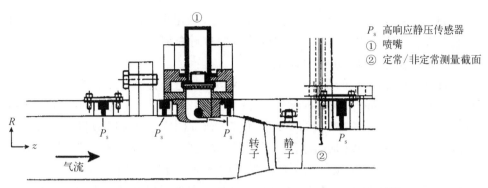

P_s 高响应静压传感器
① 喷嘴
② 定常/非定常测量截面

R

z

气流

P_s P_s P_s 转子 静子 P_s ②

图 4-4　Weigl 和 Bright 等对 NASA Rotor 35 的喷气设计[13]

和主动控制对综合裕度的提升分别为 17.9% 和 19.4%，两者已经相差不大。

　　失速的主动控制技术包括两项核心内容，一是失速先兆的检测，二是控制机构快速有效的执行。然而，主动控制技术在这两个方面均面对着很大的难题。失速先兆的检测依赖于对失速机制的认识，虽然目前对压气机中失速机制的解释已相对清晰，但在实际应用中仍面对不少困难。首先，由于发动机运行工况的复杂性，触发其失速的原因多种多样，导致模态失速和突尖失速可能同时存在或交替出现，加大了对失速原因判断的难度。其次，模态失速先兆一般发生在失速前的十几圈到几十圈，而突尖型失速先兆仅发生在失速前的几圈，一旦检测到失速先兆，压气机有可能已经失速，失去了主动控制的效果。最后，在多级压气机中，对于失速先兆的检测更为复杂。在不同转速下，多级压气机的失速触发位置很可能位于不同位置，这就需要在发动机上布置大量的传感器，增加了主动控制系统的复杂性。在控制机构上，针对不同失速类型均行之有效的控制方法和控制机构的简化仍是主动控制技术需要继续探索的难题。上述原因导致虽然主动控制技术在实验室中获得成功，但很少见到其在航空发动机上的工程应用。

　　相比于复杂的主动控制系统，被动喷气逐渐受到各国学者的关注。Freeman 等[12]和 Weigl 等[13]的研究已经证实，即使不采用主动控制，叶顶喷气本身仍然可以有效提高压气机的失速裕度。虽然在某些情况下，叶顶喷气的作用效果不及主动控制，但其简单的结构仍然具有很大的吸引力。然而，相对于已有工程应用背景的缝式和槽式等传统机匣处理，被动喷气具有什么优势？被动喷气能否在提升压气机失速裕度的同时不降低甚至提高压气机的效率？如何设计喷气结构利用最小的喷气量达到最大的扩稳效果？面对这样的问题，各国学者对叶顶喷气开展了大量的实验和数值研究，下面将回顾叶顶喷气技术近十几年来的研究进展。

4.1.2　叶顶喷气的最新研究成果

主要针对 2000 年以后轴流压气机叶顶喷气（被动喷气）的国内外研究成果进

行总结和论述。内容总体上按照公开发表的论文或报告的作者所在的研究机构进行分类，以各研究机构的首次发表时间为顺序进行介绍。对于不同作者所在的同一研究机构，仅在其首次出现时提及。

遵循传统机匣处理的发展规律，美国 NASA 率先开展了对叶顶喷气的参数化研究。2000 年，Suder 和 Hathaway 等[14]在 Weigl 主动控制研究的基础上，对 NASA Rotor 35 开展了叶顶离散喷气的参数化研究。研究内容涉及喷嘴数目、喷气动量、喷嘴的周向分布和喷嘴的喉部高度对压气机失速裕度的影响。研究发现，在 70% 设计转速下，使用 1% 的喷气量可使压气机的流量裕度提高 30%；在 100% 设计转速下，使用 2% 的喷气量可提升 6% 的流量裕度。参数化研究结果表明：叶顶喷气对压气机失速裕度的改进量与喷气所在圆周截面的质量平均速度正相关，如图 4-5 所示；喷嘴沿周向的分布形式对压气机的失速裕度没有影响；喷嘴数目不能少于 4 个以保证足够的周向覆盖比例。在叶顶喷气的扩稳机制上，研究认为叶顶喷气对叶顶攻角和叶顶负荷的降低是提升压气机失速裕度的主要原因。

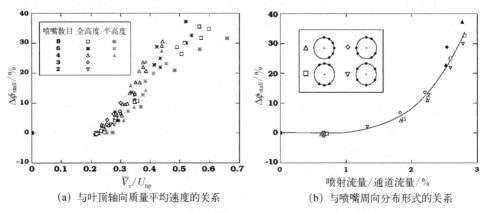

(a) 与叶顶轴向质量平均速度的关系　　　(b) 与喷嘴周向分布形式的关系

图 4-5　压气机流量裕度改进量与各喷气参数间的关系

2004 年，NASA 将叶顶喷气技术应用于多级轴流压气机。Strazisar 等[15]在 Suder 研究的基础上对喷嘴进行了改进，在六级高负荷轴流压气机上开展了叶顶喷气的主动控制和被动喷气的实验研究。该实验在第一级、第三级和第五级转子前分别安装了 8、12 和 12 个喷嘴，喷气由外部气源供气；第三级和第五级静子后安装了抽吸口进行放气，用于模拟在正整台压气机上的流动循环（图 4-6）。研究结果表明，在 78% 转速下，使用相同的喷气量时，喷气的主动控制虽然可以取得更高的压比，但与被动喷气产生的裕度提升基本相同。另外，稳态喷气改变了第三级转子的失速特性：由不喷气时的突尖型失速先兆转变为喷气时的模态失速先兆。

2009 年，Chen 和 Hathaway 等[16]对 NASA Rotor 35 在设计转速下有无喷气两种情况进行了全通道非定常数值模拟，主要研究了两种情况下失速起始的流动现

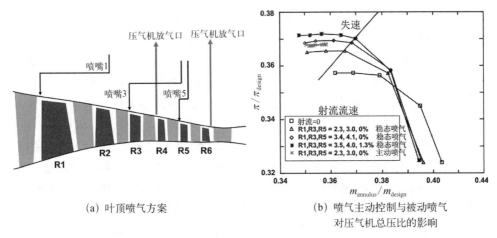

(a) 叶顶喷气方案　　　　　(b) 喷气主动控制与被动喷气
　　　　　　　　　　　　　　　对压气机总压比的影响

图 4-6　多级轴流压气机中的叶顶喷气

象。研究发现,叶顶喷气可以有效抑制叶顶失速团的发展。在喷气作用下,叶顶以下叶高首先出现攻角过大的情况,引起吸力面的反流。该反流区向转子叶顶迁移,引起叶顶攻角过大造成了更大的反流区,触发转子失速。该研究并没有详细解释叶顶喷气的扩稳机制。从 NASA 的研究成果来看,叶顶喷气从单级压气机到多级压气机均有应用,叶顶喷气逐步成为具有工程应用价值的扩稳技术。

国内对叶顶喷气技术也进行了大量的研究和探索。2002 年,中科院工程热物理研究所的聂超群等[17]提出叶顶微喷气的概念,并在三级低速轴流压气机上进行了实验研究。实验中使用了 4 个喷嘴,对喷气偏航角、喷嘴与转子的轴向间距、喷嘴径向浸入量以及喷嘴的周向排布进行了研究。研究表明:使用 0.056% 的喷气量可以使压气机的流量裕度提高 5.83%,且微喷气不会改变压气机的稳态性能;喷气角度为反预旋、喷嘴与转子的轴向间距较小、喷嘴径向浸入量较小时对压气机的失速裕度更为有利;喷嘴沿周向密集分布不利于压气机失速裕度的提高,这与Suder 等的研究结论是不同的。在喷气机制的解释上,研究认为压气机内的流动对于微喷气的反应是非定常的,喷气可以清除叶顶扰动,将叶顶泄漏涡的位置向下游推移。2007 年,聂超群等[18]分别在低速轴流压气机、高速轴流压气机和离心压气机上验证了微喷气的可行性。研究发现,无论哪种压气机,叶顶微喷气均可以推迟失速的发生。然而,最优的喷气偏航角随压气机的不同和喷气量的不同而变化。

徐纲等[19,20]在三级低速轴流压气机上对微喷气的非定常响应进行了实验研究,并采用三维数值计算捕捉到微喷气影响失速起始的流动现象。2006 年,童志庭等[21,22]在同一压气机上对微喷气作用下的转子叶顶压力图谱进行了测量,研究发现微喷气中起主导作用的是喷气的出口动量,而不是喷气的质量流量。通过对叶顶泄漏涡非定常性的研究发现,微喷气的扩稳机制在于将叶顶泄漏涡的起始位置向转子下游推移和对叶顶泄漏涡非定常性的抑制。随后,耿少娟等[23-25]通过数值模拟研究了微喷气在亚声速和跨声速压气机中对叶顶流动的影响,研究认为:在亚声速压气机中喷气不仅改变了叶顶泄漏涡的起始位置,还影响到其形成后的形态和运行轨迹,并且喷气可减小叶顶附近区域的损失;在跨声速压气机中,喷气可以抑制叶顶泄漏流的自激非定常波动,使叶顶泄漏涡轨迹沿叶片吸力面向下游移动;采用喷射流的无量纲总动量可关联亚声速和跨声速轴流压气机不同喷气方案的扩稳效果。

2011年,林峰等[26]对上述微喷气研究进行了总结。研究发现,叶顶喷气存在一个喷射流与主流动量比的阈值,在该阈值两侧,压气机失速裕度随喷射动量的变化规律是不同的。李继超等[27,28]对喷气的这种作用规律进行了解释。他们认为在小喷气量下,喷气的扩稳机制在于对叶顶泄漏流自激非定常性(也称为旋转不稳定性)[29,30]的削弱,而在大喷气量下叶顶喷气通过减小叶顶攻角来进一步提升压气机的失速裕度。当喷气量过大时,喷气的影响向叶片通道内部转移,影响压气机的做功能力。

目前来看,叶顶微喷气技术主要应用在低速或高速的亚声速压气机上,在跨声速压气机中很少见到微喷气的实验研究。微喷气的扩稳机制与 Suder 等在跨声速压气机上的研究结论是不同的,前者主要在于抑制叶顶泄漏涡的非定常性,后者主要在于对叶顶攻角的降低。微喷气使用的喷气量极低,无法改变转子叶顶的攻角,理论上无法应用于 Suder 等所研究的跨声速压气机。

2005年,印度的 Roy 等[31,32]针对一低速压气机,实验研究了叶顶喷气对直叶片和前掠叶片性能的影响。研究发现,叶顶喷气对于直叶片的扩稳效果好于前掠叶片,因为叶片前掠时其失速触发位置位于叶顶以下。通过改变喷嘴数目,他们发现喷气速度越高对压气机的扩稳效果越好。随后,他们对喷嘴几何角和喷气位置等参数的影响进行了研究。研究发现喷气几何角较小时对直叶片的失速裕度较为有利,采用转子前缘和叶片通道中间的组合喷气方式可以减弱压气机失速恢复的迟滞时间。同年,谢里夫理工大学的 Beheshti 等[33,34]提出一种新的喷气方案,他们在 NASA Rotor 37 上设置一个覆盖全叶顶的周向浅槽,通过该周向槽实施叶顶喷气,以此来保证喷射流沿轴向射入转子叶顶。通过数值模拟发现,这种喷气方式也可以较大提升压气机的失速裕度。

2006年,西北工业大学的张皓光等[35]针对一高亚声轴流压气机,数值研究了叶顶喷气对转子叶顶流场的影响。研究发现叶顶喷气可以改善转子叶顶前缘处的气体流动,抑制间隙反流的负面影响和叶顶泄漏涡的产生。随后,卢新根等[36,37]在该压气机上进行了微喷气的实验研究。研究内容涉及喷气位置、喷气偏航角和喷嘴数目对压气机失速裕度的影响。研究结果表明,喷气位于叶顶前缘、喷气逆着转子转向时喷气的扩稳效果较好。他们认为喷气的扩稳机制在于,定常微喷气可以将叶顶泄漏涡向下游推移,抑制来流/叶顶泄漏流的交接面向转子前缘方向移动,从而推迟失速的发生。

吴艳辉等[38]针对 NASA Rotor 35 进行了定常和非定常(喷气不是连续的,而是以一定的频率将空气注入叶片通道)叶顶喷气的非定常数值研究。他们使用 3.6% 的喷气量使压气机的失速裕度提高了 21.4%。研究表明,叶顶喷气的扩稳机制在于两个方面,一是叶顶喷气对叶顶的卸载作用,二是叶顶喷气对激波/泄漏涡干涉形成的叶顶堵塞的激励,后者起主导作用。这对 Suder 等的实验研究做出了补充。随后,吴艳辉等[39,40]对一高亚声轴流压气机叶顶喷气进行了全通道非定常数值模拟。研究发现叶顶喷气可将压气机由突尖失速转变为模态失速,叶顶喷气通过对二次泄漏涡的抑制降低了转子叶顶流动的非定常性。2013 年,时培杰等[41,42]针对低速轴流压气机进行了叶顶喷气的数值和实验研究。他们发现叶顶喷气不会改变压气机的失速类型,喷嘴沿周向分布越均匀,扩稳效果越明显。并且,喷气的扩稳效果由相对坐标系下喷射流的轴向动量与主流动量的比值决定。

2007 年,北京航空航天大学的张靖煊等[43,44]对一低速压气机在进气畸变条件下的微喷气作用效果进行了实验研究。研究表明,叶顶微喷气可以抑制压气机顶部畸变区诱发的分离团,减少了其诱发旋转失速的可能性,从而达到扩稳目的。随后,周军伟等[45]对一跨声速压气机非定常喷气的喷气频率进行了数值研究。他们发现,非定常喷气中存在最佳的喷气频率使压气机的失速裕度最大化,且最佳喷气频率与叶顶泄漏涡的振荡频率有关。

2007 年,ETH Zurich 的 Cassina 等[46]以亚声速转子为研究对象对一些喷气参数的作用规律进行了数值研究。研究发现:压气机的失速裕度随喷气流量的增加而增加;喷射流沿着叶顶前缘中弧线方向时扩稳效果最好;在相同喷气量下,存在最佳的喷嘴长宽比。在扩稳机制上,他们与 Suder 等[14]的观点相同,即叶顶喷气通过降低叶顶负荷来提高压气机的失速裕度。在设计转速下,他们使用 1.19%设计流量的喷气量使压气机的流量裕度提高了 6.05%。

2008 年,阿米尔卡比尔理工大学的 Khaleghi 等[47,48]在 NASA Rotor 67 上使用全环形喷气对喷气角度和喷气速度的影响进行了数值研究。他们发现,喷气的扩稳程度与相对坐标系下的动量增加相关,喷气速度越大对压气机的扩稳效果越好,叶顶喷气的扩稳机制在于其对叶顶负荷的降低。随后,他们在不同叶顶间隙下对叶顶离散喷气进行了数值研究。研究表明,叶顶喷气可以降低压气机稳定性对叶顶间隙大小的敏感性,并将压气机由叶顶堵塞失速转变为叶顶过载失速。

从 2009 年开始,德国 MTU 开始了对叶顶喷气的一系列研究。Hiller 等[49]针对一高负荷高压级的进口级进行了叶顶喷气的实验研究。他们发现,只有当喷气量大于压气机流量的 2%时,叶顶喷气才能取得扩稳效果。提高喷气速度较提高喷气量对压气机的失速裕度更为有利,而喷气温度对叶顶喷气的作用效果没有明显影响。研究也同时指出,较少的喷气量就会导致流动参数沿径向分布的较大改变,从而影响级间匹配。Matzgeller 等[50,51]采用锁相 PIV 测量和壁面动态压力测量的方法对喷气作用下的叶顶流场进行了研究。他们发现，叶顶泄漏涡只有在受到喷射流的直接作用时，泄漏涡轨迹才会被改变，脱离喷射流的直接影响后，叶顶泄漏涡轨迹很快恢复至与转子前缘平齐的状态。在喷气的扩稳机制上，研究认为叶片通道内的流动对喷气作用的非定常适应是压气机获得性能收益的主要原因。随后，他们采用流线曲率法对叶顶喷气进行建模，模型中加入了叶顶喷气的非定常效应。该模型用于评估叶顶喷气对压气机性能和级间匹配的影响，目的是在压气机设计的初始阶段加入喷气的影响。他们在非设计转速下对该模型进行了实验验证。研究发现，该模型可以捕捉到叶顶喷气对压气机性能的主要影响，但会过分估计叶顶喷气对转子叶顶的降载效果。

2009 年，清华大学的马文生等[52]对一跨声速压气机进行了叶顶喷气的数值研究，叶顶喷气通过周向槽机匣处理来实现。研究表明，叶顶喷气使叶顶低速堵塞区加速，可以有效改善叶顶的流动状况，进而提高压气机的失速裕度。喷气量较大会导致转子叶根的分离，限制压气机失速裕度的进一步提升。

2012 年，南京航空航天大学的胡骏等[53]在双级低速轴流压气机上进行了叶顶微喷气的实验研究。研究表明，喷气对于该压气机的扩稳机制是抑制了模态波向旋转失速团的发展，并改善了转子叶顶流场。在相同喷气量的情况下，对于喷气偏航角而言，逆着压气机旋转方向偏转一定角度时的扩稳效果较好。李亮等[54,55]随后对该压气机的叶顶微喷气进行了详细的参数化研究，并在进气畸变条件下讨论了叶顶喷气的作用效果和机制。

从以上研究来看，从亚声速到跨声速、从单级到多级，叶顶喷气均有应用。通过合理选择喷气参数，叶顶喷气均能起到一定的扩稳效果。对于亚声速压气机而言，需要的喷气量一般较少（压气机流量的 0.1% 量级），很多学者将其定义为微喷气。在跨声速压气机中，一般需要相对较大的喷气量（压气机流量的 1% 量级）才能起到提升压气机失速裕度的作用。从国内外学者的研究内容来看，对于轴流压气机叶顶喷气的研究主要集中在两个方面：一是如何设计喷气参数、使用最小的喷气量达到最大的扩稳效果；二是叶顶喷气提升压气机失速裕度的作用机制。

4.1.3 叶顶喷气的设计规律及作用机制

针对一些叶顶喷气的关键参数，对公开文献中的研究结论进行归纳，主要讨论各喷气参数对扩稳效果的影响。这些喷气参数包括：喷嘴的结构设计、喷气量、喷气位置、喷气偏航角、喷气几何角、喷嘴喉部高度、喷嘴周向宽度、喷嘴数目、喷嘴周向分布形式、喷气温度和喷气速度。

1. 喷嘴的结构设计

喷嘴的结构按其出口的形状特点可分为长条缝和圆孔，按其流道的特点可分为浸入式喷嘴、直通式喷嘴和 Coanda 喷嘴,典型的喷嘴几何结构由图 4-7 给出。浸入式喷嘴在距离叶片较远处将喷气管路伸入压气机流道进行喷气,该方法可以很好地保证喷射流的贴壁流动,但管路伸入压气机通道会造成一定的流动堵塞,同时这在转子前有导叶或在多级压气机中是不可行的。直通式喷嘴规避了浸入式喷嘴伸入流道的弊病,在机匣壁面上将空气射入压气机通道,其缺点是喷射流与机匣壁面间会形成局部分离区,无法保证喷射流的贴壁流动,影响叶顶喷气的作用效果。Coanda 喷嘴是利用 Coanda 效应(Coanda 效应亦称为附壁作用,是指流体有离开本来流动方向,改为随着凸出的物体表面流动的倾向)来保证喷射流的贴壁流动。它兼具浸入式喷嘴和直通式喷嘴的优点,并且能将喷嘴结构小型化,利于叶顶喷气的工程应用。

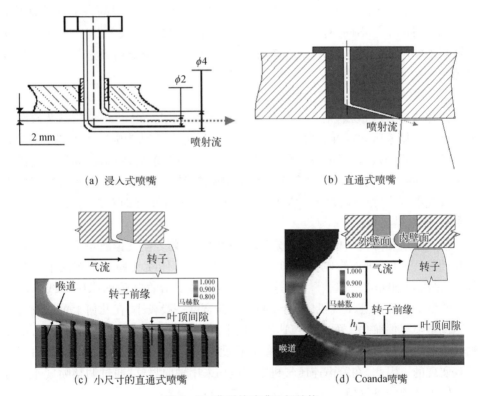

(a) 浸入式喷嘴　　　　　　　　　　(b) 直通式喷嘴

(c) 小尺寸的直通式喷嘴　　　　　　(d) Coanda 喷嘴

图 4-7 典型的喷嘴几何结构

近些年来,大多数叶顶喷气的研究中均使用 Coanda 喷嘴,但 Coanda 喷嘴的加工相对困难,部分实验研究中仍使用直通式喷嘴。对于 Coanda 喷嘴的设计,一般按照经验对内壁面型线采用圆弧设计,外壁面型线根据喷气量的需要进行调整。王前等[56]讨论了内壁面型线对喷射流的影响,他们发现内壁面型线出口处的曲率越小喷射流越贴近壁面。考虑到叶顶喷气的工程应用,喷嘴的设计需要满足三个要求：小巧的几何结构、良好的贴壁流动以及方便与引气机构连接。目前来看，公开文献中的喷嘴结构一般均较大，且采用外接气源引气，无法直接应用到航空发动机上。因此，对于喷嘴需要进行详细的设计与讨论来满足叶顶喷气工程应用的要求。

2. 喷气量

喷气量的大小由喷嘴出口尺寸、喷嘴数量和喷气速度决定。由于在发动机的环境中，叶顶喷气的气源需要取自压气机的后面级，同时过大的喷气量会引起级间匹配的改变，减小喷气量一直是叶顶喷气设计的一个主要方向。在亚声速压气机中，很小的喷气量(小于压气机流量的 1%)一般就可以取得较大的扩稳效果。而在跨声速压气机中，喷气量的需求一般相对较大。在喷气量对压气机失速裕度影响的认识上，不同学者的研究结论存在一定差异，导致这些差异的一个重要原因是调节喷气量的手段不同，有些改变喷嘴数目而有些调整喷嘴尺寸。因此，单独阐述喷气量的影响是很困难的，喷气量对压气机失速裕度的影响需通过具体喷气参数的改变来说明。

3. 喷气位置

总体来看，喷气位置对压气机失速裕度的影响不大。Hathaway[57]认为喷嘴应安装在叶顶堵塞区之前并且紧挨堵塞区。Weichert 等[58]认为喷嘴远离转子前缘后会降低压气机的效率。Cassina 等[46]研究发现，当喷嘴距离转子较远时，压气机的失速裕度对喷气位置的变化不敏感，而当喷嘴靠近转子时则会对失速裕度产生影响。聂超群等[17]和卢新根等[36,37]均认为喷嘴靠近转子前缘时对失速裕度较好。

4. 喷气偏航角

喷气偏航角是指喷射流在叶栅平面与轴向的夹角。喷气偏航角主要影响转子叶顶的进气攻角，进而影响叶顶负荷。总体来看，最佳喷气偏航角有两个主要选择，一是沿着轴向喷气[14,15,58]，二是在相对坐标系下沿着叶顶前缘中弧线方向喷气[17,46,57]。在亚声速压气机中，由于喷嘴周向宽度一般较小，在几何上可以较为方便地调整喷气偏航角。而在跨声速压气机中，单个喷嘴的周向宽度一般较大，增加喷气偏航角会显著增加喷嘴的轴向覆盖长度，而且这对于收缩型机匣壁面而言是较难实现的。因此，在跨声速压气机中一般均采用轴向喷气，通过调整喷气速度可改变转子叶顶的进气角。

5. 喷气几何角

喷气几何角是指喷嘴在子午面与轴向所成的夹角。几乎所有文献都认为，对于压气机叶顶流动的控制，喷射流越贴近机匣壁面越好。喷射流的入射角过大不仅会降低喷气对叶顶流动的控制效果，还会增加对叶顶以下叶高的影响程度。对于直通式喷嘴而言，喷气几何角决定了喷射流进入压气机通道的入射角度。因此，直通式喷嘴一般将喷气几何角设定的很小，但喷气几何角越小，喷嘴沿轴向占据的长度越大。在实验研究中,由于机匣尺寸的限制,喷气几何角一般取 15°左右,过小的角度使实验件难于加工。对于 Coanda 喷嘴而言,在 Coanda 效应的作用下,喷射流的入射角一般小于喷嘴几何角,有利于喷气对叶顶流动的控制。

6. 喷嘴喉部高度

喷嘴喉部高度不仅影响喷气量的大小,也会影响喷气的径向影响范围。喷嘴喉部高度一般取 2~6 倍叶顶间隙大小。Strazisar 等[15]将喷嘴喉部高度由 6 倍叶顶间隙减小至 3 倍叶顶间隙后发现,压气机失速裕度没有明显变化。Weichert 等[58]的结论是相反的,他们发现增加喷嘴喉部高度会增加喷气量,能进一步提高压气机的失速裕度。这些研究中对于喉部高度的作用机制均没有解释。因此,对于最优喷嘴喉部高度的选取以及喉部高度的影响机制仍需进行研究和讨论。

7. 喷嘴周向宽度

单个喷嘴的周向宽度和喷嘴数目共同决定了叶顶喷气的周向覆盖比例。离散叶顶喷气的周向覆盖比例一般设定在 5%~30%,跨声速压气机中喷嘴的宽度一般较亚声速压气机中的大。Suder 等[14]研究发现,当喷嘴数目小于 4 个时,失速裕度与喷嘴宽度有关;当喷嘴数目多于 4 个时,保持喷气量不变、减小喷嘴高度来增加喷嘴宽度则没有影响。Cassina 等[46]研究认为,喷气量不变时,存在最佳的喷嘴周向宽度与喉部高度的比值。从公开的文献来看,很少有研究将喷嘴周向宽度作为一个独立变量来探索其对压气机性能的影响规律。

8. 喷嘴数目

喷嘴数目也是喷气量大小的一个决定因素,而且,喷气数目会影响叶顶喷气作用的非定常性。根据压气机的具体特点,喷嘴数目的选择一般在 4~18 之间。Weigl 等[13]和 Dobrzynski 等[59]研究发现,将喷嘴数目减少一半不会对压气机的失速裕度造成明显影响。Suder 等[14]的研究指出,在一定范围内,压气机的失速裕度随喷嘴数目的增加而增加。卢新根等[36,37]发现,喷嘴数目由 6 个减小到 4 个不会影响压气机的失速裕度,继续减少喷嘴数目会降低叶顶喷气的作用效果。Matzgeller 等[51]认为喷嘴数目的变化会引起压气机内流动非定常性的改变,但没有具体阐述其影响机制。对于喷嘴数目的研究,一般需要通过实验手段来进行,进行数值模拟一般是较为困难的。喷嘴数目对压气机性能影响的机制仍需要进一步的阐述。

9. 喷嘴周向分布形式

叶顶喷气应用于航空发动机时,由于发动机结构的限制,离散的喷嘴不能保证均匀分布在机匣环面上。因此,喷嘴沿周向的分布很可能是不均匀的。Suder 等[14]的研究指出,喷嘴的分布形式不会影响叶顶喷气的作用效果。然而,聂超群等[17]认为喷嘴沿周向密集分布不利于压气机失速裕度的提高。关于喷嘴周向分布的影响机制目前还不清楚。

10. 喷气温度

叶顶喷气应用于发动机时，喷气的气源来自后面级，气源的温度高于大气温度。在多数外接气源的叶顶喷气研究中，气源的温度均为大气温度。Suder 等[14]和 Hiller 等[49]通过实验研究均发现，喷气温度不会对压气机的失速裕度产生显著影响。然而，喷气温度对压气机总压比和效率的影响还不明确。

11. 喷气速度

喷气速度的大小由喷嘴进口和出口压力决定，喷嘴流道的气动损失也会影响喷气速度的大小。多数研究认为，喷气速度越大对压气机失速裕度的提升越有利。对于喷嘴流道为收缩型的直线型喷嘴，喷嘴出口的最高喷射速度可达 1 马赫。对于 Coanda 喷嘴，喷嘴的喉部可位于通道内部，喷嘴出口的速度可大于 1 马赫。喷嘴进口压力受压气机做功能力的限制不能无限提高，同时喷气速度过高会导致喷嘴出口压力与压气机通道压力严重不匹配，引起压气机总压比和效率变化。目前，喷嘴速度的研究范围在 1 马赫以内，喷气速度对压气机总压比和效率的影响尚不明确。

以上分析主要说明了各喷气参数的特点和对压气机失速裕度的影响规律，下面就公开文献中叶顶喷气的作用机制进行总结和讨论。叶顶喷气的作用效果主要可分为三类：一是对叶顶的降载作用；二是对叶顶泄漏涡或叶顶堵塞的抑制作用；三是叶顶喷气的非定常作用。下面对这三个方面进行详细说明。

1) 叶顶喷气的降载作用

在压气机转子叶顶，由于环壁附面层以及脱体激波等因素的作用，实际的叶顶进气角一般会大于设计值，引起转子叶顶进气攻角过大、叶顶负荷过高的问题。叶顶喷气通过高速射流提高转子叶顶截面的轴向速度，可以降低转子叶顶的进气攻角，进而降低叶顶负荷。文献[14,46-48]等均认为叶顶喷气对转子叶顶负荷的降低是压气机失速裕度提升的主要原因。而且，这些研究认为，转子叶顶存在极限扩压因子，超过该值后压气机将进入失速状态。对于离散叶顶喷气而言，在叶顶喷气的作用部位，转子叶顶扩压因子降低。当该部位的扩压因子达到极限扩压因子时，压气机则达到叶顶喷气作用下的失速边界。

2) 叶顶喷气对叶顶泄漏涡或叶顶堵塞的抑制

为了保证压气机转子的安全运转，转子和机匣间必须留有一定的间隙，通过该间隙的叶顶泄漏流与主流相互作用形成叶顶泄漏涡。随着压气机的节流，叶顶泄漏涡发生膨胀甚至破碎堵塞叶顶通道，成为诱发压气机失速的一个重要因素。叶顶喷气产生的高速射流可以将叶顶泄漏涡向下游推移，抑制叶顶泄漏涡的发展，减少由其引起的叶顶堵塞。文献[17,36,38,59]等均认为叶顶喷气对叶顶泄漏涡或叶顶堵塞的抑制是压气机失速裕度提高的主要原因。具体来看，有些研究强调叶顶泄漏涡位置的改变，有些研究注重叶顶喷气对叶顶堵塞的激励。

3）叶顶喷气的非定常作用

相对而言,叶顶喷气的非定常作用是比较抽象的。压气机内的流动由于叶顶泄漏流等因素的影响本身就是非定常的,喷嘴沿周向的离散分布本质上也会引起压气机内流动的非定常变化。文献[17,23,26]中认为,压气机中的叶顶泄漏涡存在旋转不稳定性,叶顶喷气通过改变这种不稳定性可以起到扩稳的效果。然而,叶顶泄漏涡的旋转不稳定性一般在叶顶间隙较大时才会出现,Mailach 等[60]研究发现,当叶顶间隙大于3%叶顶弦长后会出现叶顶泄漏涡的旋转不稳定性。文献[50,51]认为,压气机通道流动对叶顶喷气的非定常适应是叶顶喷气扩稳的主要原因,而叶顶喷气对叶顶泄漏涡位置的影响是非常有限的。Lim 等[61]认为叶顶喷气可以降低压气机中流动非定常性的传播,进而提高压气机的失速裕度。

通过以上总结分析可以看出,经国内外众多学者的努力,已有研究大体上揭示了叶顶喷气的设计规律和叶顶喷气的扩稳机制。然而,对于某些关键喷气参数如喷嘴喉部高度和周向宽度,还缺乏系统的研究来确定这些参数的选取原则。这些几何参数一旦固定,在压气机的运行过程中是很难改变的,因此在设计阶段应慎重选择。对于某些喷气参数(如喷气偏航角、喷嘴周向分布形式和喷嘴数目)的作用规律,不同的研究得出了不同的结论,甚至彼此相悖。这一方面可能是由于不同的研究对象具有不同的物理特性造成的,如有些研究针对亚声速压气机,而有些研究则以跨声速压气机为研究对象,两者的主要区别在于通道中是否存在激波;另一方面,绝大多数研究在探索某一喷气参数的作用规律时,一般固定其他喷气参数,即进行的是一次一因素实验设计,没有考虑到该喷气参数与其他变量间可能存在的交互作用(一个因素对另外一个因素有不同的作用效果)。

在叶顶喷气作用规律的探索中,多数研究注重各喷气参数对压气机失速裕度的影响,很少关注叶顶喷气引起的总压比和效率的变化。叶顶喷气的设计初衷是在提升压气机失速裕度的同时不降低或提高压气机的效率。因此,对于叶顶喷气的研究,还需要关注其对压气机效率的影响。在叶顶喷气引起的级间匹配的变化上,一般注重叶顶喷气引起的时均参数的变化。然而,喷嘴的离散分布使叶顶喷气的影响必然是非定常的,因而叶顶喷气对流动参数径向分布的瞬态影响是亟待关注的。

在叶顶喷气的作用机制上,不同学者的认识也不尽相同。尤其是在研究对象分别为跨声速压气机和亚声速压气机时,对喷气扩稳机制认识存在很大差异,目前还没有找到可以关联或区别两者的关键因素。对于叶顶喷气的非定常作用机制,目前的认识还相对模糊,不同学者的解释存在很大差异。此外,多数研究在探索叶顶喷气的作用机制时,一般注重宏观上叶顶喷气对压气机流场的定性影响,在叶顶喷气对叶顶泄漏涡或叶顶堵塞的影响上,缺乏定量分析来确定叶顶喷气是如何提升压气机失速裕度的(即叶顶喷气的扩稳程度与叶顶喷气影响下压气机中的哪个或哪些参数直接相关）。此外，针对具体喷气参数对压气机失速裕度产生的影响，还缺乏相关的机制分析。

4.1.4 自循环机匣处理的研究进展

早在 20 世纪 60 年代 Griffin 和 Koch 等[3,4]就通过实验手段建立了自循环机匣处理的概念，但该技术没有得到足够的重视，他们的后续研究主要集中在缝式和槽式机匣处理上。随着对发动机能耗的重视以及主动控制技术的发展，叶顶喷气技术逐渐受到了重视。叶顶喷气从压气机后面级引气时，由于压气机前后温差较大，容易引气喷气部位机匣的变形，同时较长的管路会增加压气机的质量。因此，在单转子或单级后面引气成为一种可选择的方案，这种方案也称为自循环机匣处理。

1990 年，Lee 和 Greitzer[62]为了研究缝式机匣处理的扩稳机制，对抽吸和喷气的影响分别进行了实验研究。研究发现，单独抽吸和喷气均能提高压气机的失速裕度，但均不及缝式机匣处理。2002 年，Hathaway[57]在 NASA 前期研究的基础上对全环形的自循环机匣处理进行了详细的数值研究，并分析了喷气位置和抽吸位置对压气机失速裕度的影响。在他的研究中，没有建立真实的物理结构进行气流的循环，而是通过流量平衡来建立抽吸和喷气之间的联系。他同时指出，自循环机匣处理应设计成离散分布，并且将抽吸口和喷嘴沿周向进行一定的偏置来避免喷射流进入抽吸口，防止气流不断循环引起的温度过高的问题。

然而，离散分布的自循环机匣处理给数值计算带来了很大的困难。为解决这一问题，2003 年，德国 DLR 的 Yang 等[63]发展了一种混合面的处理方法来模拟离散分布的自循环机匣处理，混合面上既包含流体边界又包括固体边界。他们发现，自循环机匣处理可以削弱或破坏叶顶泄漏涡，在提高压气机失速裕度的同时略微降低了压气机设计点的效率，但提高了小流量工况点的效率。

前面的研究主要在单转子上进行流动循环，由于转子后的气流带有很大的旋绕，使得气流不容易进入自循环机匣处理内。为了避免这一问题，NASA 的 Strazisar 等[15]在 Rotor 35 一级上进行了自循环机匣处理的实验研究，自循环机匣处理的几何结构由图 4-8 给出。实验使用了 6 个循环回路，其周向覆盖比例为 21%，由于实验设备的限制，各循环回路没有沿周向均匀分布。研究发现，在 70% 和 100% 转速下，使用 0.9% 的循环流量可分别提升 6% 和 2% 的流量裕度。

NASA 在关注自循环机匣处理对压气机性能影响的同时，也注意到可用其降低压气机的噪声。2006～2007 年，Elliott 和 Fite[64,65]在一低速风扇上应用全环形自循环机匣处理（由于循环回路中放置导流叶片，他们称为 Vaned Passage Casing Treatment）来降低风扇的噪声，并对喷气和抽吸位置的影响进行了实验研究。研究发现，在进气畸变条件下（模拟飞机起飞时的进气条件），自循环机匣处理可较大提高压气机的失速裕度。然而，自循环机匣处理使压气机的效率降低了 2.4%，因

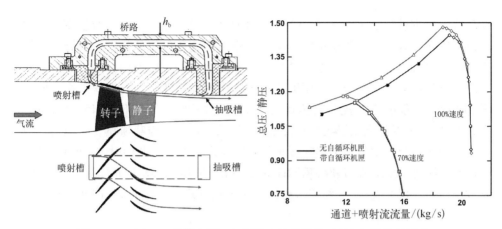

图 4-8　Strazisar 等的自循环机匣处理结构及其对压气机性能的影响

而他们认为在巡航状态下应关闭自循环机匣处理。在噪声方面,自循环机匣处理对噪声的影响较小,某些结构可略微降低风扇的整体噪声。虽然该项研究没有对噪声起到较好的控制效果,但为自循环机匣处理未来的发展提供了一个新的设计指标。

与叶顶喷气类似,降低循环流量仍然是自循环机匣处理设计的一个主题。2011 年,Weichert 等[58]以带导叶的低速压气机级为研究对象,将自循环机匣处理发展到自调节机匣处理。自调节的目的是降低设计工况点的循环流量,并且使近失速工况点的循环流量最大化。他们对抽吸位置、抽吸孔形状、抽吸角度、喷气角度和循环回路数目的影响进行了实验研究,并得到了性能最优的自循环机匣处理结构。该结构在压气机为模态失速时产生 2% 的裕度提升,但压气机效率降低了 0.4%;当调整转子安装角使其发生突尖失速时,压气机失速裕度提升 6%。

2014 年,德国的 Guinet 等[66]和罗罗公司合作,在前期缝式机匣处理研究的基础上,对不同叶顶间隙下的自循环机匣处理的作用效果进行了数值研究。Khaleghi[67]在一跨声速压气机上对自循环机匣处理进行了数值模拟,分析了自循环机匣处理对压气机性能和失速裕度的影响机制。

国内对自循环机匣处理研究的时间相对较晚。2009~2013 年,西北工业大学的张皓光等[68,69]在前期对传统机匣处理研究的基础上,在一高亚声压气机上对自循环机匣处理进行了单通道和全通道非定常数值研究。研究发现,自循环机匣处理在提升压气机失速裕度的同时可略微提高压气机的效率。他们指出,自循环机匣处理可改善压气机转子叶顶的进气条件,抑制叶顶泄漏涡的发展和破碎以及前缘溢流现象的发生,降低叶顶堵塞,起到推迟压气机失速发生的作用。

2012 年,中国科学院工程热物理研究所的李继超等[70]在一低速压气机上对自循环机匣处理进行了实验研究，并比较了不同引气方式的影响。研究发现，自循环机匣处理在提升压气机失速裕度的同时可略微提高压气机的效率，自循环机匣处理对叶顶泄漏涡轨迹的改变是压气机失速裕度提高的主要原因。随后，他们在一跨声速压气机上进行基于自循环机匣处理的叶顶喷气研究[71]。实验研究表明，自循环机匣处理能够有效提升跨声压气机的失稳裕度，可取得 8% ~ 15% 的扩稳效果，而且能够略微提高压气机峰值点的效率。他们认为，与叶顶喷气类似，自循环机匣处理的扩稳机制仍然影响叶顶泄漏流的非定常性。与此同时，杨成武等[72]将自循环机匣处理的抽吸口和喷嘴均改为多排孔，在 Rotor 37 上进行了单通道非定常数值模拟。研究发现，这种结构的自循环机匣处理可产生 6.2% 的裕度提升，压气机效率仅降低 0.23%。

由以上论述可见，自循环机匣处理作为一种相对较新的扩稳技术近些年来受到了广泛的关注。相比于传统的机匣处理，自循环机匣处理具有提升压气机失速裕度的同时不降低压气机效率的优势。与叶顶喷气相比，自循环机匣处理结构更为简单，单转子或单级循环不会造成机匣区温度过高的问题。对于具有高推重比、高效率、高稳定性要求的航空发动机而言，自循环机匣处理是一项极具应用前景的扩稳技术。

4.2　喷嘴和自循环机匣处理的设计与优化

无论是叶顶喷气还是自循环机匣处理，Coanda 喷嘴无疑是最佳的选择。从已有文献来看，Coanda 喷嘴一般采取圆弧设计，这种设计基本可以保证喷射流贴近机匣内壁面。然而，这种圆弧面设计仍然是一种经验设计，能否使喷嘴的气动性能达到最优仍然需要讨论。对于自循环机匣处理，各国学者也是根据各自的经验对其进行设计。从公开发表的文献来看，很少见到对喷嘴和自循环机匣处理型线设计的详细讨论。喷嘴和自循环机匣处理本身会增加压气机内的流动损失，如果其型线设计不合理，势必会进一步增加流动损失，对压气机效率产生不利影响，同时会降低叶顶喷气和自循环机匣处理的扩稳能力。因此，有必要对喷嘴和自循环机匣处理的型线设计开展研究。

4.2.1　喷嘴的设计与优化

图 4-9 给出了喷嘴的参数化几何结构。喷嘴的二维几何由两条型线组成：内壁面(Inj_ss)和外壁面(Inj_ps)。其中，内壁面由两段曲线构成，arc1 为喷嘴的实际作用段，保证气流的贴壁流动；arc2 为几何过渡段（圆弧），作用是在自循环机匣处理中与桥路连接，arc1 与 arc2 在 $(0, R_1)$ 处相切，且两段曲线的径向高度相同 $(R_2 - R_1 = R_1)$。表 4-1 给出了图 4-9 中各符号的具体含义。

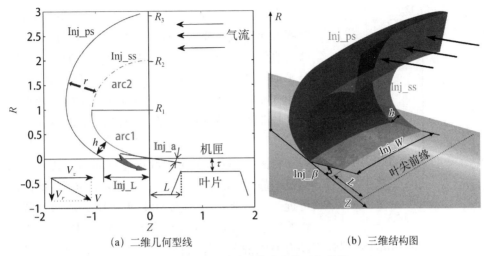

(a) 二维几何型线　　　　　　　　(b) 三维结构图

图 4-9　Coanda 喷嘴的参数化几何结构

表 4-1　喷嘴几何中各符号含义

	符　　号	含　　义	符　　号	含　　义
无量纲参数	h	喷嘴喉部宽度	V	喷射流的绝对速度
	Inj_L	喷嘴出口轴向长度	V_r	径向分速度
	Inj_W	喷嘴出口周向宽度	V_z	轴向分速度
	L	喷嘴距离转子叶顶前缘距离	τ	转子叶顶间隙
	Z	轴向	R	径向
常规参数	Inj_α	喷嘴几何角/(°)	Inj_β	喷气偏航角/(°)

评价喷嘴气动性能的主要指标是喷射流与壁面的贴合程度。本书对喷嘴气动的评估采用喷射流的绝对出口气流角:

$$\text{Inj}\_\theta = \arctan(V_r/V_z) \tag{4-1}$$

式中各符号含义参见表 4-1。Inj_θ 越小,喷射流越贴近壁面,喷嘴的气动性能越好。

1. 喷嘴内壁面型线的设计

喷嘴的内壁面(inj_ss)由两段曲线组成,arc1 为 Coanda 效应的气动作用段,其型线要保证喷射流尽可能附着壁面。首先对 arc1 进行优化设计,下面介绍其设计过程与结果。

1) 喷嘴的回转体模型

采用 CFD 软件 NUMECA 中的 Design 3D 模块对喷嘴型线进行优化。为了便于优化的进行,需要建立喷嘴的三维回转体模型。

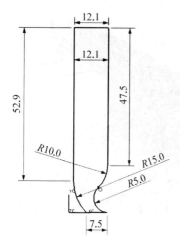

图 4 - 10　喷嘴初始几何结构二维平面图

图 4 - 10 为 arc1 初始几何设计的二维平面图。喷嘴二维型线主要由三段圆弧组成,圆弧与圆弧、圆弧与直线连接处均为一阶连续。将喷嘴的壁面看作是平面叶栅的吸力面和压力面,这样喷嘴的内壁面与相邻喷嘴的外壁面构成静子叶片,在数值计算中通过周期性边界条件构建叶栅通道,如图 4 - 11 所示。

将图 4 - 11 中的平面叶栅进行周向回转构成压气机的静子,如图 4 - 12 所示。为保证喷嘴内的流动可近似为二维流动,应使轮毂与机匣处的通道宽度相差较小。将轮毂半径设为 180(无量纲),机匣半径设为 190,静子叶片数目设为 90,这样通道面积沿径向的变化很小,可近似为二维流动。

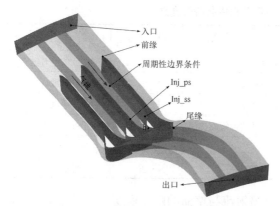

图 4 - 11　喷嘴的三维结构模型

图 4 - 12　喷嘴的三维回转体模型

采用三维数值方法对喷嘴性能进行评估。数值计算采用 CFD 软件 NUMECA 中的 Fine Turbo 模块,湍流模型选用 SA 湍流模型,气体为理想气体。计算采用单通道定常数值模拟。各个通道间为周期性边界条件,进口给定总压和总温,出口给定平均静压,壁面为绝热无滑移边界条件。网格由 Autogrid5 生成,沿径向网格不加密,网格点数为 17。通道采用 O4H 型网格拓扑结构,叶片表面为 O 型贴体网格,进出口部分均为 H 型网格,总网格点数约为 25 万。图 4 - 13 给出了叶片尾缘附近的网格拓扑结构。

图 4 - 14 为喷嘴的回转体模型在 50% 叶高的流线分布及绝对马赫数分布。从图 4 - 14 中可知,喷嘴出口气流基本沿着壁面流动,初步达到了 Coanda 喷嘴的预期效果。为了进一步提高喷嘴的气动性能,下面对其进行优化设计,目标是使喷射流尽可能贴近机匣壁面。

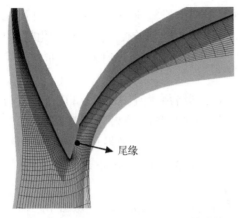

图4-13　喷嘴尾缘计算网格的拓扑结构

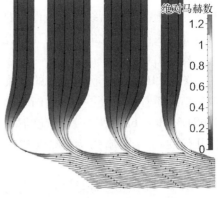

图4-14　50%叶高马赫数及速度流线分布

2）模型的参数化

对图4-12中的三维几何模型进行参数化拟合。机匣和轮毂均采用B样条曲线拟合,控制点数均为10;叶片中弧线采用贝塞尔曲线,控制点数为26;叶片吸、压力面均采用结构化曲线,控制点数均为20,并且随着控制点向尾缘的靠近,控制点加密。叶片积叠点设置在前缘处,前缘与尾缘均采用圆弧处理。图4-15给出了叶片的参数化节点分布以及参数化结构与原型的几何对比。从图中可知,参数化结构对叶片吸、压力面拟合程度均较好。

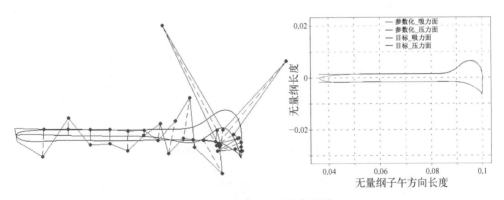

图4-15　叶片几何参数化结果

3）优化过程与结果

选取喷嘴内壁面靠近尾缘的7个控制点为变量,每个控制点的变化位置在6个以上,并且保证几何不干涉,其余控制点位置保持不变。由于叶片是2截面造型,故共有14个控制点。通过改变控制点位置,共得到56组几何模型。通过图4-13中的数值模型对所有结构进行了数值计算,建立优化数据库。

以56组几何模型构成的数据库为基础,结合遗传算法与神经网络对其进行优化设计。目标函数选取中间叶高处喷射流的平均出口气流角 Inj_θ。中间叶高是叶根与叶顶截面进行线性插值得到的，因而在叶根与叶顶的控制点进行变化时，中间截面代表两者变化的平均值。研究发现，通过这种方式可以有效避免非物理几何结构的出现。

图 4-16 给出了优化设计的收敛曲线，神经网络预测值（ANN）、CFD 计算值与最优结果随着循环次数增加逐渐重合。第 37、38、39 步的结果分别是 8.682 2°、8.681 3°和 8.680 2°，每次优化结果已相差不大，认为已达到最佳收敛结果。原始几何的出口气流角为 12.963 9°，优化后的喷嘴性能较原始几何有了明显提升。

图 4-17 给出了原始结构与优化结构尾缘附近的马赫数分布。从图中可以看出，虽然优化结构外壁面尾缘附近的附面层分离增大，但内壁面的尾缘分离明显减小，总体上流动更加贴近壁面。喷嘴外壁面的附面层分离将在下一节通过对其型

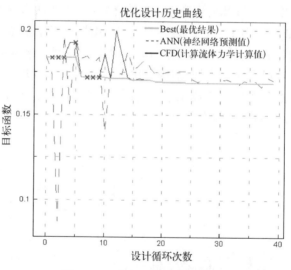

图 4-16 优化设计的收敛曲线

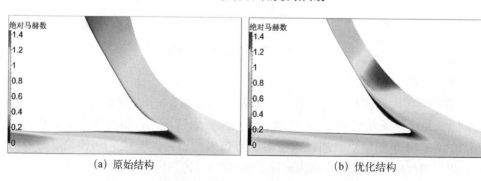

图 4-17 原始几何与优化几何尾缘附近的马赫数分布

线的优化设计来解决。以图 4-15 中第 39 步的优化几何为原始几何,对其进行第二轮优化设计,其优化过程与第一轮相同。研究发现,第二轮优化已不能进一步降低喷嘴的出口气流角,因而认为第一轮优化的结果已为最优。

通过上述优化过程得到的喷嘴内壁面型线与初始的圆弧设计相比,喷嘴性能有了明显提升。然而,相比于其他控制规律(如椭圆和双曲线等),优化型线的性能如何?对喷嘴内壁面的 arc1 曲线,采用了不同的控制规律来研究其对喷嘴性能的影响。所有控制规律均需要满足以下三点要求:① 喷嘴几何角 Inj_α 为 10°;② 在 R_1 处曲线与轴向垂直;③ 喷嘴的喉部高度及喷嘴外壁面型线(Inj_ps)的控制规律不变。图 4-18 给出了不同控制规律对喷嘴气动性能的影响。图 4-18 中共给出了 6 种其他控制规律,分别为圆弧、椭圆、双曲线、抛物线、样条曲线和二次指数曲线。从图中可以看出,除了抛物线控制规律外,其他控制规律均使喷嘴出口平均气流角小于喷嘴的几何角 10°,其中以二次指数曲线控制规律为最优。优化曲线与二次指数曲线控制规律相比性能略优,但两者的出口平均气流角相差很小。这说明,上述优化过程得到了最优的喷嘴内壁面型线。

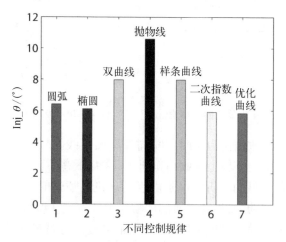

图 4-18　喷嘴内壁面 arc1 的不同控制规律对喷嘴气动性能的影响

2. 喷嘴外壁面型线的设计

喷嘴的外壁面(inj_ps)有两方面作用:导向和增速。前者主要体现在将气流由轴向向前变为径向再变为轴向向后,后者主要表现为通道对气流的压缩使气流增速,进而提高喷射流的动量。因此,喷嘴外壁面的设计需要保证喷嘴的流道为收缩型流道。容易想到的一种设计方式是将喷嘴看作发动机的尾喷管,利用尾喷管的成熟设计经验对喷嘴外壁面进行设计。一种经典的收缩型尾喷管的造型方法是利用维托辛斯基公式,公式如下:

$$\left(\frac{r_0}{r}\right)^2 = 1 - \left(1 - \frac{1}{C}\right)\frac{\left[1 - (x/l)^2\right]^2}{\left[1 + \frac{1}{3}(x/l)^2\right]^3} \qquad (4-2)$$

式中，C 为收缩比，$C = (r_0/r_e)^2$；l 为尾喷管总长度；r_0 为尾喷管进口半径；r 为尾喷管各截面半径；r_e 为尾喷管出口半径；x 为截面距离进口长度。

式中各物理量的几何意义由图 4-19 给出。为了得到喷嘴的外壁面型线，需要将上一节得到的内壁面型线（Inj_ss）离散化，计算各离散点的法线，如图 4-20 所示。然后，给定收缩比 C 的值，在各法线上按照式（4-2）计算喷嘴各截面的宽度，最终得到喷嘴的外壁面型线。

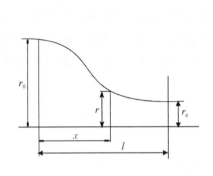

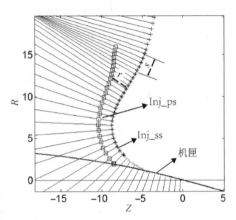

图 4-19　采用维托辛斯基公式的喷嘴设计　　图 4-20　喷嘴的二维几何设计

图 4-21 给出了收缩比为 4 时的喷嘴外壁面型线。从图中可以看出，按照上述方法得到的喷嘴流道整体上为收缩型通道，喷嘴外壁面下半部分光滑连续，但在中间部分存在一段明显的转折。这是由于发动机尾喷管的流道是沿着轴向的，而喷嘴的流道是高度弯曲的，导致经典的尾喷管设计方法在喷嘴的设计中遇到问题。

考虑到喷嘴即收缩又高度弯曲的特点，本书提出对喷嘴外壁面型线控制的控制方程如下：

$$\frac{r_{i+1} - r_i}{s_{\text{inj\_ps},\,i} - s_{\text{inj\_ss},\,i}} = \text{Inj\_c}, i = 1, 2, 3, \cdots, N \qquad (4-3)$$

式中，r 为流道的宽度；s 为弧长；Inj_c 为常量。

图 4-20 给出了式（4-3）中各物理量的几何意义。式（4-3）中的分子代表喷嘴中流动的收缩性，分母表示由于气流转折引起的气流在外壁面和内壁面间的路程差，两者的比值代表单位路程差下气流的收缩性。通过调整参数 Inj_c 的值，可实现对流动收缩性和转折特性的综合控制，本书称其为可控收缩型线。

Inj_c 对外壁面几何的影响由图 4-21 给出。由图 4-21 可知，通过喷嘴外壁面型线控制方程式(4-3)得到的喷嘴外壁面型线光滑连续。Inj_c 值越大,喷嘴开口越大,其径向尺寸也越大。对不同 Inj_c 值下的喷嘴气动性能进行计算,其结果由表4-2给出。表中同时给出了由公式(4-2)得到的喷嘴出口气流角。由表4-2可知,当 Inj_c 值位于0.3~0.6时,喷射流出口气流角小于式(4-2)得到的气流角,喷嘴可获得较好的气动性能。在下文的研究中,Inj_c 均取 0.45。

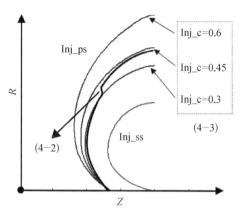

图 4-21 Inj_c 对喷嘴外壁面型线的影响

表 4-2 喷嘴压力面型线 Inj_c 值对喷嘴性能的影响

控制方程	(4-3)					(4-2)	
Inj_c	0.25	0.3	0.45	0.6	0.8	1	—
Inj_θ/(°)	5.63	5.56	5.55	5.56	5.6	5.62	5.58

4.2.2 喷嘴的气动特性

通过对喷嘴内壁面和外壁面的优化,得到了喷嘴的几何结构。将该喷嘴应用到压气机中进行叶顶喷气时,需要根据喷气量和几何约束等要求来调整喷嘴的几何参数。因而有必要预先对喷嘴的气动特性进行研究,以便对喷嘴的几何参数进行选取。下面主要讨论喷嘴的喉部高度和喷嘴安装角对喷嘴气动性能的影响。

首先研究喷嘴喉部宽度 h 对喷嘴性能的影响。当喷嘴的径向高度固定时,喉部高度越大,喷气量越大。将图4-9中喷嘴内壁面的径向高度 R_1 设定为1,其他喷嘴几何参数保持不变,改变喉部宽度获得不同的喷嘴几何。图4-22给出了喷射流出口气流角 Inj_θ 随喷嘴喉部高度 $h(h/R_1)$ 的变化情况。由图可知,随着喉部高度的增加,喷射流的出口气流角逐渐增大,喷嘴的气动性能随之下降。当喷嘴喉部高度大于0.6时,喷嘴的气动性能急剧恶化。

图4-23为喉部高度分别是0.3和0.8时喷嘴中的马赫数分布。喉部高度过大($h/R_1 = 0.8$)时,喷射流脱离壁面,在喷嘴出口下游产生了明显的分离区,这对喷气的扩稳作用是十分不利的。因而,喷嘴喉部宽度 h 和 arc1 的径向高度 R_1 应保证在一定的比例范围内($h/R_1 < 0.6$)。当喷气量无法满足设计要求时,需要放大整个喷嘴,即提高 R_1 的值以保证喷嘴具有足够大的喉部宽度。

然而,喷嘴的喉部宽度是否越小越好?本书通过调整喷嘴进口总压,计算了喷嘴喉部高度从0.2到0.6的流量特性和速度特性(图4-24)。从喷嘴的气动特性可知,

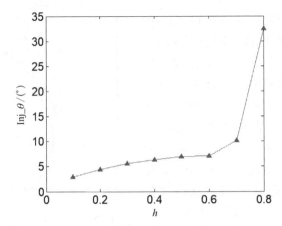

图 4-22　不同喉部高度下喷射流的出口气流角

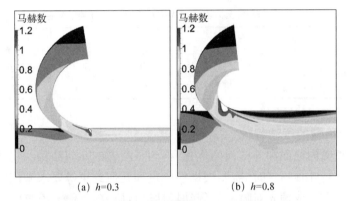

(a) h=0.3　　　　　　　(b) h=0.8

图 4-23　不同喉部宽度时喷嘴内的马赫数分布

喷嘴的性能随工作条件的改变发生巨大变化。当喷气量和喷气速度相对较小时,较小的喉部高度对喷嘴的气动性能更有利;当喷气量和喷气速度较大时,反而是喉部宽度较大时对喷嘴的气动性能有利。综合考虑喷嘴的气动特性与几何特性,喉部高度为 0.4($h/R_1 = 0.4$) 时,喷嘴可在较宽广的流量和速度范围内获得良好的气动性能。

　　除了喷嘴的喉部宽度外,喷嘴几何角 Inj_α 对喷嘴的气动性能也会产生较大影响。图 4-25 给出了喷射流出口气流角 Inj_θ 随喷嘴几何角 Inj_α 的变化情况。由图可知,随着喷嘴几何角的增加,喷射流出口气流角逐渐增加,且增加幅度越来越大。

　　图 4-26 给出了喷嘴几何角分别为 5°和 20°时喷嘴内的马赫数分布。当喷嘴几何角较大时,喷射流的核心区远离机匣壁面,且在喷嘴出口位置出现明显的低速分离区。因而,从喷嘴的气动性能来看,喷嘴几何角越小越好。然而,喷嘴几何角越小,相同喉部宽度时喷嘴的出口轴向宽度(Inj_L,见图 4-9)则会越大。喷嘴的出口轴向宽度决定了喷嘴在机匣上开缝的轴向长度,该值越大,对机匣的强度越不利。因此,从机匣的结构强度来看,喷嘴几何角不能过小。本书中,喷嘴几何角选为 10°。

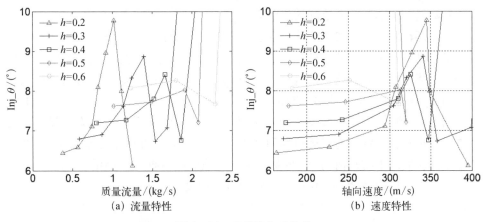

图 4-24　喷嘴的气动特性

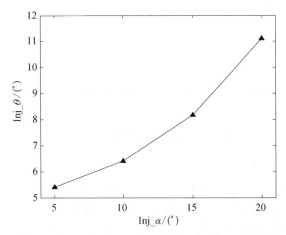

图 4-25　喷嘴几何角对喷射流出口气流角的影响

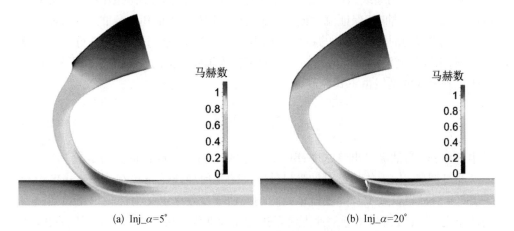

(a) Inj_α=5°　　　　　　　　　　(b) Inj_α=20°

图 4-26　喷嘴几何角对喷嘴流动特性的影响

4.2.3　自循环机匣处理的设计与优化

自循环机匣处理一般由喷嘴、抽吸口和连接两者的桥路三部分组成。图 4-27 给出了自循环机匣处理的参数化结构。对于该结构的设计，需要充分考虑各组成部分的功能。喷嘴的主要作用与叶顶喷气的喷嘴是一致的，即提供高速喷射的气流。因此，自循环机匣处理中喷嘴的设计沿用上一节中的喷嘴设计。抽吸口的主要作用是为喷嘴提供足够的喷气流量和喷气动力，降低抽吸口内的流动损失是其主要设计指标。桥路作为连接喷嘴和抽吸口的纽带，需要在降低流动损失的同时，考虑其真实应用中的几何约束，如发动机中其他管路占据了桥路的空间等。下面主要讨论抽吸口的设计与优化以及桥路的可行性设计方案。

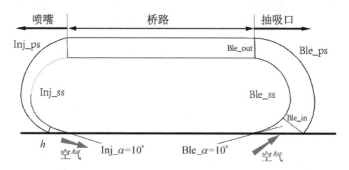

图 4-27　自循环机匣处理的参数化结构

1. 抽吸口的设计与优化

对于抽吸口而言，其主要设计指标是降低由抽吸造成的流动损失，同时为喷嘴提供足够的喷气流量和喷气压力。对于抽吸口本书主要研究了两个方面，一个是抽吸口的型线设计，另一个是抽吸几何角 Ble_α 的影响。抽吸口几何参数的说明见图 4-27。

对于抽吸口的型线，其内壁面 Ble_ss 继承了喷气段内壁面的型线设计，即利用 Coanda 效应进行抽吸，保证流动附壁。对于抽吸段外壁面 Ble_ps 的设计，需要考虑气流经过弯道时容易分离的特性。在本书的设计中，通过对气流进行一定程度的压缩，来降低气流由轴向向后转为径向再转为轴向向前时在流道壁面上的分离。抽吸段外壁面的型线由下式控制：

$$\frac{Ble\_out}{Ble\_in} = Ble\_c \qquad (4-4)$$

式中，Ble_out 为抽吸口出口宽度；Ble_in 为抽吸口进口宽度；Ble_c 为常数。

通过调节 Ble_c 的值可对抽吸口外壁面的几何型线进行控制。图 4-28 给出了 Ble_c 对抽吸口效率及抽吸流量的影响。抽吸口效率定义为抽吸口出口与进口的总压之比，抽吸流量由近失速点流量进行无量纲化。从图 4-28 中可以看出，当 Ble_c=0.8 时，抽吸效率及抽吸流量均达到最大值，此时抽吸口的气动性能最好。

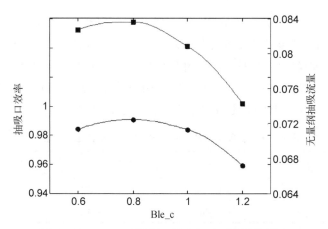

图 4 - 28 Ble_c 对抽吸口效率和抽吸流量的影响

图 4 - 29 给出了不同抽吸几何角下抽吸口流道内的绝对马赫数分布。由图 4 - 29 可知,当抽吸几何角 Ble_α 小于 45°时,抽吸口流道中的气流紧贴壁面没有发生流动分离;当抽吸几何角达到 90°时,抽吸口的内壁面出现明显的流动分离。

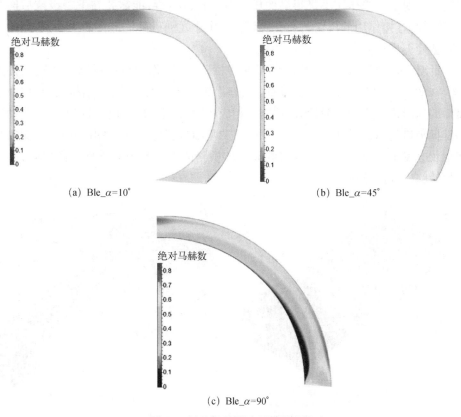

图 4 - 29 抽吸口流道中的马赫数分布

表 4－3 给出了抽吸几何角 Ble_α 对抽吸口气动性能的影响。从抽吸效率来看，抽吸几何角小于 45° 时抽吸效率相差不大；当抽吸几何角达到 90° 时，抽吸效率明显降低。从抽吸口出口总压来看，随着抽吸几何角的增加，出口总压减少。从抽吸口的结构特性来看，在抽吸进口宽度 Ble_in 相同时，抽吸几何角越小，在机匣上开缝的轴向长度越长，对机匣强度越不利。综合上述分析，本书中抽吸几何角给定为 10°。

表 4－3　抽吸几何角 Ble_α 对抽吸口气动性能的影响

Ble_α	10°	45°	90°
抽吸效率	0.952	0.957	0.938
无量纲抽吸出口总压	1.546 6	1.454 2	1.353 4

2. 桥路的设计

对于自循环机匣处理的设计，除了探索喷气和抽吸的设计规律外，连接喷嘴和抽吸口的桥路是另外一个需要关注的问题。对于单级压比很高的压气机，单级所产生的压升就可以满足叶顶喷气的压力需求，这种情况下的桥路一般较短，结构相对简单。对于单级压比不是很高的压气机，引气位置可能需要在下一级或后面几级，这时起连接作用的桥路就会变得较长。由于发动机其他部件的干涉，桥路的设计就会变得更加复杂。

针对上述两种情况，本节设计了两种桥路，分别称为线性桥路和非线性桥路（图 4－30）。线性桥路是将喷嘴和抽吸口沿轴向进行线性连接，结构简单；但由于喷嘴的周向覆盖比例一般较大，桥路也相应较宽，占用的几何空间较大。非线性桥路是抽吸口的周向尺寸减小后，将抽吸口和喷嘴进行连接，桥路沿轴向各截面的几何形状会发生变化。本节主要探索非线性桥路的设计参数对其性能的影响，并与线性桥路作对比分析。

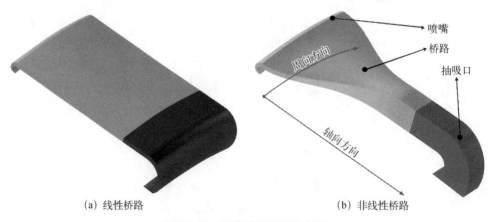

(a) 线性桥路　　　　　　　　　　　　(b) 非线性桥路

图 4－30　桥路的两种设计方案

图 4-31 给出了非线性桥路的在子午面(ZR 平面)的投影。选择在收缩型机匣上对非线性桥路进行设计,这样可以充分考虑桥路设计中发动机结构的复杂性。在设计中,非线性桥路各截面的流通面积保持不变,因此只需要确定各截面的径向高度即可。考虑到桥路是沿着轴向的,因此可以利用经典的尾喷管设计方法来设计非线性桥路。将非线性桥路在子午面的投影看作是二维尾喷管,各截面的径向高度由维托辛斯基公式确定,各参数的物理意义参见公式(4-2)。对于机匣型线为直线(压气机流道宽度不变)的压气机而言,桥路收缩比较大时容易导致桥路与机匣的干涉,因而本书添加了另外一个几何限定因子 Bri_F:

$$\frac{r_0}{2} = \text{Bri\_F} \cdot R_3 \qquad (4-5)$$

式中,R_3 为喷嘴总高;r_0 为抽吸口流道宽度。

当 Bri_F 小于 1 时,桥路与直线型机匣不会发生几何干涉。

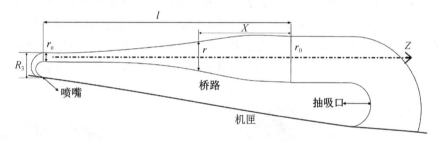

图 4-31 非线性桥路在子午面的投影

1)l/r_0 对非线性桥路气动性能的影响

针对图 4-32 中的桥路设计,l/r_0 的值决定了桥路和喷嘴连接处几何的变化程度。固定 r_0 和 r_e 的值,几何限定因子 Bri_F 取 0.5,改变 l/r_0 的值研究其对桥路气动性能的影响。l/r_0 取三个水平,分别为 1、3 和 6,由此产生的几何结构由图 4-31 给出。

(a) $l/r_0 = 1$ (b) $l/r_0 = 3$ (c) $l/r_0 = 6$

图 4-32 l/r_0 值对桥路几何结构的影响

对于桥路性能的计算,需要连同喷嘴和抽吸口一起对整个循环回路的气动性能进行评估。采用以下三个指标对桥路的气动性能进行评估：桥路效率（喷嘴出口总压/抽吸口进口总压),无量纲循环流量（由近失速点流量无量纲化）和喷嘴出口平均马赫数。l/r_0 对桥路气动性能的影响规律由表 4 - 4 给出。桥路效率、循环流量和喷嘴出口平均马赫数随着 l/r_0 的增加先增加后减小。当 $l/r_0 = 3$ 时,桥路的性能最优。

表 4 - 4　l/r_0 对桥路性能的影响

l/r_0	1	3	6
桥路效率	76.35%	82.95%	73.84%
无量纲循环流量	0.019 1	0.027 0	0.021 1
喷嘴出口平均马赫数	0.75	0.85	0.76

图 4 - 33 给出了不同 l/r_0 值下桥路内的马赫数分布和流线分布。从图中可以看出,当 l/r_0 较小时,桥路内存在一个明显的漩涡,流动较为混乱,气流从桥路进入喷嘴时突然扩张,带来较大的流动损失。随着 l/r_0 的增加,桥路内的流动趋于均匀。然而,当 l/r_0 增加至 6 时,从抽吸口到桥路的连接部分出现回流;同时由于气

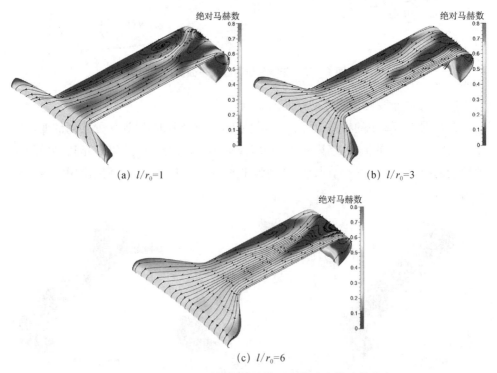

(a) $l/r_0=1$　　　　　　　　　　　　　(b) $l/r_0=3$

(c) $l/r_0=6$

图 4 - 33　不同 l/r_0 值下桥路内的马赫数分布和流线分布

流流动的湿面积增加,由此而带来的摩擦损失增加,导致桥路效率下降。由此可见,当 $l/r_0 = 3$ 时,桥路可以获得较好的气动性能。

2) 几何限定因子 Ble_F 对桥路气动性能的影响

几何限定因子是防止桥路和直线型机匣发生几何干涉而设定的。针对图 4-31 中的几何参数,固定 r_0,将 l/r_0 设定为 3,改变几何限定因子 Ble_F 的值计算不同桥路几何的气动性能。Ble_F 分别取 0.2、0.5 和 0.9,其几何结构由图 4-34 给出。

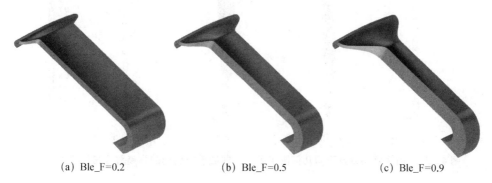

(a) Ble_F=0.2　　　　(b) Ble_F=0.5　　　　(c) Ble_F=0.9

图 4-34　不同几何限定因子 Ble_F 值下桥路的几何结构

表 4-5 给出了线性桥路和不同几何限定因子下的非线性桥路的气动性能。从表 4-5 中可以看出,与非线性桥路相比,线性桥路的效率是最高的,但循环流量和喷嘴出口马赫数处于中等偏下水平。对于非线性桥路而言,随着 Ble_F 值的增加,桥路效率逐渐降低,循环流量先增加后减少,喷嘴出口马赫数变化不大。

表 4-5　几何限定因子 Ble_F 对桥路性能的影响

	线性桥路	非线性桥路		
		Ble_F = 0.2	Ble_F = 0.5	Ble_F = 0.9
桥路效率	90.82%	83.90%	82.95%	77.20%
无量纲循环流量	0.023 1	0.023 4	0.027 0	0.023 1
喷嘴出口平均马赫数	0.84	0.85	0.85	0.83

图 4-35 给出了线性桥路以及不同几何限定因子下非线性桥路内的马赫数分布和流线分布。从图 4-35 中可以看出,与线性桥路相比,非线性桥路内(集中在抽吸口部分)的流动分离较为严重,且 Ble_F 值越大,分离区越大,这导致非线性桥路内的流动损失相对较大。当几何限定因子较大时,虽然非线性桥路引起的流动损失相对较大,但其在圆周方向占用的几何空间变小。对于桥路几何的选取,应根据压气机的实际需要进行选择。

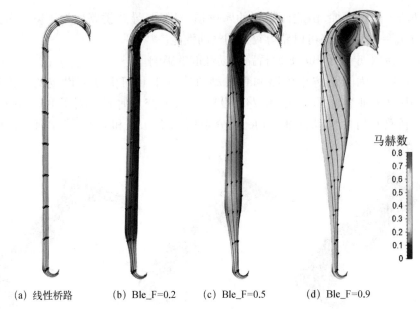

(a) 线性桥路　　(b) Ble_F=0.2　　(c) Ble_F=0.5　　(d) Ble_F=0.9

图 4-35　线性桥路以及不同几何限定因子下非线性桥路内的马赫数分布和流线分布

4.2.4　喷嘴及自循环机匣处理的程序化设计

基于上文对喷嘴和自循环机匣处理的优化设计结果,本节利用 Matlab 中的 GUI 图形设计模块编写造型软件 INJDE,实现喷嘴和自循环机匣处理的自动造型与优化。该软件主要包括四个模块:性能计算、喷嘴型线设计、桥路设计和抽吸口设计。

性能计算模块(图 4-36)可以通过给定喷嘴几何参数、喷气参数以及机匣信

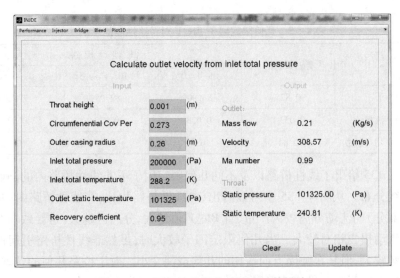

图 4-36　INJDE 软件中的性能计算模块

息计算喷气量和喷气速度,为叶顶喷气的设计提供参考。

喷嘴型线设计模块(图 4 - 37)通过"Load"命令输入机匣型线,给定喷嘴几何角(Pitch angle)以及喷气位置(Location_Z)等参数生成喷嘴几何。同时可以通过调节专家参数实现对喷嘴几何的进一步控制调节。图 4 - 36 中给出不同 Inj_c 值时喷嘴的外壁面型线。

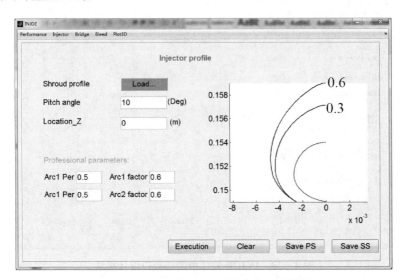

图 4 - 37　INJDE 软件中的喷嘴设计模块

桥路设计模块(图 4 - 38)通过输入喷嘴的个数(Injector Num)以及轴向延伸范围(Z extension),并选定桥路为线性或者非线性形式,自动生成具有最优性能的桥

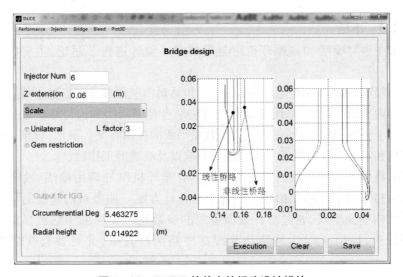

图 4 - 38　INJDE 软件中的桥路设计模块

路几何结构。

抽吸口设计模块（图 4 - 39）通过输入周向偏转角（Cir inclined ang，用于抽吸口的周向倾斜）、抽吸位置（Z1 location）和抽吸几何角（Takeoff angle1），选择抽吸口内壁面和外壁面的控制规律，生成抽吸口的几何结构。

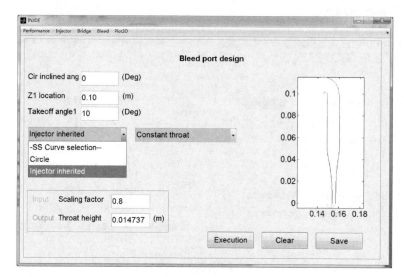

图 4 - 39 INJDE 软件中的抽吸口设计模块

INJDE 设计软件结合对喷嘴和自循环机匣处理的优化结果，将喷嘴和自循环机匣处理的设计过程自动化。为压气机中喷嘴和自循环机匣处理的设计提供了便利，极大简化了设计过程，缩短了设计周期。

4.2.5　小结

本节主要对喷嘴和自循环机匣处理的型线设计进行了讨论，主要内容总结如下：

（1）喷嘴的设计与优化。喷嘴的设计包括对内壁面和外壁面的型线设计两部分。对于内壁面的设计，采用三维数值方法结合神经网络和遗传算法进行了优化设计。对于外壁面的设计，提出了可控收缩型线的控制方案。最后，详细讨论了喷嘴几何角和喉部高度对喷嘴气动性能的影响以及喷嘴的工作特性。

（2）自循环机匣处理的设计与优化。自循环机匣处理由喷嘴、抽吸口和连接两者的桥路组成。喷嘴沿用第一部分的设计方案。抽吸口内壁面的设计继承了喷嘴的内壁面型线，通过对外壁面型线的参数化研究降低了抽吸损失。在桥路的设计中，提出了线性桥路和非线性桥路两种方案，并对各自性能进行了比较。

（3）喷嘴及自循环机匣处理的程序化设计。通过对喷嘴和自循环机匣处理的参数化研究,通过图形显示界面实现喷嘴和自循环机匣处理的自动设计。

4.3　亚声速压气机自循环机匣处理和叶顶喷气的参数化试验研究

提高压气机的失速裕度一直是压气机尤其是高负荷压气机设计的一个重要课题。传统的机匣处理在提高压气机失速裕度同时会对效率产生较大不利影响,已逐渐无法满足高效发动机设计的要求。叶顶喷气和自循环机匣处理利用高速射流改善叶顶流场,具有提高压气机失速裕度同时不降低或提升压气机效率的优势。遵循传统机匣处理的发展规律,在将叶顶喷气和自循环机匣处理应用于航空发动机之前,需对其进行详细的实验研究和充分的理论论证。

针对西北工业大学亚声速转子开展了自循环机匣处理和叶顶喷气的参数化试验研究,并结合全通道非定常数值模拟对其作用机制进行了详细阐述。在参数化研究过程中,充分考虑了各几何参数间可能存在的交互作用,力图较为全面地揭示自循环机匣处理和叶顶喷气的作用规律。在研究内容上,涉及自循环机匣处理和叶顶喷气对压气机失速裕度的作用规律和影响机制、对压气机总压比和效率的作用规律和影响机制以及对失速特性的影响。

4.3.1　试验件的设计

1. 自循环机匣处理

对于自循环机匣处理的研究,一方面是验证其是否可以在提升压气机失速裕度的同时提高效率,另一方面是研究各几何参数的作用规律。因此,对自循环机匣处理展开了参数化试验研究。研究主要考虑如下三个几何参数对压气机性能的影响:喷嘴的喉部高度、喷嘴的轴向位置和自循环机匣处理的周向覆盖比例。各几何参数的符号及参变量水平由表 4-6 给出,各参数的几何说明由图 4-40 给出。表 4-6 中 C_a 为转子叶顶轴向弦长,负号表示喷嘴位于叶顶前缘之前。将所有参数进行全析因实验设计,共需要 $3 \times 3 \times 2 = 18$ 组自循环机匣处理结构以及相同叶顶间隙水平下的实壁机匣。

表 4-6　研究参数及各参数的水平

变　量	符　号	水　平		
喉部高度/叶顶间隙(τ)	h	2	4	6
周向覆盖比例	ccp	8.3%	16.7%	25.0%
喷嘴的轴向位置	Z_a	$z_0 = -11\%C_a$		$z_1 = 24\%C_a$

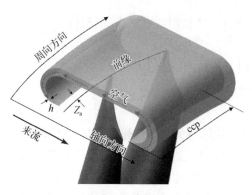

图 4-40 自循环机匣处理的几何参数说明

自循环机匣处理的二维型线采用优化得到的几何,喷气几何角和抽吸几何角均为 10°,桥路为线性桥路,循环回路的径向高度为 11 mm。考虑到参数化试验研究的需要,对自循环机匣处理采用模块化设计,其装配图由图 4-41 给出。自循环机匣处理的整个循环回路由五个模块构成,模块与机匣间采用螺栓连接,各模块间采用高温密封胶密封防止漏气。图中模块①共有三个尺寸,用于调节喷嘴的喉部高度。所有模块的周向覆盖角度均为 5°(对应的周向覆盖比例为 8.3%),沿周向最多可将三个模块放在一起构成一个大的循环回路,此时的周向覆盖比例为 25%。整个圆周共有 6 个循环回路,沿周向等间距分布。将自循环机匣处理的各模块去掉,换上与实壁机匣对应的模块即可构成实壁机匣。图 4-42 为自循环机匣处理的三维装配图及试验件。

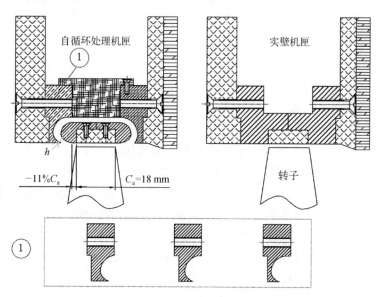

图 4-41 自循环机匣处理的装配图

这样设计有如下优点:一是节约加工成本。18 组自循环机匣处理结构只需加工一个大的内层机匣,通过更换小的模块即可得到不同的自循环机匣处理结构。同时,该结构可通过更换模块进行外接气源的叶顶喷气研究。二是严格保证自循环机匣处理与实壁机匣具有相同的转子叶顶间隙,排除叶顶间隙对压气机性能的干扰。

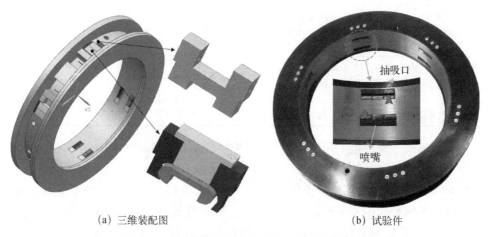

|（a）三维装配图|（b）试验件|

图 4-42　自循环机匣处理的三维装配图及试验件

2. 叶顶喷气

叶顶喷气是在自循环机匣处理试验件的基础上通过更换相应模块得到的，其装配图由图 4-43 给出。喷嘴的喷气几何角为 10°。喷嘴与一个大的背腔相连接，背腔上面由箍带进行密封，箍带上带有管路作为进气口。由于进气管路为圆管，而喷嘴沿着周向近似为长方形，因此设立背腔，让气流进入喷嘴前充分掺混以便在喷嘴内形成均匀的喷射流。实壁机匣的构造与自循环机匣处理中的介绍一致。

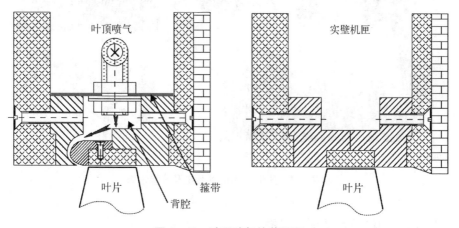

图 4-43　叶顶喷气的装配图

试验对叶顶喷气展开了参数化研究，与对自循环机匣处理的研究基本相同，主要考虑三个几何参数对失速裕度的影响：喷嘴的喉部高度、喷气的轴向位置和喷气的周向覆盖比例。各几何参数的符号及参变量水平由表 4-7 给出。表中 C_a 为转子叶顶轴向弦长，负号表示喷嘴位于叶顶前缘之前。试验中，对每组结构测试了 4 种喷气量。

表 4-7　研究参数及各参数水平

变　量	符号	水　平		
喉部高度/叶顶间隙(τ)	h	2	4	6
周向覆盖比例	ccp	8.3%	16.7%	25.0%
喷嘴的轴向位置	Z_a	$z_0 = -11\%C_a$		$z_1 = 24\%C_a$

　　叶顶喷气采用外接高压气源供气，叶顶喷气的供气系统由图 4-44 给出。试验中，气体由高压气罐存储，高压气流首先通过浮子流量计，然后进气分流箱。气流分为 6 股，分别与内层机匣上的 6 个进气管路相连接。根据不同的喷气量需求，需要更换不同量程的浮子流量计。分流箱上的出气管与内层机匣上的进气管连接后，保证每条管路的总长度一致，这样可以尽可能地保证每条管路的损失相同，使每个喷嘴具有相同的喷气速度。

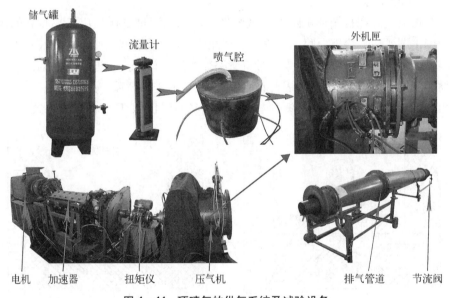

图 4-44　顶喷气的供气系统及试验设备

4.3.2　测试平台及测量方案

　　在西北工业大学单级轴流压气机试验台上对自循环机匣处理和叶顶喷气进行测试。与对实壁机匣的测试类似，对自循环机匣处理和叶顶喷气的测量包括两个方面：稳态测量和动态测量。

　　1. 稳态测量

　　对于自循环机匣处理的稳态测量，需要测量总压比、等熵效率以及各气动参数沿径向的分布规律。由于自循环机匣处理的六个循环回路沿周向的分布是离散的,在其作用下压气机出口流动的分布是不均匀的,因此在压气机出口需要测量两个周向位置的总性能参数。图 4-45 为压气机进出口探针分布的示意图。对于出口探针的布置,首先需测量出峰值效率点附近的出口气流角,根据出口气流角的大小与探针的轴向位置确定探针 2 的位置,使其正对循环回路的中间位置。这样,当压气机流量变化时,可以确保探针 2 一直测量的是受循环回路影响的性能参数。在距离探针 2 三个栅距的位置放置探针 3,用来测量不受循环回路影响部分的性能参数。压气机最终的性能由探针 2 和探针 3 所测参数作流量平均获得。由于无法测量压气机流量的周向的分布形式,而且经自循环机匣处理的循环流量较小,在计算流量平均的性能参数时近似认为压气机的流量是周向均匀分布的。

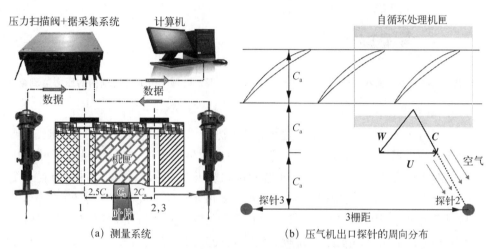

（a）测量系统　　　　　　（b）压气机出口探针的周向分布

图 4-45　用于自循环机匣处理的稳态测量

对于叶顶喷气而言,由于采用外接气源,压缩系统中加入了额外的能量,稳态测量无法准确评估压气机的总压比和效率。因此,试验仅测量了压气机的边界流量。叶顶喷气对压气机总压比和效率的影响可参考自循环机匣处理。除了对压缩系统的测量外,需要对喷气采用的外接气源进行同步测量。图 4-46 给出了用于叶顶喷气的供气系统模型。气罐的节流阀上装有压力显示仪表,通过调节供气压力来控制喷气量的大小。喷气的总流量由浮子式体积流量计测得,测量中根据喷气量的不同选择不同量程的流量计,流量计的量程分别为 $10\sim40$ $\mathrm{m^3/h}$ 和 $40\sim100$ $\mathrm{m^3/h}$。分流箱上安装动态压力传感器和温度传感器,用来监控喷气时的供气压力和温度,结合体积流量计测得的体积流量,可以计算出喷气的质量流量。

图 4-47 为喷气期间分流量箱中监测到的压力变化。首次打开节流阀,在气流的冲击下会产生一个压力突尖,待压力稳定后进行第一次喷气测量。测量中压气机最后会进入失速状态,这时要降低驱动电机的转速,待压气机退出失速状态后,提高驱动电机的转速进行下一次测试。在此期间,需关闭节流阀,防止喷气给

压气机转速带来干扰。待压气机转速稳定后,再次打开节流阀,调整喷气压力,进行第二次喷气测量。以此类推,每个喷气结构测量 4 种喷气量下的流量边界。

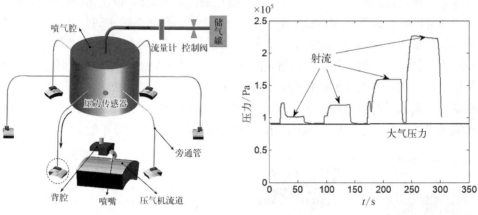

图 4 - 46　供气系统的全尺寸模型图　　　图 4 - 47　叶顶喷气时分流箱内的压力监测结果

2. 动态测量

对于自循环机匣处理和叶顶喷气的动态测量,与对实壁机匣的测量类似,主要包括两方面内容:一方面是测量失速团沿周向的传播速度,二是测量转子叶顶压力场。对于后者,需要在转子叶顶布置两排动态压力传感器,每排沿轴向布置 7 个压力传感器,两者在周向间距 30°,如图 4 - 48 所示。第一排探针顺着转子转动方向接近循环回路,用以测量喷射气流(叶顶喷气与自循环机匣处理均产生喷射气流)对叶顶压力场的影响;第二排顺着转子转动方向与前一排相距 30°,此处,叶顶流动经一段时间的发展从喷射气流的影响中逐渐恢复过来,可与前者做对比分析。

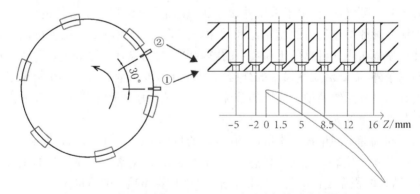

图 4 - 48　用于自循环机匣处理和叶顶喷气的动态测量方案

4.3.3　数值方法

对自循环机匣处理和叶顶喷气分别进行了全通道非定常数值模拟,用于补充试验测量的不足、揭示自循环机匣处理和叶顶喷气对压气机失速裕度和效率的影响机制。

1. 自循环机匣处理

采用 NUMECA 软件包对自循环机匣处理进行全通道非定常数值模拟。自循环机匣处理的喷嘴喉部高度为 4 倍叶顶间隙、周向覆盖比例为 25%、喷气位置位于叶顶前缘之前（$h = 4$，$ccp = 25\%$，$Z_a = z_0$）。图 4-49 给出了计算网格的拓扑结构。自循环机匣处理的每个循环回路均采用 H 型网格拓扑，其网格点数沿周向、径向和轴向分别是 $25 \times 49 \times 129$。网格在近壁面均加密处理，保证 $y^+ < 2$。六个循环回路的总网格点数约为 100 万，计算的总网格点数约为 1 337 万。近失速工况和失速过程的流量收敛曲线由图 4-50 给出。压气机失速时，流量表现为连续下降，旋转 7 圈后计算发散。

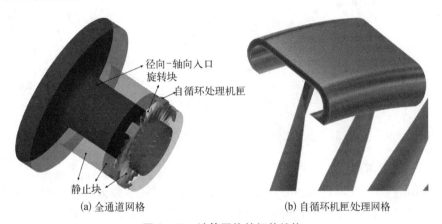

(a) 全通道网格　　　　　　　　　　(b) 自循环机匣处理网格

图 4-49　计算网格的拓扑结构

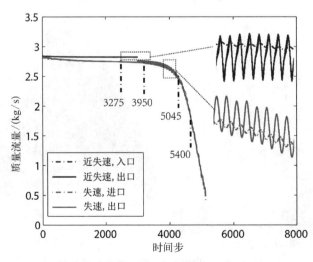

图 4-50　自循环机匣处理进出口流量的非定常计算收敛历史

图 4-51 给出了实壁机匣与自循环机匣处理的试验性能和计算性能的对比，计算值为全通道非定常计算的时均值。图中仅给出了实壁机匣与自循环机匣处理在各自近失速工况的计算性能。从试验值来看，在小流量工况附近，自循环机匣处理的总压比和效率高于实壁机匣。从数值结果来看，实壁机匣和自循环机匣处理的计算值均高于试验值。虽然实壁机匣和自循环机匣处理在各自近失速工况点的工作流量不同，但从其趋势来看，自循环机匣处理的总压比和效率均高于实壁机匣，这与试验值是相符的。关于对自循环机匣处理数值模型的更多校核可参见下文中的图 4-61。

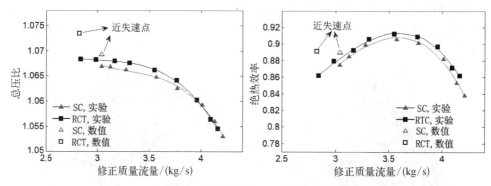

图 4-51 全通道非定常计算的时均性能与试验结果的对比

2. 叶顶喷气

使用 NUMECA 软件包对叶顶喷气进行全通道非定常数值模拟。用于叶顶喷气的喷嘴喉部高度为 2 倍叶顶间隙、周向覆盖比例为 25%、喷气位置位于叶顶前缘之前的喷嘴（$h = 2$，$ccp = 25\%$，$Z_a = z_0$）。图 4-52 给出了计算网格的拓扑结构。

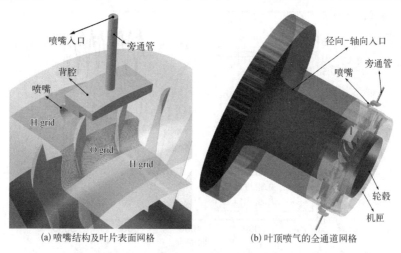

(a) 喷嘴结构及叶片表面网格   (b) 叶顶喷气的全通道网格

图 4-52 叶顶喷气计算网格的拓扑结构

为了反映叶顶喷气的真实流动状态,需要将喷嘴、背腔及进气管路一同建模。喷嘴及背腔均采用 H 型网格拓扑,每个喷嘴网格点数沿周向和径向分别是 25×85。背腔由 2 个 H 块构成,每个 H 块的网格点数沿周向、径向和轴向分别是 25×33×45。为了提高网格的正交性,进气管路(圆管)采用蝶形网格拓扑。网格在近壁面均加密处理,保证 $y^+ < 2$。喷气结构的总网格点数约为 150 万,总的计算网格点数约为 1 387 万。

　　数值计算中的湍流模型、边界条件和物理时间步等设置均与实壁机匣相同。进气管路进口给定总压(146 795 Pa)和总温(305.3 K),总温和总压的大小由供气系统的数值结果给出。非定常数值模拟主要用来计算压气机的近失速工况的性能以及失速过程,近失速工况的流量收敛曲线由图 4-53 给出。

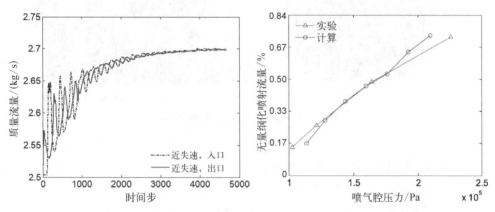

图 4-53　叶顶喷气非定常计算收敛历史　　　图 4-54　喷气量随分流箱中压力的变化

　　根据图 4-46 给出的供气系统模型对其进行全尺寸建模,该模型由总进气管(分流箱的进气管)、分流箱、分流管、背腔、喷嘴及压气机通道组成。对供气系统进行数值模拟的目的在于得到与试验值相对应的进气(背腔的进气管路)总压和总温。计算中调整进气总管的进气总压得到供气系统的流动特性,喷气量随分流箱内压力的变化由图 4-54 给出。图中对比了试验结果和计算结果,喷气量由实壁机匣的近失速流量无量纲化。由图 4-54 可知,在中等压力范围内,计算值与试验值符合很好。当压力较大时,计算值较试验值偏高;当压力较小时,计算值较试验值偏低。总体上,数值模型较好地反映了供气系统的气动特性。根据分流箱内的压力可得到背腔进气管的进口压力和温度,作为叶顶喷气的全通道数值模型的喷气进口边界条件。

　　图 4-55 给出了分流箱和喷嘴内的马赫数分布及流线分布。从分流箱内的流动分布可知,气流从供气总管进入分流箱内后,向下冲击撞到分流箱底部后充满整个分流箱,然后通过分流箱侧边孔进入 6 个分流管。分流箱的体积远大于分流

管,可以保证气流均匀地进入 6 个分流管。从喷嘴内的流动分布可知,气流经分流管进入背腔后充满背腔,通过背腔的集气作用使喷嘴内的气流沿周向均匀分布。气流经喷嘴射入压气机通道,喷射流紧贴机匣壁面,达到了 Coanda 喷嘴的设计效果。

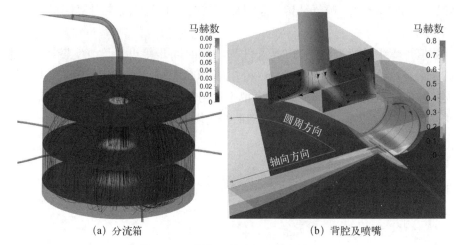

图 4‑55　供气系统内的马赫数分布

4.3.4　自循环机匣处理的结果分析

1. 对失速裕度的影响及机制

1) 作用规律

试验对 4.3.1 节中的第 1 部分中构造的 18 组自循环机匣处理结构和实壁机匣的失速边界进行了测量,共测试了 3 个转速,分别为 5 059 r/min(33% 转速)、8 130 r/min(53% 转速)和 10 765 r/min(71% 转速)。采用如下公式评估压气机失速裕度的变化:

$$\text{MSMI} = \left[\frac{m_{\text{stall, sc}} - m_{\text{stall, RCT}}}{m_{\text{stall, sc}}} \right] \times 100\% \qquad (4-6)$$

式中,m_{stall} 为压气机近失速工况的流量;RCT 为自循环机匣处理;sc 为实壁机匣;MSMI 为流量裕度改进量。

图 4‑56 给出了喷嘴的喉部高度、喷气位置和周向覆盖比例在三个转速下对压气机失速裕度的影响,图中喉部高度 h 由叶顶间隙无量纲化。从图中可以看出:

(1) 周向覆盖比例的影响: 在三个转速下,无论其他参数处于什么水平,在本次参数的研究范围内(8.3%<ccp<25%),压气机的失速裕度随周向覆盖比例的增加而增加。

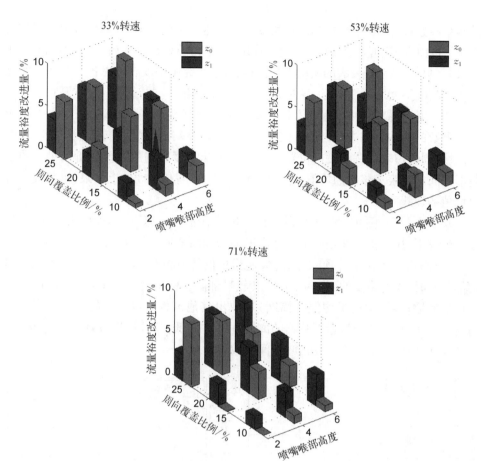

图 4 - 56　喷嘴的喉部高度、周向覆盖比例和喷气位置对压气机失速裕度的影响

（2）喷嘴喉部高度的影响：喷嘴喉部高度对压气机失速裕度的影响依赖于其他参数的选取。例如，当 $ccp=25\%$，$z=z_0$ 时，在 33%设计转速下，随着喷嘴喉部高度的增加，压气机的失速裕度逐渐上升；然而，在 71%设计转速下，随着喷嘴喉部高度的增加，压气机的失速裕度逐渐下降。在同一转速下，喷嘴喉部高度的影响仍依赖于其他参数。例如，在 71%设计转速下，当喷气位置 $z=z_0$ 时，$h=2$ 使压气机失速裕度改进最大；当喷气位置 $z=z_1$，$h=6$ 使压气机失速裕度提升最多。

（3）喷气位置的影响：喷气位置对压气机失速裕度的影响依赖于其他参数的选取。例如，当 $ccp=25\%$，$h=6$ 时，在 33%设计转速下，喷气位于 z_0 处较好；然而，在 71%设计转速下，喷气位于 z_1 处较好。在同一转速下，喷气位置的影响仍依赖于其他参数。例如，在 71%设计转速下且 $ccp=25\%$ 时，当 $h=2$ 时，喷气位于 z_0 处较好；当 $h=6$ 时，喷气位于 z_1 处较好。

从上述分析可以看出，除了周向覆盖比例的影响不依赖于其他参数的取值外，另外两个参数对失速裕度的影响规律均取决于其他参数的选取。因此,对于压气机的失速裕度而言,各几何参数间存在交互作用(一个因子对另外一个因子有不同的作用效果)。目前,从公开发表的文献来看,绝大多数研究中都没有考虑各参数间的交互作用,仅进行一次一因素试验,这是导致不同研究得出不同结论的一个重要原因。

为了对自循环机匣处理各参数的影响有一个较为普遍的认识,采用方差分析对各参数的平均影响进行讨论。图4-57~图4-59给出了3个转速下,喷嘴的喉部高度、周向覆盖比例和喷气位置对压气机失速裕度影响的方差分析结果。图中菱形中间的线表示该组的均值,上下两条线为85%置信区间的上下限,粗实线为各组均值的连线。

从图4-57~图4-59中可以看出各因素在不同转速下的平均影响。在33%设计转速下,压气机失速裕度随喉部高度的增加而增加。然而,在53%和71%设计转速,喉部高度为4倍叶顶间隙时,失速裕度的提升量达到最大;当喉部高度由4增加到6时,失速裕度的变化更加平缓(较喉部高度由2增加到4)。另外,同一组数据的离散程度(偏离平均值的幅度)反映出其他参数对该参数的影响。当喉部高度等于4时,在3个转速下数据的离散程度均最低,即鲁棒性较好。综合考虑3个转速,喷嘴的喉部高度为4倍叶顶间隙较好。

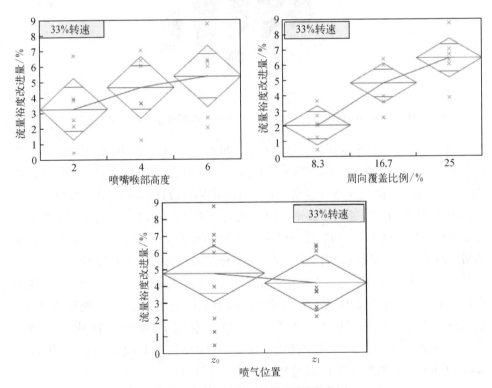

图4-57　33%设计转速下的规律分析

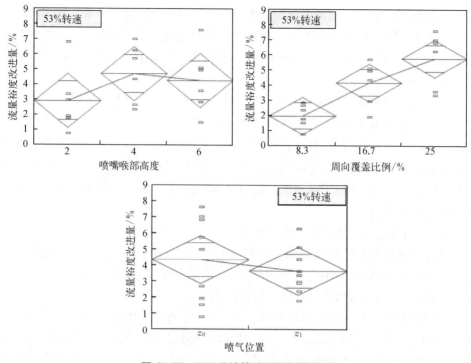

图4－58 53%设计转速下的规律分析

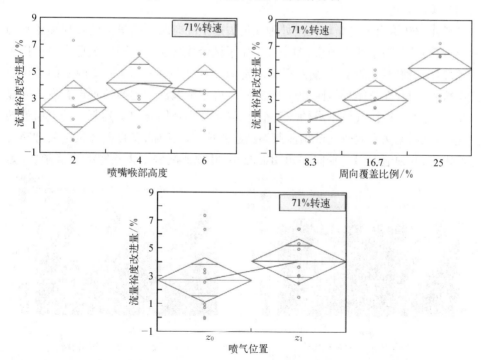

图4－59 71%设计转速下的规律分析

自循环机匣处理周向覆盖比例的平均影响与图 4 - 56 基本一致。在 3 个转速下，随着周向覆盖比例的增加，压气机的失速裕度逐渐增加。同时，三个周向覆盖比例水平下，数据的离散程度相差不大。周向覆盖比例的选取需要根据压气机的实际需求确定。

从喷气位置的影响中可以看出，两个喷气位置影响下的平均失速裕度相差并不大。从总体趋势上来看，当转速较低时，喷气位于叶顶前缘之前（$Z_a = z_0$）较好；转速较高时，喷气位于压气机叶顶通道中（$Z_a = z_1$）较好。当 $Z_a = z_0$ 时，3 个转速下数据的离散程度均较大，同时压气机失速裕度的最大值均在出现在 $Z_a = z_0$ 处。这说明，当喷气位置位于转子叶顶前缘之前时，应更为慎重地选择其他设计参数以获得最大的裕度提升。

2）提高压气机失速裕度的机制分析

该亚声速压气机的失速类型为典型的叶顶堵塞失速。压气机向失速边界的逼近过程中，叶顶泄漏涡与轴向的夹角增大，叶顶泄漏涡发生膨胀并最终破碎，诱发失速团的形成，最终导致压气机进入失速状态。

自循环机匣处理对压气机叶顶流动的影响，可通过对比图 4 - 48 中两排测孔所采集的动态压力进行分析。Test①处的传感器测量的是受循环回路气流影响的叶顶压力场，而 Test②处的传感器测量的是受循环回路气流影响后经一段时间发展的叶顶压力场。

图 4 - 60 给出了自循环机匣处理在近失速工况时两个测量点的叶顶锁相平均静压分布云图，为了便于观察，图中仅给出了两个典型通道。图中黑色实线连接了叶顶静压斜槽，代表叶顶泄漏涡涡核的走向。对比 Test① 和 Test② 两处的叶顶泄漏涡轨迹可知，在自循环机匣处理的影响下，叶顶泄漏涡的起始位置没有发生明显变化，这是因为该压气机本身的压升很低，导致在循环回路内受其驱动的喷射流的速度也较低，无法有效改变叶顶泄漏涡的起始位置。然而，受自循环机匣处理喷射流的影响，叶顶泄漏涡与轴向夹角明显减小，叶顶泄漏涡不再横跨叶片通道，而是

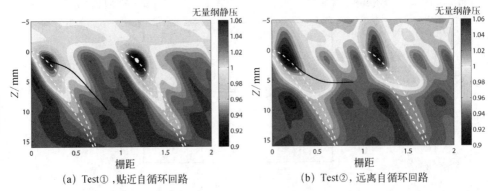

(a) Test①，贴近自循环回路　　　　　(b) Test②，远离自循环回路

图 4 - 60　近失速点的叶顶静压分布

顺着主流流出叶片通道。这表示在喷射流的影响下,叶顶泄漏涡造成的通道堵塞受到了抑制。

图 4-61 为自循环机匣处理在近失速工况时叶顶静压均方根(root-mean-sqare,RMS)分布的试验结果和数值模拟结果,图中同时绘制了静压等值线分布。RMS 值代表叶片通道中同相位点的压力脉动值,引起该压力脉动的因素包括一切非定常流动以及转速的波动等。试验值和数值模拟结果的计算方法有所不同:试验值是对机匣上固定位置监测到的压力进行 RMS 计算,与对锁相平均压力的算法相同;数值模拟记录了转子转动一圈内各个时刻的叶顶压力值,由于计算网格是转动的,记录的数据是相对坐标系下的压力值,同时数值模拟中各通道的几何完全相同。因此,在进行叶顶压力的 RMS 计算时,选择任意一个通道,对转动一圈内的压力进行 RMS 的计算。数值模拟结果的计算包含了该叶片通道与循环回路的所有相对位置关系,可近似看成是试验值在 Test① 位置和 Test② 位置测量结果的平均。

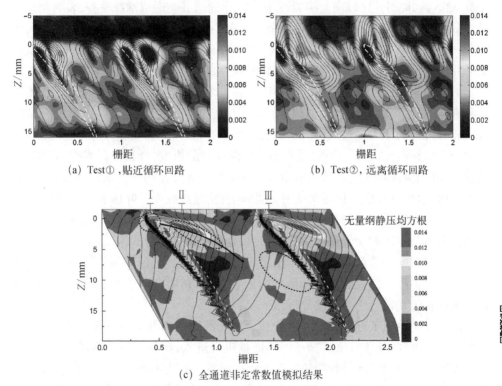

(a) Test① ,贴近循环回路

(b) Test② ,远离循环回路

(c) 全通道非定常数值模拟结果

图 4-61 近失速点的叶顶静压 RMS 分布和静压等值线分布

从数值模拟结果可以看到,图中存在 3 个显著的高 RMS 区。首先观察在叶片前缘附近 I 区的高 RMS 区。该位置的泄漏流在经过循环回路时受到了强烈的抑制,脱离循环回路的影响范围后,泄漏流逐渐发展增强(图 4-62)。同时,该位置叶片吸压力面压差较大,叶顶泄漏流速度较高。上述两点原因造成该位置的 RMS 偏高。与之相对应,试验值在 Ⅰ 区附近也观察到了高 RMS 值。对比 Test① 和 Test② 在 Ⅰ 区附近的 RMS 分布可知,Test② 中高 RMS 区向上游的发展趋势在 Test① 位置受到抑制,表明自循环机匣处理降低了叶顶泄漏流的影响范围。

数值结果在叶片吸力面附近的 Ⅱ 区存在一个狭长的高 RMS 区,该区域位于静压斜槽附近,最高点偏向静压斜槽连线的右上方。叶顶泄漏流与主流相互作用卷曲成涡,泄漏流与主流间存在相互作用的交接面,该交界面受叶顶泄漏流本身以及二次泄漏流非定常性的影响,其位置会出现周期性的振荡。同时,数值结果包含了循环回路对叶顶泄漏流的影响,这也会导致叶顶泄漏流与主流交接面位置的变化。因此,沿叶顶泄漏涡轨迹呈现出一个高 RMS 区,该区域位于叶顶泄漏流与主流交接的一侧。对于试验值而言,测量位置固定在机匣上,高 RMS 值反映的是通道内流动本身的非定常性。在 Test② 位置的试验值与数值结果 Ⅱ 区相对应的区域出现一个高 RMS 区,同时该区域向上游扩展,横贯整个通道并与通道前缘平齐,表明此时叶顶泄漏流与主流的交界面已到达叶顶前缘。在 Test① 位置,与 Ⅱ 区相对应的位置同样出现一个高 RMS 区,受自循环机匣处理的影响,该区域几乎没有向上游拓展,也没充满叶片通道。这说明,自循环机匣处理将叶顶泄漏流与主流的交界面向下游推移。

数值结果在叶片压力面附近的 Ⅲ 区存在一个较大范围的高 RMS 区,该区域的 RMS 值较前两个高 RMS 区的值偏小。从其位置来看,该区域主要是由叶顶泄漏涡撞击相邻叶片的压力面造成的。从试验结果来看,在 Test② 位置,叶片压力面存在高 RMS 区域;而在 Test① 位置,受自循环机匣处理的影响,叶顶泄漏涡与轴向的夹角减小,叶顶泄漏涡流出叶片通道而没有撞击到相邻叶片的压力面,导致压力面附近的 RMS 值相对较低。这再次证明,自循环机匣处理改变了叶顶泄漏涡的轨迹。

从上述叶顶压力场的变化可知,自循环机匣处理改变了叶顶泄漏涡的轨迹,将叶顶泄漏流与主流的交界面向下游推移,结合该压气机本身的流动特点可知,自循环机匣处理对叶顶泄漏涡的抑制作用起到了提升压气机失速裕度的效果。为了进一步阐述自循环机匣处理对叶顶流动的影响,下面利用全通道非定常数值结果对压气机叶顶流动进行进一步的分析。

图 4-62 给出了近失速工况任意一个循环回路内的马赫数分布及流线分布。由图 4-62 可知,叶顶气流从循环回路的抽吸口进入,经桥路进入喷嘴,气流在喷嘴内加速,以平均 0.25 马赫的速度射入叶片通道。从喷嘴进入叶片通道的高速射流是压气机失速裕度提升的直接作用因素。由于转子的旋扰,气流进入抽吸口后带有一定的周向速度(顺着叶片旋转方向),导致在桥路的一侧形成一个旋涡结构,造成桥路内流动的不均匀。但这种流动不均匀性随着气流进入喷嘴而逐渐消失,从喷嘴出口的马赫数分布来看,喷嘴出口处的流动沿着周向基本是均匀的。要消除桥路的旋涡结构,可将自循环机匣整体沿着叶片旋转方向偏转,但这将增加试

验件加工的复杂度,不利于参数化研究的进行。而且,由于自循环回路中气流的流动速度较低,桥路内的流动损失很小。虽然在桥路中有漩涡流动的存在,从自循环回路进口到出口的总压恢复系数仍高达 0.979。因此,对于该亚声速压气机而言,自循环回路不必沿周向倾斜。

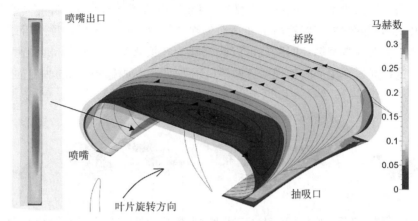

图 4‑62 近失速工况循环回路内的马赫数分布及流线分布

图 4‑63 给出了近失速工况任意时刻叶顶静压分布的全通道非定常数值模拟结果,为了便于观察图中仅给出了 6 个通道内流动分布。图中黑色细线为静压等值线,黑色粗线为静压斜槽的连线,代表叶顶泄漏涡涡核的轨迹。图中通道②近似对应图 4‑60 中的 Test①测量位置,通道⑤近似对应 Test②测量位置。从叶顶泄漏涡的轨迹可以看出,通道①②中的叶顶泄漏涡受到喷射流的影响,其涡核与轴向的夹角减小。通道③④⑤脱离了循环回路的作用范围,泄漏涡涡核与轴向的夹角较大。上述结果表明,数值模拟结果与试验值是相符合的。另外,比较通道③④⑤中的泄漏涡轨迹可以发现,3 个通道中的泄漏涡轨迹几乎没有变化,这说明通道③中的泄漏涡轨迹已完全恢复。

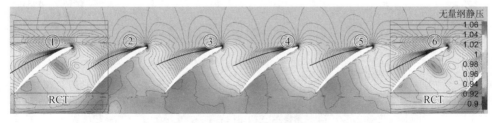

图 4‑63 近失速工况 99%叶高静压分布的全通道非定常数值模拟结果

图 4‑64 给出了叶顶泄漏流及 99%叶高 $V_z < 0$ 区域的分布,该图所在时刻与图 4‑63 相同。图中棕色实体为 $V_z < 0$ 的叶顶反流区,代表叶顶堵塞的大小。从图中可以看出,远离循环回路的通道中,叶顶泄漏流流线几乎与前缘平齐,通道中

叶顶泄漏涡造成了大范围的流动堵塞。受循环回路喷射流影响的通道,叶顶泄漏流被吹入叶片通道内,叶顶堵塞受到了极大的抑制。当该通道离开循环回路的几何影响范围时,叶顶堵塞受到的抑制作用仍然存在。在远离该循环回路的过程中,叶顶堵塞逐渐增加,直到遇到下一个循环回路。对比图 4-63 中的静压分布可知,通道③内的叶顶泄漏涡轨迹已完全恢复,但通道内的堵塞却没有立即完全恢复,这说明叶顶堵塞的恢复速度滞后于叶顶泄漏涡的恢复速度。正是这种滞后效应,沿周向离散分布的数个循环回路就可以起到减少叶顶堵塞、提升压气机失速裕度的作用。这种滞后作用同时体现了自循环机匣处理对叶顶流动影响的非定常效应。

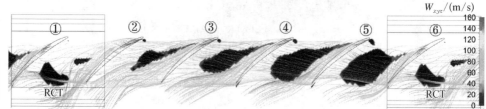

图 4-64　近失速工况叶顶泄漏流流线分布及 99%叶高 V_z<0 区域的全通道非定常数值模拟结果

图 4-65 给出了近失速工况整个通道内的叶顶泄漏流流线分布及 99%叶高 V_z<0 区域的分布,该图所在时刻与图 4-64 相同。从图 4-65 中可以清晰看出在自循环机匣处理影响下的叶顶堵塞的变化情况。在各个循环回路之间,叶顶堵塞的大小呈现周期性的波动,叶顶泄漏涡没有出现破碎的现象,这与实壁机匣是不同的。

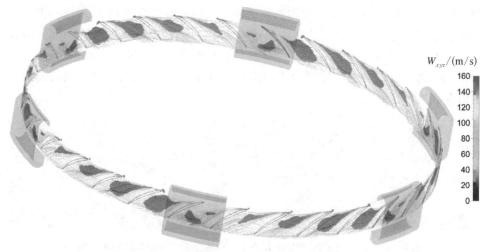

图 4-65　近失速点叶顶堵塞的数值模拟结果

既然自循环机匣处理可以有效抑制叶顶堵塞,那么在其作用下压气机是如何失速的? 图 4-66 给出了第 3 275 步至 5 400 步(图 4-50 的流量收敛曲线)部分通道内的叶顶泄漏流流线分布以及 99% 叶高 V_z < 0 区域的分布。为了便于说明,图中将叶片编号,但由于不同时间步的流场是在绝对坐标系下观察得到的,因此不同时刻具有相同编号的叶片并不代表同一叶片。

在 $t = 3\,275$ 步,通道 6(叶片 6 吸力面对应的通道)中的叶顶泄漏涡发生破碎。该通道处于距离 RCT1 最远即将遇到 RCT2 的位置,此处叶顶泄漏涡已完全脱离 RCT1 中喷射流的影响,充分发展并发生破碎。当该通道经过下一个循环回路时,叶顶泄漏涡受到喷射流的激励作用,破碎现象消失,这可以从通道 8 中的叶顶泄漏涡观察到。此刻,压气机中没有失速团的形成。

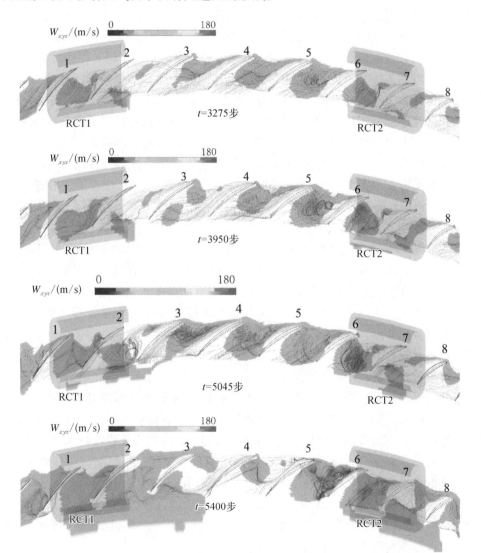

图 4-66　叶顶泄漏流流线及 99% 叶高 V_z<0 区域的瞬态分布

当压气机运行至第 3 950 步，通道 6 中叶顶泄漏涡的破碎更为严重，叶顶泄漏流在叶片 5 的叶顶发生"前缘溢流"，此时叶顶堵塞区在通道 5 和 6 叶顶前缘附近沿周向连接在一起。当破碎的叶顶泄漏涡经过循环回路时，受喷射流的激励作用破碎现象消失。

当压气机运行至第 5 045 步，通道 4 中的叶顶泄漏流刚刚脱离 RCT1 的影响即发生破碎，通道 5 和 6 中的叶顶泄漏涡的破碎更为严重。通道 4~6 中均发生"前缘溢流"现象，叶顶堵塞区在叶顶前缘附近沿周向连接在一起，此时形成了失速团的初始形态。当压气机继续运行半圈左右至第 5 400 步，通道 1~3 中形成了明显的失速团，且通道 1~3 中既发生"尾缘反流"又发生"前缘溢流"。而且，该失速团在经过 RCT1 时并没有被消除，说明此时的失速团已经稳定存在，压气机完全进入失速状态。

从以上分析可知，压气机叶顶的气流经循环回路的抽吸口进入喷嘴后加速，以较高的速度射入叶片通道，该高速射流具有抑制叶顶泄漏涡横向发展和减小叶顶堵塞的作用。当叶片通道离开循环回路的几何影响范围后，叶顶泄漏涡很快恢复，但叶顶堵塞的恢复滞后于叶顶泄漏涡的恢复，这使得自循环机匣处理对叶顶堵塞的抑制作用得以持续。因此，沿周向离散分布几个循环回路即可起到提升压气机失速裕度的作用。当叶片通道中的叶顶泄漏涡发生破碎后，尽管当其通过循环回路时破碎现象消失，但此时的流动已无法维持在一个稳定的状态。随着压气机的转动，叶顶泄漏涡的破碎逐渐加重，由其造成的叶顶堵塞也越来越强。当叶顶"前缘溢流"发生后，经过半圈左右形成了成熟的失速团，压气机完全失速。与实壁机匣的失速过程对比可以发现，在自循环机匣处理的作用下，从叶片通道中出现泄漏涡的破碎到完整的失速团形成共需要 3 圈左右的时间，这个时间要长于实壁机匣的半圈时间。

通过上文的机制分析，可对喷气位置、喷嘴喉部高度和周向覆盖比例的作用规律有进一步的认识。由图 4-56 可知，压气机转速的变化也会对自循环机匣处理作用下的失速裕度产生影响，因此可将转速同样视为一个变量进行讨论。下面分别说明各几何参数和转速对压气机失速裕度的影响。

喷嘴位置：喷嘴位置决定了喷气位置，当喷气位置刚好位于叶顶堵塞之前时，喷气效果是最好的。因为对于叶顶堵塞失速而言，喷射速度越高对于叶顶堵塞的抑制作用越强，当喷射流进入压气机通道后会与环壁附面层和主流进行掺混，导致喷射速度降低。喷嘴距离叶顶堵塞区越远，喷射流速度的降低程度越大。另外，喷嘴产生的高速射流会在喷嘴上游诱发出一个局部堵塞区。当喷嘴位于通道中时，这个诱发出来的堵塞区会对叶顶流动产生较大不利影响。

转速：随着转速的增加，转子叶顶负荷随之增加，由叶顶吸、压力面压差驱动的叶顶泄漏流以及由叶顶压升驱动的喷射流会同时增强。因此，转速的影响取决于叶顶泄漏流与喷射流两者间的相对强度大小。

喷嘴喉部高度：增加喉部高度会增加通过循环回路的循环流量，这可以产生更多的能量来激励叶顶堵塞。然而,增加喷嘴喉部高度后,喷射流会逐渐偏离机匣壁面,降低对叶顶堵塞的作用效果。同时,喉部高度的增加会在喷嘴上游诱导出更大的堵塞。

周向覆盖比例:喷射流的作用范围随周向覆盖比例的增加而增加,这对于叶顶堵塞的抑制是有利的。然后,从已有的研究可知,周向覆盖比例存在一个阈值,超过该阈值后,过大的周向覆盖比例不会进一步提升压气机的失速裕度[73,74]。从后继对 Rotor 37 的研究中可以发现,当喷气的周向覆盖比例大于 27% 后,增加周向覆盖比例对失速裕度的影响变得很小。对于讨论的亚声速压气机,由于自循环机匣处理几何结构的限制,最大周向覆盖比例为 25%,本次试验研究没有找到该阈值。同时,周向覆盖比例的增加会在喷嘴上游诱导出更大的堵塞。

对于上述各参数间的交互作用,图 4 - 67 给出了清晰的描述。此图中将转速(BRS)视为变量,即考虑在 3 个转速下各参数的平均影响,这样做的目的是在压气机整个工作范围内得到自循环机匣处理的作用规律。从图 4 - 67 中可以看出,转速与喷气位置(先提到的转速为横坐标,后提到喷嘴位置为图中的嵌入坐标,以下均按此规律)、喉部高度与周向覆盖比例间、喉部高度与转速间、喷气位置与周向覆盖比例间均存在交互作用。

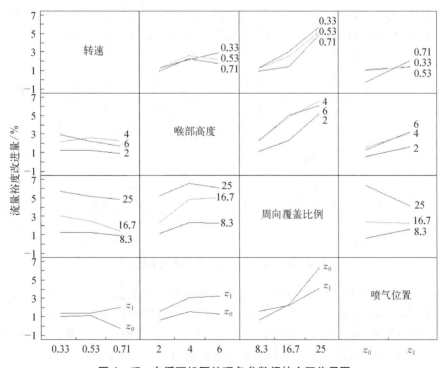

图 4 - 67　自循环机匣处理各参数间的交互作用图

对压气机失速裕度的最终影响取决于上述各参数的综合作用。例如,对于喷嘴位置和周向覆盖比例间的交互作用,随着喷气位置由 z_0(叶顶前缘之前)向 z_1(叶片通道中)移动,当 ccp＝8.3%时,失速裕度增加;当 ccp＝16.7%时,失速裕度保持不变;当 ccp＝25%时,失速裕度降低。其原因可解释如下:当周向覆盖比例较小时,由喷嘴诱发的堵塞较小,喷射流对叶顶流动的激励起主导作用,所以在叶片通道中喷气效果较好;随着周向覆盖比例的增加,喷嘴诱导的堵塞也随之增加,这综合掉了在叶片通道中进行喷气所产生的收益,所以两个喷气位置下裕度提升量基本相同。当周向覆盖比例达到最大时,由喷嘴诱导的堵塞对叶顶流动的影响起到了主导作用,此时喷气位置位于叶顶前缘之前较好。因此,对于自循环机匣处理的设计,需要考虑各几何参数及转速间的综合作用。

2. 对总性能的影响及机制

1) 影响规律

图 4-68 给出了 3 个转速下喷气位置对压气机总压比和效率的影响,两组结构的喷嘴喉部高度($h＝4$)和周向覆盖比例(ccp＝25%)均相同。从图 4-68 中可以看出,在两个喷气位置下,压气机的总压比和等熵效率均有一定程度的提升,但喷气位置位于 $Z_a＝z_0$ 即叶顶前缘之前时,压气机效率略高。在近峰值效率工况附近,33%设计转速下压气机效率提升最多(近 2%);随着转速的增加,效率的收益逐渐降低,到71%设计转速时基本与实壁机匣持平。在近失速工况附近,压气机的效率收益随着转速的增加而增加。总体来看,当喷嘴位于叶顶前缘之前时,压气机的性能收益较高。

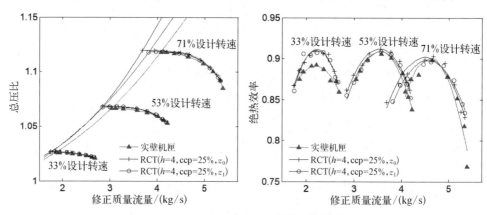

图 4-68　喷气位置对压气机性能的影响

图 4-69～图 4-71 给出了喷嘴喉部高度 h 在 3 个转速下对压气机性能的影响。喷嘴喉部高度对33%和53%设计转速下压气机性能的影响规律基本一致。当 h 为 2 倍叶顶间隙时,自循环机匣处理对压气机性能的影响较小。当 h 增加至 4 倍叶顶间隙时,压气机的总压比和等熵效率明显增加。当 h 为 6 倍叶顶间隙时,压气机的总压比和效率降低。

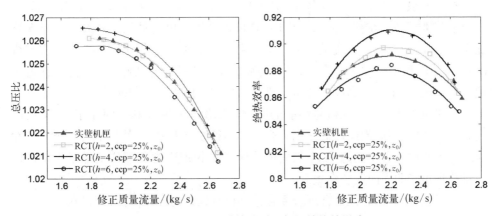

图 4-69 33%设计转速对压气机性能的影响

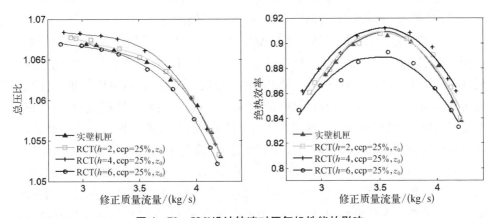

图 4-70 53%设计转速对压气机性能的影响

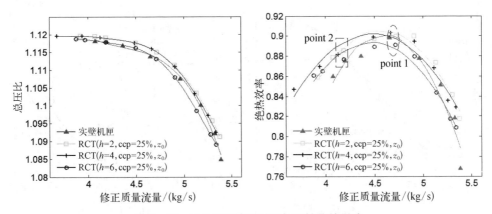

图 4-71 71%设计转速对压气机性能的影响

在71%设计转速下，当 h 较小（$h = 2$、4）时，喉部高度对压气机总压比和效率的影响基本相同。在整个流量范围内，均可提升压气机的总压比和效率。当 h 增加至 6 倍叶顶间隙时，大流量工况的总压比较实壁机匣偏低，小流量工况与实壁机匣基本持平，峰值效率工况附近，过大的喉部高度造成压气机效率的下降。在近失速工况附近，三个喉部高度下的压气机效率均有不同程度的增加。

周向覆盖比例对压气机总性能的影响规律没有研究。其原因在于，在本次研究参数范围内，不同周向覆盖比例只会在影响程度上表现出不同，不会对压气机性能产生本质性的影响。另外，当周向覆盖比例缩小时，与之相对应的转子出口探针很难找到正确的周向安装位置。

从以上分析可以看出，合理选取自循环机匣处理的设计参数，可以在提升压气机失速裕度的同时，提高压气机的总压比和效率。下面分析自循环机匣处理对压气机基元性能的影响。由于在较低转速下对压气机进出口气流角的测量较为困难，所以对于基元性能影响的研究仅针对71%设计转速。

图 4-72 给出 71%设计转速下自循环机匣处理对压气机总压比和出口绝对气流角（气流与轴向的夹角）径向分布的影响。图 4-72 中给出了两个工况点的比较，point 1 和 point 2 分别对应近峰值效率点和近失速点，它们在压气机特性线上的位置由图 4-71 给出。受自循环机匣处理的影响，在近峰值效率点附近，叶顶附近总压比降低，气流角减小。这是由于在此工况点，压气机叶顶堵塞并不严重，循环气流导致被压缩的气体重新回流至转子进口，降低了压气机叶顶整体的做功能力。在 60%叶高以下，受自循环机匣处理的影响，压气机的压比增加。因此，在峰值效率工况附近，自循环机匣处理整体上提高了压气机的总压比。在近失速工况，受自循环机匣处理的影响，叶顶压比增加，气流角减小，气流角的减小量较峰值效率工况更大。这是由于在此工况点，压气机叶顶堵塞已经很严重，喷射流对叶顶堵

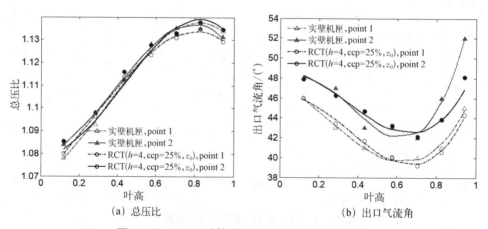

(a) 总压比   (b) 出口气流角

图 4-72　71%设计转速对压气机基元性能的影响

塞的抑制使叶顶的流动变得更加合理,增强了压气机顶部的做功能力。在70%叶高以下,其变化规律与叶顶相反。

图4-73给出了峰值效率点和近失速工况点喉部高度对压气机基元性能的影响。当喉部高度为2倍叶顶间隙时,喷射流的径向影响范围过小导致探针无法检测其对叶顶流动的影响(探针距离机匣壁面需保持一定距离,以防止机匣壁上探针孔对流动的影响),图中仅给出了喉部高度为4倍和6倍叶顶间隙时的影响规律。从两个工况点均可以看出,当喉部高度增加时,自循环机匣处理对叶顶流动的影响程度增加,同时对叶顶以下叶高的影响程度也相应增加。过大的喉部高度加剧自循环机匣处理对压气机中流动径向分布的重新分配,导致压气机性能在峰值效率工况附近的下降。在近失速工况附近,喷射流对叶顶流动的改善占据主导作用,较大的喷嘴喉部高度也会产生效率收益。

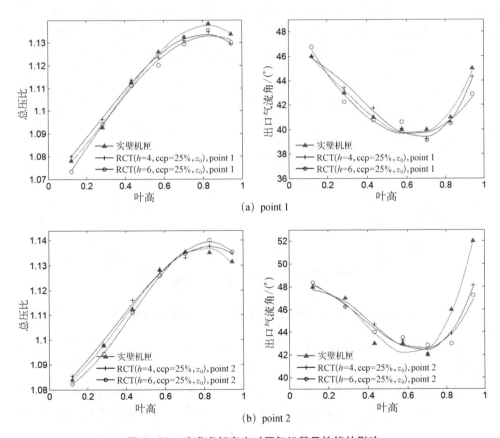

(a) point 1

(b) point 2

图4-73 喷嘴喉部高度对压气机基元性能的影响

2)提高压气机效率的机制分析

自循环机匣处理对压气机性能的提高主要在于对叶顶流动的改善。要分析出自循环机匣处理对压气机效率的影响机制，首先需要分析压气机叶顶流动的损失机制。从已有文献以及吴艳辉等[75,76]对该压气机的研究来看，二次泄漏流是压气机中流动损失的一个重要来源。因此，下文首先分析二次泄漏流对压气机中流动损失的影响，然后讨论自循环机匣处理对二次泄漏流及流动损失的影响机制。

　　选用熵来分析压气机的叶顶损失，图4－74给出了实壁机匣在近失速工况任意时刻的99%叶高熵分布的全通道非定常计算结果，以下分析中熵与损失为同一概念。由图4－74可知，不同叶片通道中高熵区的分布形态是不同的。例如，在通道27(与叶片27吸力面对应的通道)中仅存在一个高熵区，而沿着叶片转动方向与之相邻的通道28中，高熵区分裂为两个：其中一个(En_ss)位于叶片28的压力面附近，沿着叶片的转动方向，En_ss逐渐减小并在通道2中彻底消失；另一个(En_ps)位于叶片27的压力面附近，顺着叶片的转动方向，En_ps逐渐增大，在通道5中En_ps达到最大。从通道6开始，En_ps开始减小并在通道12中彻底消失。而En_ss在通道8中再次出现并在通道12中达到最大，通道12中的熵分布与通道27是一致的。从通道27顺着叶片旋转方向至通道12，叶顶熵分布形态的波动完成一次循环。

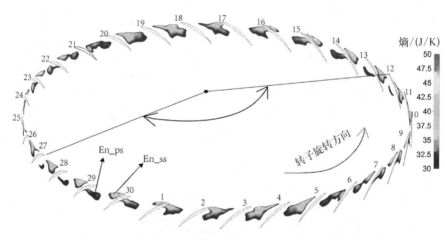

图4－74　实壁机匣在近失速工况99%叶高的瞬态熵分布

　　首先选择通道1来分析产生上述熵分布波动的原因。图4－75为通道1中的叶顶泄漏流流线和二次泄漏流流线分布以及99%叶高的高熵区分布(灰色区域)。从叶片1的叶顶间隙发出的气流为叶顶泄漏流，而从叶片2~4发出的气流为二次泄漏流，流线的颜色表示熵值的大小。从图中可以看出，叶顶泄漏流和通道1中的高熵区(En_ps)没有接触，而从叶片2和3发出的二次泄漏流充满En_ps所在空间，而且这些二次泄漏流的熵值很高。这说明En_ps是由二次泄漏流直接产生的。叶片吸力面附近的熵En_ss由叶顶泄漏流与主流的相互作用造成，二次泄漏流(尤其是由叶片4发出的二次泄漏流)也流经这一区域进一步增加该区域的熵值。另外，从二次

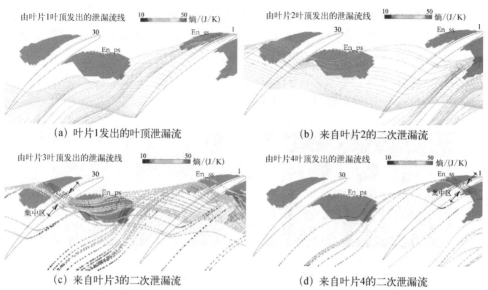

(a) 叶片1发出的叶顶泄漏流　　　　　(b) 来自叶片2的二次泄漏流

(c) 来自叶片3的二次泄漏流　　　　　(d) 来自叶片4的二次泄漏流

图4-75 实壁机匣在近失速工况通道1中的叶顶泄漏流和二次泄漏流流线分布及熵分布

泄漏流流经叶片的特点可以看出,当二次泄漏流集中通过叶顶间隙时会产生更高的熵,这可以从由叶片3发出的二次泄漏流在叶片1和叶片30叶顶产生的熵看出。

在图4-74的通道5中的熵值达到最大,图4-76给出了通道5中的叶顶泄漏流流线(由叶片5叶顶发出)和二次泄漏流(由叶片6~8叶顶发出)流线分布以及99%叶高的高熵区分布。源自不同叶顶间隙的二次泄漏流由不同的符号标记,流线的颜色代表熵值的大小。在通道5中,多数的二次泄漏流没有达到叶片4的压力面,而是缠绕的叶顶泄漏涡周围,形成了一个大的损失区。从熵值的大小来看,二次泄漏流的熵值高于叶顶泄漏流的熵值。从上述分析可知,二次泄漏流在转子叶顶产生了很大的流动损失,而二次泄漏流的非定常性必然会引起叶顶流动损失的非定常变化。下面讨论自循环机匣处理对二次泄漏流的影响。

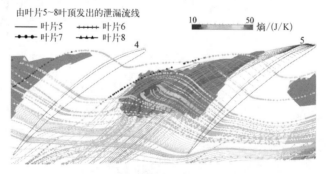

图4-76 实壁机匣在近失速工况通道5中的叶顶泄漏流和
二次泄漏流流线分布及熵分布

　　图 4-77 为自循环机匣处理在近失速工况下两个测量位置的二次泄漏流压力脉动云图。从图 4-77 中可以看出，Test① 位置的二次泄漏流受喷射流的影响，其超出叶顶前缘向上游发展的趋势受到抑制，二次泄漏流引起的压力脉动没有超出叶片通道。从图 4-75 可知，二次泄漏流越靠近叶顶前缘产生的熵越高。因此，从二次泄漏流的压力脉动可以间接看出，自循环机匣处理具有降低二次泄漏流引起的流动损失的作用。

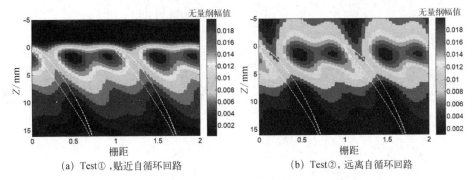

(a) Test①，贴近自循环回路　　　　　(b) Test②，远离自循环回路

图 4-77　近失速工况二次泄漏流的压力脉动幅值

　　图 4-78 给出了自循环机匣处理在近失速工况下 99% 叶高的瞬态熵分布。由图 4-78 可知，自循环机匣处理作用下的叶顶熵分布与实壁机匣是完全不同的，叶顶高熵区分布形态的非定常变化完全由各循环回路主导，而不是由二次泄漏流的非定常性主导。处于循环回路下面的通道中，由于叶顶泄漏流、主流和喷射流的相互作用产生了较大的高熵区。随着叶片通道离开循环回路，高熵区中的 En_ps 逐渐减小直至消失，而 En_ss 略有增加。总体上看，在自循环机匣处理的作用下，压气机叶顶的流动损失大为减少。

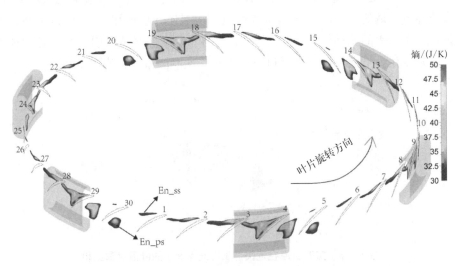

图 4-78　自循环机匣处理在近失速工况下 99% 叶高的瞬态熵分布

自循环机匣处理是如何对叶顶流动损失产生影响的？图 4－79 给出了自循环机匣处理在近失速工况下部分通道中的泄漏流流线分布，流线的颜色代表熵值的大小。对比图 4－78(a)中通道 30 和图 4－79(b)中通道 1 中的二次泄漏流可以发现，通道 30 中的二次泄漏流仍然受到喷射流的抑制作用，这与图 4－76 中的试验结果是一致的。随着叶片通道远离 RCT1，二次泄漏流的流量以及沿周向行进的距

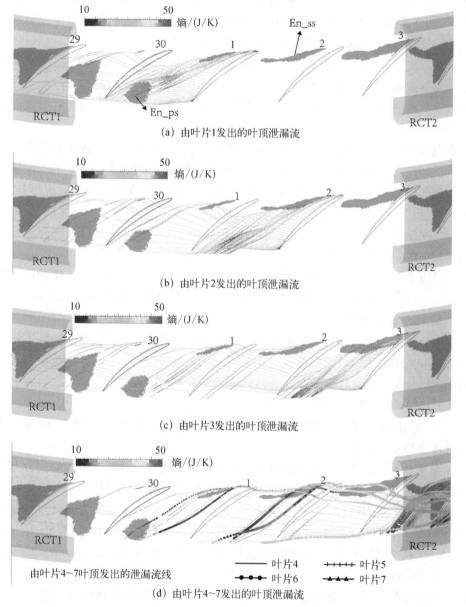

(a) 由叶片1发出的叶顶泄漏流

(b) 由叶片2发出的叶顶泄漏流

(c) 由叶片3发出的叶顶泄漏流

(d) 由叶片4~7发出的叶顶泄漏流

图 4－79　自循环机匣处理作用下叶顶泄漏流和二次泄漏流的流线分布及熵分布

离逐渐增加,然而,二次泄漏流并没有产生如实壁机匣中的高熵区。

从熵的分布来看,叶片吸力面附近的高熵区 En_ss 始终存在,并随着叶片远离 RCT1 逐渐增大。这是因为自循环机匣处理在近失速工况的压升大于实壁机匣(图 4-51),叶顶泄漏流的强度较大,使得叶顶泄漏流与主流的交接处始终有高熵区的存在。二次泄漏流在经过叶顶前缘附近时,从流线上的熵值来看,没有带来如实壁机匣中高损失。因此,二次泄漏流对 En_ss 的贡献有限。En_ps 随着叶片远离 RCT1 而逐渐减小,在通道 2 和通道 3 中彻底消失。这说明在自循环机匣处理的作用下,二次泄漏流无法在叶片压力面附近产生高损失区。

从二次泄漏流的流线分布形式来看,在自循环机匣处理的作用下,二次泄漏流沿弦向分散通过转子叶顶,而不是如实壁机匣中那样以集中的形态通过。二次泄漏流沿弦向的分散减弱了其与主流相互作用的强度,从而降低了二次泄漏流产生的损失。自循环机匣处理作用下的二次泄漏流仍然是非定常的(图 4-77),但二次泄漏流不再以集中的形态在前缘和尾缘间脉动,而是以沿弦向散开的形态进行脉动。因此,自循环机匣处理改变了二次泄漏流的非定常性,从而降低了二次泄漏流引起的流动损失。另外,从图 4-79(d)来看,由叶片 4~7 发出的泄漏流经 RCT2 的作用,位于叶片前缘附近的二次泄漏流受喷射流的激励从通道出口流出,仅有一部分二次泄漏流通过 RCT2 后继续沿周向传播。这也是自循环机匣处理降低叶顶流动损失的一个重要原因。

从以上分析可知,二次泄漏流在转子叶顶引起很大的流动损失,二次泄漏流的非定常性引起转子叶顶流动损失的非定常变化。在自循环机匣处理的作用下,二次泄漏流的非定常性发生改变,二次泄漏流不再以集中的形态通到转子叶顶,二是沿弦向分散通过。自循环机匣处理对二次泄漏流非定常性的改变极大降低了叶顶损失,同时,喷射流可以截断部分二次泄漏流的周向传播,这进一步降低了二次泄漏引起的流动损失。

3. 对失速类型的影响

该压气机为典型的叶顶堵塞失速。然而,在自循环机匣处理的作用下,压气机的失速类型是否会发生改变?

图 4-80 给出了实壁机匣和自循环机匣处理在 33%设计转速下沿周向分布的各压力传感器测得的压力信号,图中对信号进行了低通滤波。从图 4-80 中可明显观察到失速团的扰动。对于实壁机匣,失速团的初始扰动速度为压气机转速的 74.3%,最终稳定在 63.1%转速。自循环机匣处理测得的失速团转速略低,从开始的 65.9%转速最终发展为 50.9%转速,但此时的失速团并没有稳定下来。压气机失速后 30 圈左右,失速团进入一个转变的过渡期(图 4-80 中的转换区),经过 8 圈左右的过渡,失速团分裂成两个。图 4-80 中给出两个失速团间的时间间隔 (0.71 圈),此时失速团的传播速度为 70.4%。

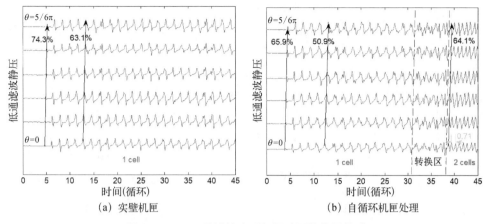

图 4-80　33%设计转速下机匣壁面的静压扰动

图 4-81 给出了 53%设计转速下失速团的传播信号。与 33%设计转速类似,在自循环机匣处理的作用下,失速团由实壁机匣中的 1 个发展为自循环机匣处理中的 2 个。从 33%和 53%设计转速来看,当失速团变为两个后,其传播速度略高于一个失速团时的传播速度。

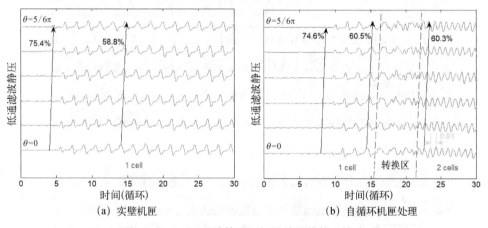

图 4-81　53%设计转速下机匣壁面的静压扰动

图 4-82 给出了 71%设计转速下失速团的传播信号。在该转速下,实壁机匣已经出现失速团由 1 个发展为 2 个的情况,两个失速团最终的传播速度约为58.5%。自循环机匣处理与实壁机匣的情况类似,两个失速团最终的传播速度约为 56.6%。

在 53%设计转速下,试验测得的自循环机匣处理失速时的叶顶压力场由图 4-83 给出,每组压力图谱给出了 8 圈内的压力场,横坐标为叶片通道,图中白色虚线为叶片。该压力场没有进行锁相平均,为瞬态压力场。从图 4-83 中可以看到,第

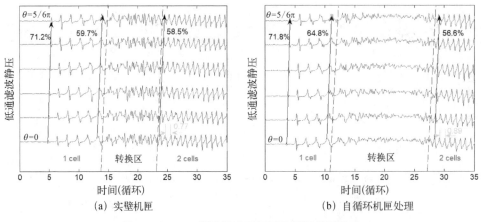

(a) 实壁机匣   (b) 自循环机匣处理

图 4-82　71%设计转速下机匣壁面的静压扰动

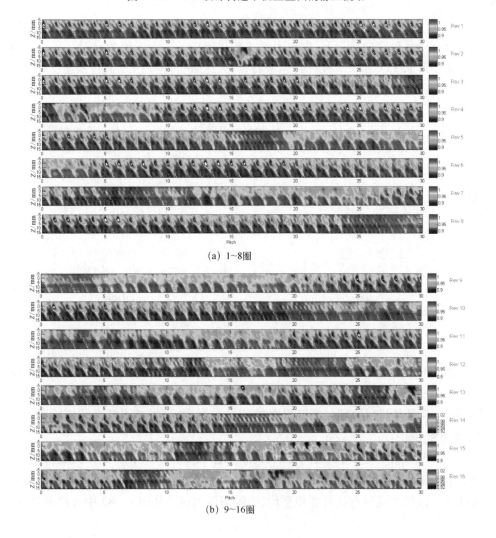

(a) 1~8圈

(b) 9~16圈

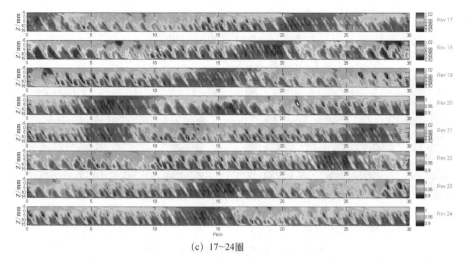

(c) 17~24圈

图 4 - 83　自循环机匣处理在 53%转速下失速时的叶顶静压的瞬态分布

1 到 8 圈内出现了 5 个失速团。第 9 到 18 圈内的失速团出现横向跨度很大（Rev10~Rev11）或者两个小失速团接连出现（Rev12、Rev16）的情况,这与图 4 - 81 中的过渡阶段对应。第 17 到 24 圈内,出现了 10 个失速团,此时失速团的个数较第 1 到 8 圈内翻倍,失速团由 1 个发展为 2 个。

4.3.5　叶顶喷气的结果分析

对于叶顶喷气的研究,本书仅给出 53%设计转速下的试验和数值计算结果。由于喷气由外部气源供气,无法准确评估对压气机总压比和效率的影响。因此,对于叶顶喷气的研究仅关注其对失速裕度的影响。

1. 对失速裕度的作用机制及影响规律

为方便对喷气规律进行解释,首先对喷气的作用机制进行研究。研究主要考察三个方面:一是叶顶喷气对泄漏涡位置的影响;二是叶顶喷气对叶顶堵塞的影响;三是叶顶喷气对叶片负荷的影响。选取喷嘴喉部高度为 2 倍叶顶间隙、周向覆盖比例为 25%、喷气位置位于叶顶前缘之前的喷嘴（$h = 2$, $ccp = 25\%$, $Z_\mathrm{a} = z_0$）进行机制研究,试验中喷嘴处于堵塞状态,喷气量为压气机近失速流量的 0.64%。

图 4 - 84 给出了叶顶喷气在近失速工况下两个测量点（图 4 - 84）的叶顶锁相平均静压分布云图,为了便于观察,图中仅给出了两个典型通道。图 4-84 中黑色实线连接了叶顶静压斜槽,代表叶顶泄漏涡涡核的走向。对比 Test① 和 Test② 两处的叶顶泄漏涡轨迹可知,在叶顶喷气的作用下,叶顶泄漏涡的起始位置没有发生明显变化,叶顶泄漏涡与轴向夹角明显减小。叶顶泄漏涡轨迹的改变暗示气流更容易通过叶片通道,即叶顶喷气降低了通道中的堵塞。与自循环机匣处理的作用

效果相比,叶顶喷气作用下的叶顶泄漏涡的轨迹更靠近轴向,这是因为外接气源的喷气速度较高,能更有效地抑制叶顶泄漏涡的横向发展。

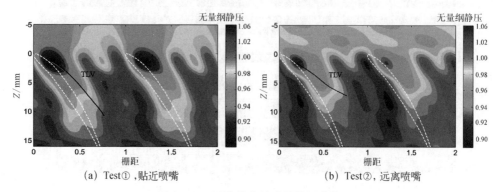

(a) Test①,贴近喷嘴　　　　　　　　(b) Test②,远离喷嘴

图4-84　近失速点的叶顶静压分布

图4-85给出了叶顶喷气在近失速工况下叶顶静压及$V_z < 0$区域瞬态分布的全通道非定常数值模拟结果,为了便于观察图中仅给出了5个通道内流动分布。图4-85中黑色粗线为静压斜槽的连线,代表叶顶泄漏涡涡核的轨迹。通道2近似对应图4-84中的Test①测量位置,通道5近似对应Test②测量位置。首先观察通道2中的叶顶泄漏涡轨迹,叶顶泄漏涡后半部分的轨迹偏向于轴向,这和图4-84中试验测量结果是一致的。然而,计算得到的泄漏涡轨迹与试验值略有不同。这是因为试验结果是沿轴向分布的一排探针测得的不同时刻的压力分布,然后将该压力分布沿周向展开得到的压力图谱,因此试验值既依赖于时间又依赖于空间。而计算值是某一瞬时的压力分布,相当于同时观察不同通道内的压力分布,因此计算值仅依赖于空间。这两种数据处理方式的不同导致计算得到的泄漏涡轨迹与试验值略有不同,但总体上数值计算捕捉到了叶顶喷气对叶顶泄漏涡的影响。叶顶泄漏涡轨迹的计算值和试验值之间的不同在自循环机匣处理中并不明显,这是因为自循环机匣处理中喷射流的速度较低,对叶顶泄漏涡造成的影响相对有限,因此试验值对于时间的依赖性较低,可近似认为试验值仅依赖于空间。因此,自循环机匣处理中计算得到的叶顶泄漏涡轨迹与试验值差别不大。

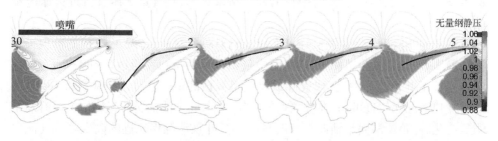

图4-85　近失速工况99%叶高静压及$V_z < 0$区域分布的全通道非定常数值模拟结果

在通道 1 中,受到喷射流的影响,叶顶泄漏涡的起始位置明显向下游移动。图 4-86 给出了通道 1 中的叶顶泄漏流的流线分布。在高速喷射流的影响下,叶顶泄漏涡的前半部分紧贴叶片吸力面,后半部分呈横向流动并有向上游发展的趋势,这是因为喷射流还没有达到该处。随着叶片的转动,喷射流逐渐穿过叶片通道。在通道 2 中,叶顶泄漏涡的前半部分逐渐恢复,后半部分的泄漏流多数从通道出口流出,二次泄漏流的流量也大为减少,通道 2 中的叶顶堵塞达到最小值。随着叶片的继续转动,在通道 3 中叶顶泄漏涡的轨迹已完全恢复。与自循环机匣处理中的流动类似,虽然通道 3 中的叶顶泄漏涡轨迹已恢复,但叶顶堵塞没有立即达到最大,即叶顶堵塞的恢复滞后于叶顶泄漏涡的恢复。Matzgeller 等[51] 在对叶顶喷气进行 PIV 测量时也发现了类似的现象。

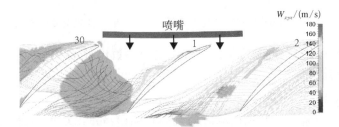

图 4-86　近失速工况叶顶泄漏流及 $V_z < 0$ 区域分布的全通道非定常数值模拟结果

采用吸、压力面压差定义叶片负荷,图 4-87 给出了在近失速工况下任一叶片的叶顶负荷随时间的变化情况。图 4-87 中给出了叶片与喷嘴间的初始相对位置关系,横坐标为叶片通道周期。图中共给出了 10 个叶片通道周期,在此期间该叶片共遇到 2 个喷嘴。为了更好地理解该图,可以认为叶片不动而喷嘴逆着叶片转动方向移动。从图中可以清晰分辨出喷射流在叶片通道中的运行轨迹。通过其运行轨迹可以知道,喷射流穿过叶片通道需要约 2 个叶片通过周期的时间,这解释了图 4-85 中为何叶片离开喷嘴的几何影响后,通道内的堵塞才达到最小。当喷射流首次撞击到叶片时形成了一个负荷的突然跃升,负荷跃升的持续时间非常短,约有 $0.2T$。紧跟着该负荷跃升出现了负荷的下降,该区域沿轴向持续约 10% 叶顶轴向弦长后,在其下游,叶片负荷反而升高。在时间方向上,叶片负荷降低的时间与叶片通过喷嘴的时间基本相同。总体上看,叶顶喷气引起叶片负荷降低的区域是十分有限的。

上述分析讨论了叶顶喷气对叶顶泄漏涡、叶顶堵塞和叶顶负荷三方面的影响,这三方面均有可能是叶顶喷气提升压气机失速的原因。对于该压气机而言,喷射流极大降低了叶顶堵塞,而对叶顶泄漏涡和叶片负荷的影响却局限在很小的范围内。叶顶堵塞的恢复滞后于叶顶泄漏涡的恢复,这种非定常效应是保证叶顶喷气

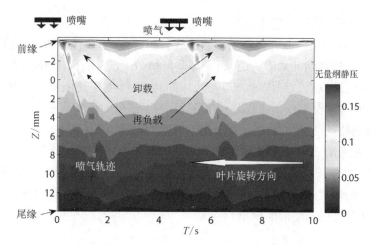

图 4 - 87　叶顶喷气在近失速工况下任一叶片的叶顶负荷随时间的变化

对叶顶堵塞有效抑制的重要原因。下文将通过参数化研究结果找出压气机失速裕度提升的主要原因。

图 4 - 88 给出了喷嘴喉部高度和周向覆盖比例对压气机失速裕度的影响，所有喷气均在 $Z_a = z_0$ 处（叶顶前缘之前）执行，喷射流量由近失速流量进行无量纲化。图 4 - 88 中每一列的喷嘴喉部高度保持不变，处于堵塞状态的喷嘴由椭圆标记，其他喷气结构由于管路直径的限制无法达到堵塞状态。对于没有处于堵塞状态的喷嘴，在相同的喷气量下，喷嘴的尺寸越大喷气速度越低。图 4 - 88 中同时给出了叶顶喷气（$h = 2$，ccp $= 25\%$，$Z_a = z_0$）的全通道非定常计算结果以及自循环机匣处理（$h = 4$，ccp $= 25\%$，$Z_a = z_0$）的试验结果。对于叶顶喷气而言，通过计算得到的失速裕度改进量和喷气量略低于试验值，但两者相差很小。自循环机匣处理的喷气量为计算得到的循环流量，该循环流量与外接气源能提供的最大喷气量接近。自循环机匣处理得到失速裕度提升与同等喷气量下的叶顶喷气接近，这说明通过外接气源供气与通过压气机本身压升产生的流动循环两者对压气机失速裕度

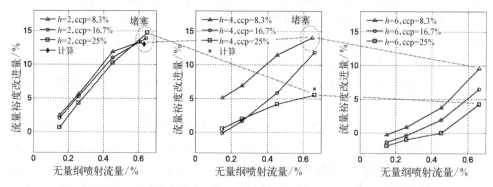

图 4 - 88　喷嘴喉部高度和周向覆盖比例对压气机失速裕度的影响

的影响不会产生本质性差别。

观察图 4-88 可知,随着喷气量的增加,压气机的失速裕度不断增加,但这种增加的趋势随喷嘴喉部高度的不同而变化。当 $h=2$、喷嘴接近堵塞工况时,失速裕度随喷气量的增加而速度减缓;当 $h=4$ 时,失速裕度随喷气量的增加而线性增加;当 $h=6$、喷气量较大时,失速裕度随喷气量的增加而速度加快。这是因为,当喷嘴喉部高度较小时,喷气速度较大,对叶顶堵塞的抑制作用更强。然而,当喷气速度达到一定程度、在其作用下的叶片通道中的堵塞被完全清除后,进一步增加喷气速度就无法继续提升压气机的失速裕度。当喷嘴喉部高度较大时,喷气速度相对较低,对叶顶堵塞的抑制作用不强。只有当喷气速度增加到一定程度、喷射流可以有效抑制叶顶堵塞后,压气机的失速裕度才会显著增长。

增加喷嘴的喉部高度可以增加喷气的径向影响范围,增加周向覆盖比例可以增加喷气对叶片通道的作用时间,然而,当喷嘴处于堵塞状态时,无论是增加喷嘴的喉部高度还是增加周向覆盖比例均不能进一步提升压气机的失速裕度。这说明当喷嘴处于堵塞状态时,无论喷嘴大小如何,叶顶喷气对叶顶流动的影响是基本一致的。因此,结合图 4-85 的分析可知,即便是尺寸很小的喷嘴($h=2$,ccp $=8.3\%$)也必然完全消除了叶片通道中的堵塞。

从以上观察分析可以认为,压气机失速裕度的最大提升量取决于喷射流能否有效消除叶片通道中的堵塞。一旦通道中的堵塞被完全消除,继续增加喷射流的作用范围也无法有效提升压气机的失速裕度,此时压气机的失速裕度将取决于喷气的非定常效应,即叶片通道远离喷嘴后叶顶堵塞的恢复速度。当喷气速度较低时,喷射流无法彻底消除叶片通道中的堵塞,当该叶片通道离开喷嘴后,会很快形成大的叶顶堵塞诱发压气机失速。此外,增加喷嘴的周向覆盖比例后,叶顶喷气将叶顶泄漏涡起始位置向下游推移的时间以及对叶顶降载的时间均增加,但这些都无法有效提升压气机的失速裕度。这说明对于该压气机而言,叶顶喷气对叶顶泄漏涡位置和叶顶负荷的影响不是提升压气机失速裕度的主要原因。

从喷嘴的喉部高度和周向覆盖比例两者的关系来看,它们对失速裕度的影响存在交互作用。当喷嘴喉部高度较小时,周向覆盖比例的大小对失速裕度没有显著影响;当喷嘴喉部高度较大时,周向覆盖比例的大小对失速裕度产生显著影响。具体来看,当周向覆盖比例为 8.3% 时,随着喉部高度的增加,压气机失速裕度先略有增加后减小;当周向覆盖比例为 25% 时,随着喉部高度的增加,压气机失速裕度不断下降。产生上述交互作用的原因主要是不同几何结构下的喷气速度不同造成的。

图 4-89 为喷气位置对压气机失速裕度的影响,图中两个喷气结构具有相同的喉部高度和周向覆盖比例。由图 4-89 可知,当喷气量较小时,喷气位置位于 z_1 即在

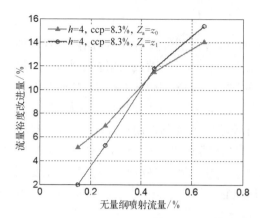

图 4-89　喷气位置对压气机失速裕度的影响

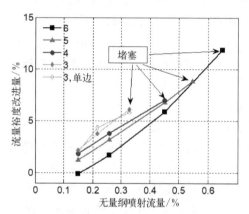

图 4-90　喷嘴数量和喷嘴周向分布形式对压气机失速裕度的影响

叶片通道中喷气时，其作用效果不及在叶顶前缘之前喷气。其原因与自循环机匣处理类似，当喷嘴位于通道中且喷气量较少时，由喷嘴诱发的堵塞使叶顶流动恶化，削弱了喷气的作用效果。当喷气量较大、喷气速度较高时，喷气位置的影响不是很显著，无论喷嘴位于哪里均可较大提升压气机的失速裕度。

图 4-90 给出了喷嘴数目和喷嘴周向分布形式对压气机失速裕度的影响，喷嘴的喉部高度均为 4 倍叶顶间隙，周向覆盖比例均为 25%，各喷嘴沿周向的分布由图 4-91 给出。由图 4-90 可知，相同喷气量下喷嘴数目越少对压气机失速裕度的提升越大。这是因为喷嘴数目越少，喷气速度越大，对叶顶堵塞的抑制作用越强。然而，喷嘴数目减少后，喷气对叶片通道的作用次数减少，这必然会导致叶片通道离开喷嘴最后具有更长的时间来恢复叶顶堵塞，即在遇到下一个喷嘴前会产生更大的叶顶堵塞。但是，这也没有改变相同喷气量下喷嘴数目越少压气机失速裕度越高的事实。对自循环机匣处理作用下压气机失速过程的分析可知，压气机通道中从产生叶顶泄漏涡的破碎到形成失速团的时间延长至 3 圈左右。因此，虽然喷嘴数目的减少降低了喷气对叶片通道的作用次数（即叶顶喷气的非定常作用效果降低），但对于叶顶堵塞而言，在任意两个喷嘴之间，仍然没有足够的时间发展为成熟的失速团。从喷嘴数目的上述影响来看，相对于叶顶喷气的非定常效应，叶顶喷气对叶顶堵塞的有效抑制能产生更大的裕度提升。

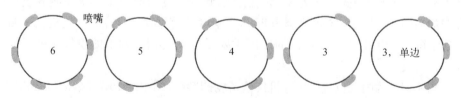

图 4-91　喷嘴数量及喷嘴沿周向的分布形式示意图

喷嘴数目对压气机失速裕度的影响可以给我们以下启发：当压气机的运行工况不是很苛刻,即对失速裕度的要求不是很高时,可以关闭一些喷嘴,使用更少的喷气量达到更大的喷气效果。但是,较少喷嘴对压气机失速裕度的最大提升量是有限的。因此,当压气机需要更大的失速裕度时,可以打开更多的喷嘴。这为叶顶喷气的主动控制提供了一种可行方案。

从图 4-90 中三个喷嘴具有不同周向分布形式时的作用效果来看,喷嘴平均分布或集中到一侧分布并没有显著影响压气机的失速裕度。Suder 等[14] 在对 NASA Rotor 35 进行叶顶喷气研究时也得到了相同的结论,但没有解释具体原因。从本书的研究来看,其原因与喷嘴数目的影响机制是一致的。喷嘴集中到一侧分布似乎给了叶顶堵塞更多的发展时间(在无喷嘴的一侧),但这个时间对于失速团的形成是不够的,特别是在叶顶喷气作用下。在无喷嘴的一侧的叶顶堵塞形成失速团之前,该堵塞将会再次遇到喷嘴,通道中的堵塞被消除。因此,喷嘴不同的周向分布形式不会改变叶顶喷气的作用效果。

图 4-92 给出了进气畸变条件下叶顶喷气对压气机失速裕度的影响。叶顶喷气的喷嘴喉部高度和周向覆盖比例分别为 2 倍叶顶间隙和 25%。试验采用进气畸变环来设置进气畸变,畸变环上分别安装 30° 和 60° 的环形实体块来堵塞进气通道。试验分别测试了带畸变环时实壁机匣和叶顶喷气的近失速流量。从叶顶喷气的作用效果来看,进气畸变下叶顶喷气仍可较大提升压气机的失速裕度,叶顶喷气的作用效果与无进气畸变时相当。

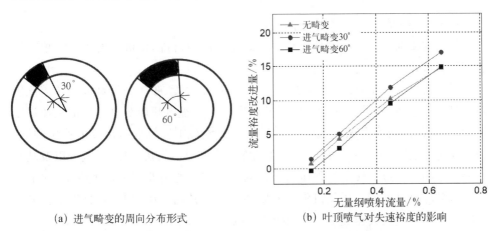

(a) 进气畸变的周向分布形式　　　(b) 叶顶喷气对失速裕度的影响

4-92　进气畸变条件下叶顶喷气对压气机失速裕度的影响

2. 对失速类型的影响

图 4-93 给出了不同喷气量下叶顶喷气($h=2$, ccp = 25%, $Z_a = z_0$)对失速类型的影响。压力信号由叶顶前缘之前 10% 叶顶弦长处的探针测得,图 4-93 中对压力信号进行了低通滤波,喷气量由压气机近失速流量无量纲化。从图 4-93 中

可以看出,在不同喷气量下,压气机的失速类型均表现为突尖失速,失速前没有检测到模态波的存在。当喷气量为压气机近失速流量的 0.15% 时,压气机进入失速后,失速的个数始终是一个。当喷气量达到压气机近失速流量的 0.26% 后,压气机失速时首先出现一个失速团,经过 10 圈左右出现两个失速团,这与自循环机匣处理的影响是一致的(图 4 - 81)。随着喷气量的增加,单个失速团出现的时间越来越少,即喷气量越大,越早形成两个失速团。

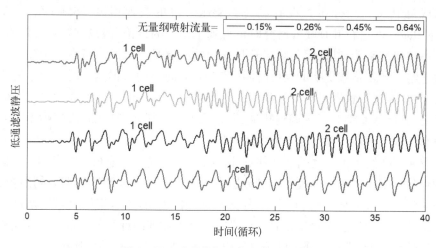

图 4 - 93　叶顶喷气对失速类型的影响

4.3.6　小结

以西北工业大学亚声速孤立转子为研究对象,对自循环机匣处理和叶顶喷气进行了参数化试验研究。

对于自循环机匣处理,试验研究了喷嘴的喉部高度、喷气位置和周向覆盖比例对压气机失速裕度的影响,在 3 个转速下对 18 组自循环机匣处理结构的失速裕度进行了测试,得到了自循环机匣处理各几何参数对压气机失速裕度的作用规律。与此同时,试验研究了喷气位置和喷嘴的喉部高度对压气机总压比、效率以及基元性能的影响。通过对转子叶顶压力脉动的测量和全通道非定常数值模拟,详细阐述了自循环机匣处理对压气机失速裕度和效率提升的作用机制,并分析了自循环机匣处理对压气机失速类型和失速团的影响。

（1）合理选择自循环机匣处理的设计参数,可在提升压气机失速裕度的同时提高压气机的总压比和效率。在自循环机匣处理的作用下,压气机失速裕度的最大提升量约为 10%,压气机效率的最大提升量约为 2%。

（2）自循环机匣处理对压气机失速裕度的影响规律总结如下:① 压气机的失速裕度随自循环机匣处理周向覆盖比例的增加而增加;② 喷嘴喉部高度的影响规

律取决于其他参数的选择,即喷嘴喉部高度与其他参数间存在交互作用;综合分析来看,喷嘴喉部高度为4倍叶顶间隙时较好;③喷气位置的影响规律依赖于压气机转速:当转速较低时,喷气位于叶顶前缘之前较好;当转速较高时,喷气位置位于压气机叶顶通道中较好。

(3) 当自循环机匣处理的周向覆盖比例为25%、喷嘴喉部高度为4倍叶顶间隙、喷气位置位于叶顶前缘之前时,在所研究的3个转速下压气机均能获得较明显的性能提升。喷嘴喉部高度较小时对压气机性能的影响不明显,喷嘴喉部高度过大会降低压气机的效率。喷气位置位于转子叶顶前缘之前对压气机的性能更为有利。

(4) 受自循环机匣处理的影响,在近峰值效率点附近,压气机叶顶附近总压比降低,出口气流角减小;在近失速工况附近,转子叶顶压比增加,气流角减小,气流角的改变程度大于峰值效率工况。

(5) 自循环机匣处理通过喷嘴对循环气流的加速作用产生高速喷射流,喷射流没有明显改变叶顶泄漏涡的起始位置,但降低了叶顶泄漏涡与轴向的夹角,从而减小了叶片通道中流动堵塞。当叶片通道离开循环回路的几何影响范围后,叶顶泄漏涡的轨迹很快恢复,但叶顶堵塞的恢复滞后于叶顶泄漏涡的恢复,这使得自循环机匣处理对叶顶堵塞的抑制作用得以持续。在自循环机匣处理的这种非定常作用下,沿周向离散分布几个循环回路即可起到提升压气机失速裕度的作用。

(6) 压气机效率提升的主要原因在于自循环机匣处理对二次泄漏流非定常性的改变。二次泄漏流在转子叶顶引起很大的流动损失,二次泄漏流的非定常性导致了转子叶顶流动损失的非定常变化。在自循环机匣处理的作用下,二次泄漏流的非定常性发生改变:二次泄漏流不再以集中的形态通到转子叶顶,而是沿弦向分散通过。二次泄漏流非定常性的改变极大地降低了叶顶流动损失。同时,高速喷射流可以截断部分二次泄漏流的周向传播,这进一步降低了二次泄漏引起的流动损失。

(7) 自循环机匣处理没有改变压气机的失速类型,压气机仍然为突尖失速。但失速团的个数由实壁机匣中的1个发展为自循环机匣处理中的2个。

对于叶顶喷气,在53%设计转速下,试验测试了喷嘴的喉部高度、喷气位置和喷气周向覆盖比例对压气机失速裕度的影响规律,并研究了喷嘴数目和喷嘴周向分布形式对压气机失速裕度的影响。与此同时,试验对两种进气畸变条件下叶顶喷气的作用效果进行了研究。结合对叶顶压力脉动的测量和对叶顶喷气的全通道非定常数值模拟详细阐述了叶顶喷气对叶顶泄漏涡、叶顶堵塞和叶顶负荷的影响,找到了叶顶喷气提升压气机失速裕度的关键因素。

(1) 采用外接气源的叶顶喷气较自循环机匣处理可产生更大的失速裕度提升,失速裕度的最大改进量为15%左右。

(2) 叶顶喷气通过高速射流将叶顶泄漏涡的起始位置向下游推移,并可以降低叶顶前缘附近的叶片负荷,但叶顶喷气上述效果的作用范围很小,不是影响压气机失速裕度的主要原因。通过对叶顶喷气的参数化研究以及全通道非定常数值模拟发现,叶顶喷气对叶片通道中堵塞的有效抑制是压气机失速裕度提高的主要原因,而叶顶喷气的非定常效应保证了叶顶喷气对叶顶堵塞的作用得以持续。

（3）压气机的失速裕度随喷气量的增加而增加,当喷嘴处于堵塞状态时,压气机的失速裕度提升达到最大。此时,增加喷嘴的喉部高度和周向覆盖比例均不能进一步提升压气机的失速裕度。这是因为当喷嘴堵塞时,喷气速度很高,而且不同尺寸的喷嘴具有相同的喷气速度。当叶片通过喷嘴时,不同喷嘴尺寸下叶顶堵塞均可以被喷射流完全消除,这导致处于堵塞状态的喷嘴产生同等的失速裕度改进。因此,压气机失速裕度的最大提升量取决于喷射流能否有效消除叶片通道的堵塞。

（4）喷嘴喉部高度和周向覆盖比例对失速裕度的影响存在交互作用。当喷嘴喉部高度较小时,周向覆盖比例的大小对失速裕度没有显著影响;当喷嘴喉部高度较大时,周向覆盖比例对失速裕度影响显著。产生交互作用的原因主要是不同喷气结构下的喷气速度不同造成的。

（5）喷气位置对压气机失速裕度的影响不大。然而,当喷气量较小时,相比于在叶片通道中喷气,在叶顶前缘之前喷气对压气机失速裕度更为有利。

（6）相同喷气量下,喷嘴数目越少,压气机失速裕度改进越多。因此,提高喷气速度比提高喷气量更有利于压气机失速裕度的提高。这同时说明,相对于叶顶喷气的非定常效应,叶顶喷气对叶顶堵塞的有效抑制能产生更大的失速裕度提升。

（7）喷嘴的周向分布形式对压气机失速裕度没有显著影响。这是因为失速团的形成至少需要压气机转动半圈以上的时间,因此无论哪种喷嘴分布形式,均可在失速团形成前将叶顶堵塞消除,避免失速团的产生。

（8）进气畸变下叶顶喷气仍可较大提升压气机的失速裕度,此时叶顶喷气的作用效果与无进气畸变时相当。

4.4 跨声速压气机叶顶喷气作用规律及机制的数值研究

以跨声速压气机为研究对象开展叶顶喷气的参数化研究。通过单通道和多通道非定常数值模拟研究了 8 个喷气参数对压气机失速裕度、总压比和效率的影响规律和机制,阐述了叶顶喷气对压气机内流动径向分布的非定常影响,在对失速裕度的影响上充分考虑了某些参数间可能存在的交互作用。以此为基础,通过定量分析找出了叶顶喷气提升跨声速压气机失速裕度的关键因素。

4.4.1 喷气参数的选取及实验设计

选择跨声速压气机 NASA Rotor 37 作为叶顶喷气的研究对象,针对该转子,选择 8 个喷气参数来研究叶顶喷气对于跨声速压气机的作用规律。这些参数分别是：喷气量(m)、喷气偏航角(Inj_β)、喉部高度(h)、喷气速度(V)、喷气温度(T)、喷气位置(Z_a)、喷嘴周向覆盖比例(ccp)、喷嘴数目(N)。叶顶喷气的二维型线采用优化几何，所有喷气结构中喷气几何角 Inj_α 均为 10°。

对于各喷气参数的选取原则如下。

(1) 喷气量：压气机失速裕度随喷气量的增加而增加。但喷气量过大会造成压气机特性的较大改变，影响流动的径向平衡。结合已有的研究经验及各文献中的研究结论，本书给定了 3 个喷气量(喷气量与压气机近失速流量的比值)：0.5%、1.25%和2%。因此，喷气量的设计变量(因子)为 3 水平。

(2) 喷气偏航角：已有研究认定两种角度较好，一是沿着轴向，二是在相对坐标系下使喷射流沿着叶顶前缘中弧线方向。因而 Inj_β 选取了三个值：0°、16°(流动沿着叶顶前缘中弧线方向，此时为反预旋)、-16°。Inj_β = -16°用于作对比分析，喷气偏航角设计变量为 3 水平。

(3) 喉部高度：喉部高度 h(与叶顶间隙的比值)选择三个值：2、4、6。设计变量为 3 水平。

(4) 喷气速度：喷气速度由喷嘴进口总压、喷嘴出口静压以及喷嘴流道中的损失决定。在外接气源的叶顶喷气中，喷气速度的调整一般通过改变喷嘴的进口总压实现。喷气进口总压选择在 1.4~3 倍标准大气压之间，共研究了 6 种喷气总压。

(5) 喷气温度：选择三个喷气温度进行研究，一个为标准大气温度 288.2 K，另一个为 Rotor 37 叶顶出口的平均温度即可能的实际引气温度 390 K，最后一个取两者的平均值 339 K。

(6) 喷气位置：图 4-94 为 Rotor 37 在设计点和近失速点叶顶周向平均的无量纲静压分布，图 4-94 中给出了转子叶顶前缘线和尾缘线，横坐标 Z 为轴向坐标。由空气动力学原理可知，当压气机流量较小时，机匣壁面的静压较高。因此，在供气压力不变时设计工况点的喷气量大于近失速点，这对压气机的性能是不利的。然而，由于近失速点脱体激波前移等因素的影响，在距离叶顶前缘 18%C_a(C_a 为叶顶轴向弦长)附近，近失速点的静压低于设计点。为了提高近失速点的喷气量，降低

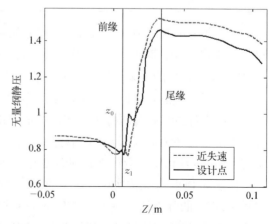

图 4-94 压气机叶顶静压分布的数值模拟结果

设计点的喷气量,将一个喷嘴的位置确定在 $z_0 = -18\%C_a$ 处。 Rotor 37 在近失速工况时,叶顶堵塞区基本与前缘线平齐,因此将另一喷嘴设置在叶顶前缘线处(z_1),这样有利于喷气对叶顶堵塞的抑制。轴向位置的设计变量为 2 水平。

(7) 喷嘴周向覆盖比例: 周向覆盖比例的研究范围为 6%~87%,设计变量为 5 水平。

(8) 喷嘴数目: 喷嘴数目的研究是在不同周向覆盖比例下进行的,喷嘴数目从 6 个到 18 个不等,设计变量为 3 水平。

上述 8 个喷气参数如进行全析因设计需要研究 14 580 种喷气组合,要准确获得叶顶喷气的作用效果需要进行非定常计算。因此,对 8 个设计参数进行全析因设计,无论对于基础理论研究还是工程应用都是不现实的。想要获得这些参数对压气机失速裕度的影响规律,就必须减小实验次数,同时不能影响实验结果。实验设计(design of experiment, DOE)是一种减少实验次数的有效方法。

DOE 是指主动控制设计变量的变化,观察响应变量的变化并研究其中的影响,其本质就是在实验范围内挑选代表点的方法。实验设计源于 19 世纪 20 年代研究育种的科学家 Fisher 的研究,Fisher 也被认为是实验设计的创始人,后来经 Taguchi 将其发扬光大。目前实验设计的方法已有很多,表 4-8 给出了主要的实验设计方法。

表 4-8　实验设计方法简介

传统 DOE(第一层次)	传统 DOE(第二层次)	高级 DOE(第三层次)
全因子析因设计	田口设计	非线性设计
部分析因设计(正交实验)	混料设计	容差设计
响应面设计	—	空间填充设计
一次一因素实验	—	定制设计

诸多研究中对叶顶喷气的研究一般采用一次一因素实验设计,即先固定一种组合保持其他因子不变,然后每次改变一个条件,将相邻的两次实验结果进行比较,估计两个条件的效果差异。这种实验方法简单,效果比较直观,但是不知道改变一个因素而其他因素也改变所带来的影响,即不能发现各因素的交互作用。全因子析因设计虽然包含所有主要结果的信息以及所有交互作用的信息,但是所有可能的组合都必须加以深究,相当耗费时间。无论是哪种析因设计,当探索区域不是正方形(体)时,实验设计就必须做出妥协,存在影响实验结论的风险。

传统的 DOE 都无法实现自定义的因子水平约束,由此生成的实验计划缺少现实意义,产生的分析结果缺少可信度,而定制设计具有因子灵活组合的优点。西方企业对于 DOE 的应用早已大规模开始,比如美国航天、航空设计的顶尖单位和佐治亚宇航设计中心等,在开发导弹、战斗机等美国绝密武器系统的时候,无一例外地使用了定制设计(customer design)。在民用领域,比如 Intel、惠普、苹果等公司在产品研发和质量提升阶段,都使用了高级实验设计方法。

综合考虑已有实验设计方法以及目前的研究对象,本书选用定制设计(customer design)作为 DOE 的方法。定制设计是一种基于模型的设计,在探索区域内寻找设计点时,从每个因子范围内的随机点集开始,使用坐标交换(coordinate exchange)的迭代算法,算法的每次迭代都将检验设计中每个因子的值,以便确定替换该值是否会提高最优性准则。如果是,则新值将替换旧值,迭代将继续,直至在一次完整的迭代中不再发生替换。为避免收敛至局部最优,整个过程将使用不同的随机起始数重复多次。定制设计最优性准则包含 D 最优设计和 I 最优设计。D 最优设计最适合于筛选实验,因为最优性准则的重点是系数的精确估计。但是,D 最优设计不适合用来设计主要目标是预测的实验。I 最优设计在因子区域内最小化平均预测方差,这就使得 I 最优设计最适于预测,这也是本书采用的方案。

然而,即使使用定制设计,对于 8 个喷气变量而言的实验量也是非常庞大的。因此,结合已有研究经验以及公开发表文献中的结论,本书选取 4 个参数(喷气量、喷气位置、喉部高度和喷气偏航角)用于定制设计,探索这 4 个参数对压气机失速裕度影响的交互作用。表 4-9 给出了定制设计中的所有因子及各个因子的水平。由于喷气量对压气机性能和失速裕度具有较大影响,因此在进行定制设计时考虑喷气位置、喉部高度和喷气角度分别与喷气量间的交互作用。为节省计算时间,其余因子间的交互作用不予考虑。由定制设计产生的实验组合由表 4-10 给出,共需测试 18 组喷气结构,远小于进行全析因实验设计的 54 种组合。其他 4 个参数(喷气速度、喷气温度、喷嘴周向覆盖比例和喷嘴数目)采用一次一因素实验设计。

表 4-9 参数化设计的因子及水平

变 量	值		
轴向位置 Z_a	z_0(叶顶前缘之前 18%C_a)		z_1(叶顶前缘处)
喷气量 m(与压气机近失速流量的比值)/%	0.5	1.25	2
喉部高度 h(与叶顶间隙的比值)	2	4	6
喷气偏航角 Inj_β/(°)	-16	0	16

表 4-10 定制设计的实验组合

编 号	轴向位置	喷气量/%	喉部高度	喷气角度/(°)	MSMI/%
1	z_0	0.5	2	0	3.06
2	z_0	0.5	4	16	2.74

编　号	轴向位置	喷气量/%	喉部高度	喷气角度/(°)	MSMI/%
3	z_0	0.5	6	−16	1.47
4	z_0	1.25	2	−16	3.73
5	z_0	1.25	4	0	2.95
6	z_0	1.25	6	16	3.70
7	z_0	2	2	16	3.00
8	z_0	2	4	0	3.63
9	z_0	2	6	−16	4.13
10	z_1	0.5	2	16	2.86
11	z_1	0.5	4	−16	1.85
12	z_1	0.5	6	0	1.46
13	z_1	1.25	2	16	3.45
14	z_1	1.25	4	−16	3.24
15	z_1	1.25	6	0	2.81
16	z_1	2	2	0	3.33
17	z_1	2	4	−16	2.53
18	z_1	2	6	16	3.10

4.4.2　数值模型及计算方法

叶顶喷气改善压气机失速裕度的关键在于喷射流对叶顶堵塞的抑制,而这种抑制作用需要叶顶喷气的非定常效应来维持。从国内外的研究经验来看,单通道数值模拟可以评估叶顶喷气对叶顶堵塞的抑制作用,但无法计算出叶顶喷气的非定常效应。对于叶顶喷气非定常效应的计算需要进行全通道或多通道计算。结合研究目的与研究参数的特点,采用两种数值模型用于喷气设计规律的研究:单通道非定常计算和多通道非定常计算。前者用于评估喷气量、喷气偏航角、喉部高度、喷气速度、喷气温度和喷气位置的作用规律,后者用来研究喷嘴周向覆盖比例和喷嘴数目的影响。

1. 单通道非定常数值模拟

图 4-95 给出了用于叶顶喷气计算的主通道网格及喷嘴网格。主通道网格与实壁机匣的设置相同,为了适应叶顶喷气计算的需要,在主通道叶顶添加一层很薄的 H 块,薄块下部与通道非匹配连接(FNMB),上部与喷嘴网格形成动静交接面。喷嘴内壁面与机匣交接处的角度较小(约为 10°),为了提高网格正交性,喷嘴网格

采取分块处理,共分为4块,均采用 H 型网格,其中 Block1 和 Block3 与滑移块非匹配连接。

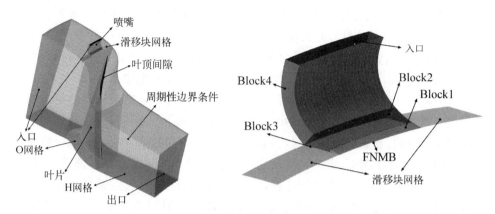

图 4 - 95　用于叶顶喷气计算的主通道网格及喷嘴网格拓扑

添加喷嘴后,喷嘴进口给定总压和总温,壁面为绝热无滑移边界条件。除了对喷气速度和喷气温度的研究外,喷嘴进口总压均设定为 165 000 Pa,总温均设定为 288.2 K。在定常计算中,固定转/静交接面,数据直接进行传递。非定常计算采用双时间步法,物理时间步和虚拟时间步均为 10。采用提高背压的方式计算压气机的特性线,在接近流量边界点时,定常计算和非定常计算的背压分辨率均为 100 Pa。

收敛准则:定常计算中,进出口流量差小于 0.1%,且进出口流量、压比和效率保持恒定不变。非定常计算中,转子连续转动两周,进出口流量变化小于 0.02 kg/s,压比和效率保持不变。

当叶顶喷气采用外接气源时,外接气源给压缩系统注入了额外的能量,导致压气机出口气体的总能量是转子做功与从喷嘴加入的额外能量的总和。同时,喷射流与主流的掺混会给压气机主流通道造成一定的掺混损失,这部分损失难以评估。因此,外接气源的叶顶喷气对压气机总性能的影响难以准确评估。为了分析叶顶喷气对压气机性能的影响,本书在对总性能的评估中将从喷嘴注入的额外能量除去,不考虑喷射流与主流的掺混损失。总压比和效率的定义:

$$\pi^* = \left[m_2 p_2^* - m_0(p_0^* - p_1^*) \right] / m_2 p_1^* \tag{4-7}$$

$$\eta = \frac{(\pi^{*(k-1/k)} - 1)}{\left[m_2 T_2^* - m_0(T_0^* - T_1^*) \right] / (m_1 T_1^* + m_0 T_0^*) - 1} \tag{4-8}$$

式中,m 为压气机流量;p^* 为总压;T^* 为总温;η 为等熵效率;k 为绝热系数;下标 0、1、2 表示喷嘴进口、主通道进口、主通道出口。式中的流量关系为 $m_2 = m_1 + m_0$。

通过式(4-7)、式(4-8)就除掉了喷射流带入压气机系统的额外能量,便于不同喷气结构间的对比。

下面对叶顶喷气的计算方法进行评估,其目的是找到可以准确高效评估叶顶喷气作用效果的数值方法。选择喷气量为 1.25%、喉部高度为 4 倍叶顶间隙、喷气偏航角为 0° 和喷气位置为 z_0 的组合进行研究,为了便于下文说明,将该组合命名为 $m1.25\%h_4\beta_0z_0$,下文对叶顶喷气参数组合的命名均按此规律。

对叶顶喷气的数值模拟包括定常和非定常计算,其中非定常计算的物理时间步分别选取 36 和 10。图 4-96 给出了对叶顶喷气采用不同计算方法获得的压比特性和效率特性,非定常计算取时均值。对比图中不同数值方法下的压气机特性可以发现,在设计工况点,定常计算获得总压比和效率较非定常计算偏低,不同物理时间步的非定常结果基本相同。在对边界点流量的估计上,定常计算获得的失速流量较低,不同物理时间步的非定常结果相同,物理时间步 step=10 时的近失速点效率较 step=36 时略低。因此,无论是设计点性能还是边界点流量,通过定常计算均无法准确评估。非定常计算的物理时间步由 36 减少到 10 后,对设计点的压比和效率以及边界点流量的影响均较小。因此,本书对叶顶喷气的计算均采用非定常数值模拟,为节省计算时间,非定常计算的物理时间步设为 10。

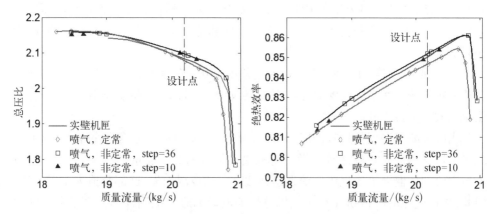

图 4-96　不同数值计算方法对压气机性能的影响

2. 多通道非定常数值模拟

在叶顶喷气的多通道非定常计算中,使用 6 个叶片通道构建主通道网格(图4-97)。每个通道网格的设置与上文中的单通道一致,采用完全匹配连接的方式将 6 个叶片通道连接在一起,6 个通道的两侧为周期性边界条件。喷嘴沿周向的网格点数随喷嘴宽度的增加而线性增加,其他方向的网格点数与上文一致。多通道计算的主通道和喷嘴的总网格点数约为 500 万。非定常计算采用双时间步法,物理时间步设为 60,虚拟时间步为 10。多通道非定常计算的其他设置均与 4.4.2.1 节相同。

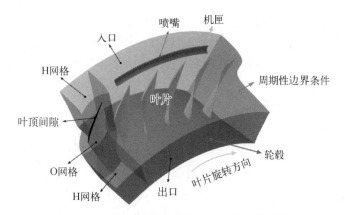

图 4‑97 多通道非定常计算的网格拓扑结构

4.4.3 叶顶喷气的设计规律及机制分析

1. 喷气周向覆盖比例

采用多通道非定常数值模拟研究喷气周向覆盖比例的影响,共研究了 5 种周向覆盖比例下叶顶喷气对压气机性能的影响。所有研究模型均沿周向布置 6 个喷嘴,喷嘴沿周向均匀分布,调整各个喷嘴的周向覆盖宽度,可得到具有不同周向覆盖比例的叶顶喷气结构。图 4‑98 给出了不同周向覆盖比例下的喷气模型。在各喷气模型中,喷嘴的喉部高度均为 2 倍叶顶间隙,喷气位置均在 $Z_a = z_0$ 处,喷嘴的进口总压和总温均相同。周向覆盖比例为 6%、18%、27%、54% 和 87% 时的喷气量分别为 0.14%、0.42%、0.65%、1.3% 和 2.12%。

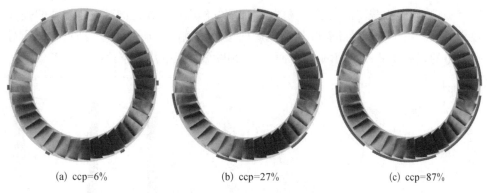

(a) ccp=6%　　　　(b) ccp=27%　　　　(c) ccp=87%

图 4‑98 不同周向覆盖比例的喷气模型

1)对总性能的影响及机制分析

采用公式(4‑7)和式(4‑8)评估叶顶喷气对压气机总性能的影响。图 4‑99 给出了喷气作用下,压气机在整个流量范围内的压比特性和效率特性的非定常时均值。图 4‑99 中仅给出了两个周向覆盖比例的全工况特性,其他周向覆盖比例下的压气机性能均从设计工况点开始计算。由图4-99可知,在整个流量工况范围内,叶顶喷气使压气机的压比均有一定程度的提升,且周向覆盖比例越大,压比提升的程度也越大,但效率几乎保持不变。同时,叶顶喷气显著提升了压气机的稳定工作范围。

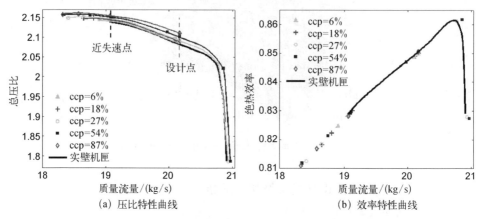

(a) 压比特性曲线　　　　　　　　(b) 效率特性曲线

图4-99　周向覆盖比例对压气机总性能的影响

为了更为直观地得到周向覆盖比例对压气机性能和失速裕度的影响,图4-100给出了压气机压比、效率的相对变化和流量裕度改进量(MSMI)随周向覆盖比例的变化情况。压比和效率的相对变化为相对于实壁机匣的变化百分比。通过图4-100(a)可以看出,压气机在设计点(DE)和近失速点(NS)的压比随着叶顶喷气周向覆盖比例的增加而线性增加,压气机的效率几乎保持不变。当叶顶喷气的周向覆盖比例小于27%时,压气机流量裕度改进量随周向覆盖比例的增加而线性增加;当周向覆盖比例大于27%时,增加喷气的周向覆盖比例对失速裕度的提升效果变小。由于喷气量随着叶顶喷气周向覆盖比例的增加而线性增加,考虑到对喷气量的限制要求,对于Rotor 37而言,叶顶喷气的最佳周向覆盖比例为27%。

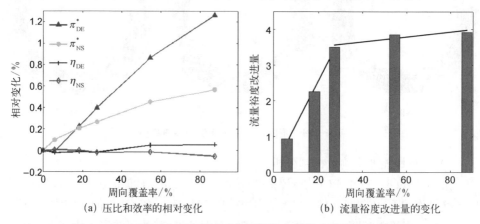

(a) 压比和效率的相对变化　　　　(b) 流量裕度改进量的变化

图4-100　叶顶喷气周向覆盖比例对压气机性能和失速裕度的影响

喷气作用下压气机性能的上述变化与压气机通道中流场的改变是密不可分的。静止的喷嘴与转动的叶片间的相互作用具有固有的非定常性，为了方便说明喷气作用下压气机内流动的变化，定义符号"Δ"：

$$\Delta X = X\_Injection - X\_solid\ casing \qquad (4-9)$$

式中，X 为任意气动参数。该式表征喷气作用下流动参数 X 相对于实壁机匣的变化量，进行计算时需保证实壁机匣与喷气模型的出口流量相等。

为说明叶顶喷气对转子通道的非定常影响，以 ccp＝27% 的喷气模型为例，在 99%叶高 Line1 和 Line2 位置（图4－101）布置数值探针监测流动参数随时间的变化，探针与转子一同转动。图4－102 给出了叶顶喷气（ccp＝27%）作用下失速工况点的密流（$\Delta Density * W_z$，W_z 为相对速度的轴向分量）随时间的变化。图4－102 中横坐标为叶片栅距，纵坐标中的 T 为叶片通过周期，表示转子通过一个栅距所需的时间。密流大于 0 的部分表示受到喷气的影响流量增加。由图4－102 可知，与实壁机匣相比，当转子遭遇喷嘴时，进口流量（Line 1）剧烈增加，脱离喷气后，流量减小至比实壁机匣更小的水平，其中以转子前缘对应位置的变化最为剧烈。这是由于无喷气时该位置的脱体激波最强，引发的环壁附面层的厚度最大，在喷射流的激励下其变化幅度也相对较大。因此，在喷射流的作用下，转子叶顶的进口条件发生

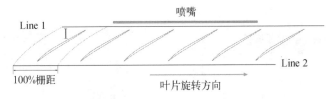

图4－101　通道中数值探针位置的分布

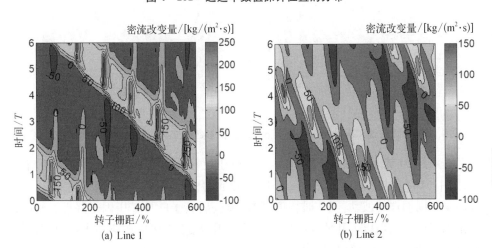

(a) Line 1　　　　　　　　　　　　　　(b) Line 2

图4－102　近失速工况叶顶喷气作用下压气机叶顶进出口密流随时间的变化

空间不均匀的周期性变化。从转子出口(Line 2)来看，喷气的影响在时间方向上存在延迟(与进口流动参数的变化对比)，其延迟时间在 2.9T 到 3.9T 之间，平均延迟 3.5T 左右，即喷射流从进入转子通道开始，需要经过约 3.5T 才能到达转子出口，这个时间高于亚声速转子($2T$)。

叶顶流动的这种非定常变化必然会对其他叶高的流动产生影响，选取图 4-101 中的通道Ⅰ，将该通道的气动参数作周向平均，计算周向平均参数的相对变化量。图 4-103 给出了叶顶喷气(ccp=27%)作用下压气机出口密流改变量和扩压因子(DF)改变量的径向分布随时间的变化。从图 4-103(a)中的出口密流来看，主流与喷射流沿径向发生掺混，使喷气部分流量增加的范围延伸至 80% 叶高，在此叶高以下流量减小。无喷气部分的叶顶流量减少，其他展向位置流量增加。上述变化说明喷气作用下转子出口流量沿展向重新分布，在整个叶高范围内流量呈周期性变化，其中以叶顶的波动最为剧烈。喷气对流量分布的影响必然会引起转子做功能力的改变。对比观察图 4-103(b)中扩压因子的变化可知，当喷射流到达通道出口时，扩压因子降低。在整体趋势上，通道出口流量的变化与扩压因子的变化相对应。由于喷射流对压气机通道进出口流动的影响在时间上具有一定的延迟，当喷射流刚抵达通道进口时，压气机的性能没有发生变化，只有当喷射流到达通道出口后，叶顶喷气对压气机总性能的影响才得以体现。

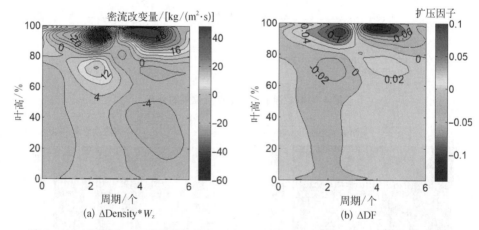

图 4-103　近失速工况叶顶喷气作用下通道出口参数改变量的径向分布随时间的变化

图 4-104 为不同 ccp 下扩压因子和总压比径向分布的时均比较，为清晰起见，图 4-104 中仅给出了 2 种 ccp 下时均参数的比较。虽然扩压因子随着转子的转动发生周期性的波动，但从时均值来看，喷气后转子叶顶扩压因子降低，总压比也相应减小。叶顶以下其他叶高的扩压因子升高，总压比也相应增大。喷气的周向覆盖比例越大，上述变化越明显。

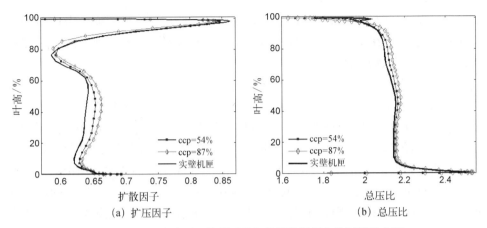

图 4-104　近失速工况扩压因子和总压比沿径向的时均分布图

　　从上述分析可知,在叶顶喷气的作用下,叶顶流场受到强烈的非定常扰动,而且这种作用一直延伸至叶根,转子通道出口的流动呈现周期性的波动。从时均角度来看,叶顶喷气降低了叶顶负荷,提高了叶顶以下的叶片负荷,总体上提升了压气机的做功能力。

　　在多级压气机中,叶顶喷气对转子的上述非定常影响必然会延伸至下游静子及其他级。为了评估这种影响,图 4-105 给出了叶顶喷气(ccp=27%)作用下出口气流角(气流与轴向的夹角)改变量(Δ Absolute flow angle)的瞬态分布和时均分布。从时均值来看,出口气流角的变化在 0.5°以内,且喷气量越大,对出口气流角的影响程度也越大。从瞬态分布来看,在转子叶顶不受喷气影响的部分,气流角最大增加约 3°;而受喷气影响部分的气流角最多降低 5°左右。由此看出,叶顶喷气作用下转子出口气流角的瞬态变化值远大于时均值。如果转子在级环境中,转子出口气流角的瞬时增加很可能引起静子吸力面的分离,导致静子性能的降低甚至

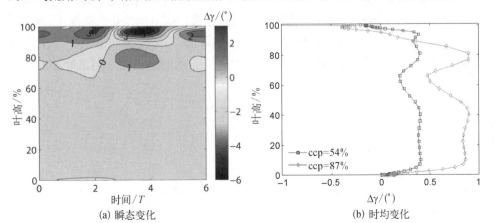

图 4-105　近失速工况叶顶喷气作用下通道出口绝对气流角的变化

引发静子失速。因此在多级压气机中进行叶顶喷气设计时，需要充分考虑对静子流动的影响，或者在压气机的设计阶段，将叶顶喷气的影响加入设计体系中，在喷气的影响下进行静子的设计。

2）对失速裕度影响的机制分析

选取 ccp = 25% 时的叶顶喷气进行分析，在近失速工况任取一个时刻，图4－106给出了99%叶高的相对马赫数与静压等值线分布，图4－106中标注了喷嘴的位置（长方形）。从图4－106中可以看出，在喷射流的作用下，由叶顶泄漏涡造成的低速区和吸力面附面层分离引起的低速区发生了明显的变化。图中的6个通道可近似看作一个通道在6个不同时刻（从左向右每个通道相隔$1T$）下的流动分布。当叶片通道遭遇喷嘴后，随着叶片的转动，叶顶泄漏涡堵塞逐渐减少。由于受喷气影响，叶顶负荷降低，吸力面附面层分离也相应减小。当叶片通道脱离喷气的影响后，通道进口流量减小，进气攻角增加，叶顶泄漏涡和吸力面附面层分离逐渐增强，直到遇到下一个喷嘴重复上述过程。

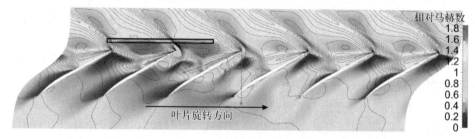

图4－106　失速工况99%叶高的相对马赫数分布和静压等值线分布

下面分析叶顶喷气对压气机流场的非定常影响。选取任意一个叶片通道，监测该通道在转动过程中流动参数的变化，即可知道该叶片通道在遇到喷嘴前后流动参数的变化，其过程由图4－107给出。图4－108为叶顶泄漏涡轨迹与轴向的夹角Θ随时间的变化图，图中给出了两个周向覆盖比例下的变化。从图4－108中可以清楚看出，当叶片通道遭遇喷嘴时，Θ逐渐降低，最多减少6°左右。Θ的降低程度与周向覆盖比例无关，降低的时间与周向覆盖比例呈正比。当该叶片通道离

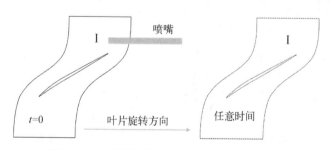

图4－107　叶顶喷气的非定常作用分析示意图

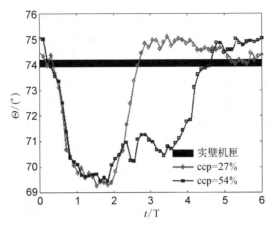

图 4-108 近失速工况叶顶泄漏涡与轴向夹角的非定常变化

开喷嘴后,Θ 很快恢复,并超过同工况下的实壁机匣。这是因为不受喷气影响部分的流量减小、叶顶负荷升高引起的(图 4-102)。该图可以有效说明叶顶喷气对叶顶泄漏涡的抑制作用,但无法定量解释压气机失速裕度随周向覆盖比例的变化规律。

为了定量说明叶顶喷气对压气机内堵塞的上述影响,本书采用文献[77,78]中对叶顶附面层厚度的评估方法(图 4-109)定义叶顶堵塞的大小,附面层厚度 δ_{ar} 的定义为

$$\int_0^{\delta_{ar}} \rho W_z \mathrm{d}\xi = 0 \tag{4-10}$$

式中,W_z 为相对速度的轴向分量;ρ 为空气密度;ξ 为垂直壁面的坐标方向;δ_{ar} 为附面层厚度。

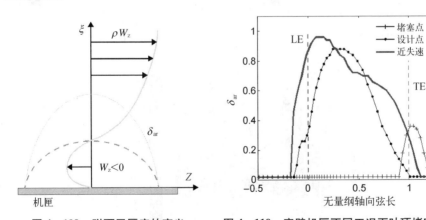

图 4-109 附面层厚度的定义　　**图 4-110 实壁机匣不同工况下叶顶堵塞的分布**

δ_{ar} 可以捕捉到由叶顶泄漏涡和环壁附面层引起的叶顶堵塞。图 4-110 给出了实壁机匣在不同工况下叶顶堵塞沿轴向的分布情况,LE 对应转子叶顶前缘,TE

对应转子叶顶尾缘，δ_{ar} 由当地叶高无量纲化（下文均如此处理）。由图 4 - 110 可知，随着转子向近失速工况逼近，叶顶堵塞逐渐增大，尤其是从最大流量工况（choked）到设计工况（design point）。

而且，在此过程中叶顶堵塞的峰值逐渐向转子前缘移动。该压气机属于典型的叶顶堵塞失速。在压气机的节流过程中，叶顶泄漏涡的强度由于叶顶负荷的增加而不断增大，在近失速工况发生破碎并在叶顶前缘附近造成通道的严重堵塞。从跨声速压气机的工作特性来看，在节流过程中，脱体激波将变强并前移，由此激发的环壁附面层厚度变大，这会导致叶顶前缘之前的堵塞加剧。从上述分析可知，δ_{ar} 可以反映出压气机内流动状态（堵塞）的变化。

计算叶顶喷气与实壁机匣的 δ_{ar} 值，并将两者的周向平均值做差得 $\Delta\delta_{ar}$，图 4 - 111 给出了 $\Delta\delta_{ar}$ 沿轴向分布的非定常变化，轴向位置通过转子轴向弦长进行无量纲化。图 4 - 111 中列举了 3 种周向覆盖比例下的参数分布，纵坐标中的"0"和"1"分别对应转子前缘和尾缘。图 4 - 111 中所有喷气模型的工作流量相同，均对应实壁机匣的近失速流量工况点。总体来看，当喷射流射入压气机通道时，叶顶堵塞受到高能

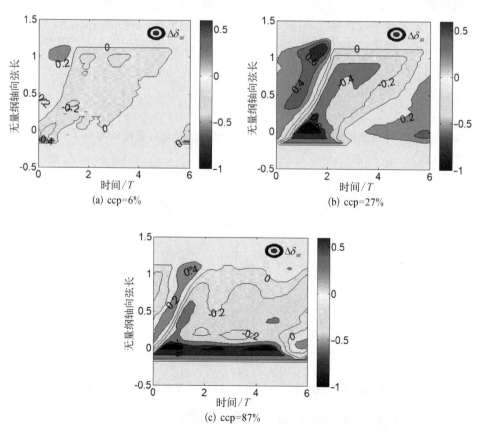

图 4 - 111   近失速工况周向平均的 $\Delta\delta_{ar}$ 沿轴向分布的非定常变化

流体的强烈抑制,附面层厚度 δ_{ar} 相比于实壁机匣发生明显变化。δ_{ar} 的最明显的变化发生在转子叶顶前缘附近,因为对于实壁机匣而言,叶顶堵塞在此处堆积最多;但对于不受喷气影响的部分,由于当地流量的减小,叶顶堵塞反而增加。从喷气的作用时长来看,喷气对前缘附近叶顶堵塞的影响时长与喷气的周向覆盖比例呈正比;但对于通道的后半部分,当 ccp 相对较小时(小于 27%),喷气对该部分的影响时长明显大于其对前缘的影响时长,这是由喷射流在通道中的流动延迟引起的(图 4-102)。而且,喷射流的动量越小,与主流掺混作用后的速度越低,其延迟效果也越强。当 ccp(87%)过大时,叶顶几乎充满了高速的喷射流,上述延迟作用消失;与此同时,喷气对尾缘附近叶顶堵塞的抑制效果变差,其原因将在图 4-112 中分析。

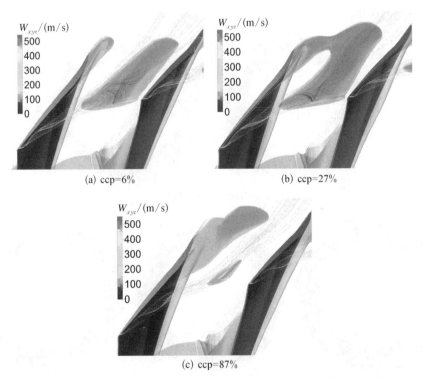

图 4-112　失速工况叶顶泄漏流流线以及相对马赫数为 0.4 的等值面的时均分布

图 4-112 给出了叶顶喷气在各自近失速工况点的叶顶泄漏流流线分布以及相对马赫数为 0.4 的等值面分布,图中的结果为非定常时均值。由图 4-112 可知,当叶顶喷气的周向覆盖比例较小时,叶顶泄漏涡发生泡状破碎,叶顶堵塞主要由叶顶泄漏涡与激波的相互作用产生,这与实壁机匣是相同的。随着喷气周向覆盖比例的增大,喷射流对叶顶泄漏涡的抑制作用逐渐增强,相应的流动堵塞也随之减小,但叶顶吸力面附面层分离引起的低速区增大。当周向覆盖比例达到 87% 时,

由叶顶泄漏流引发的叶顶堵塞变得非常小，但由叶顶吸力面附面层分离引起的叶顶堵塞却剧烈增加。这是因为，当周向覆盖比例过大时，叶顶环面内几乎充满了高速喷射流，通道激波会因此增强，当其撞击到吸力面上时会引发较大的附面层分离。因此，过大的喷气周向覆盖比例无法进一步改善压气机叶顶的流动状况，无法进一步显著提升压气机的失速裕度。

2. 喷嘴数目的影响及机制

对喷嘴数目的研究在两个周向覆盖比例下进行。第一组的周向覆盖比例为54%，喷气量为压气机近失速流量的1.3%，喷嘴数目(N)分别为6个和12个，其结构示意图由图4-113(a)给出。第二组的周向覆盖比例为27%，喷气量为压气机近失速流量的0.65%，喷嘴数目分别为6个、12个和18个，其结构示意图由图4-113(b)给出。

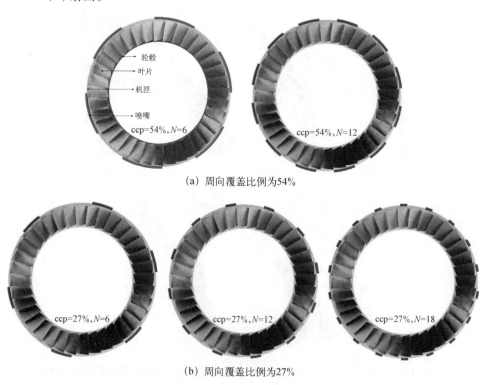

(a) 周向覆盖比例为54%

(b) 周向覆盖比例为27%

图4-113　不同喷嘴数目的几何示意图

图4-114为喷嘴数目对压气机总压比和效率的影响，叶顶喷气的计算数据均为非定常时均值。图中给出了周向覆盖比例为54%、喷嘴数目为6(ccp=54%，N=6)和周向覆盖比例为27%、喷嘴数目为6(ccp=27%，N=6)的全工况特性，其他喷气模型仅计算了设计工况点和流量边界点的性能值。由图4-114可知，当ccp=54%时，喷嘴数目由6个增加至12个，压气机的总压比、效率和边界流量均没

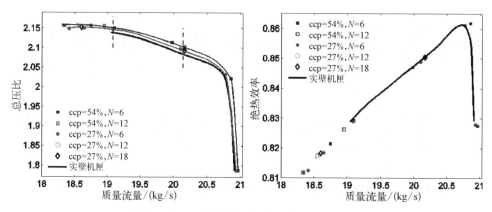

图4-114　喷嘴数目对压气机总性能的影响

有明显变化。当 ccp = 27% 时,喷嘴数目对压气机的总压比和效率几乎没有影响,但会引起失速边界的改变。

　　图4-115给出了两个周向覆盖比例下喷嘴数目对压气机失速裕度的影响。当 ccp = 54% 时,喷嘴数目对压气机的失速裕度没有影响。当喷气的周向覆盖比例减少至27%时,随着喷嘴数目的增加,压气机的流量裕度改进量降低。这说明喷嘴数目与喷气的周向覆盖比例间存在交互作用,即喷嘴数目对压气机失速裕度的影响依赖于周向覆盖比例的大小。

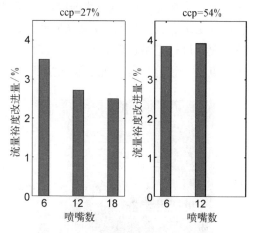

图4-115　不同喷嘴数目对压气机流量裕度的影响

　　图4-116给出了任意时刻各喷气模型在各自近失速工况点(此时各喷气模型的流量不尽相同)的叶顶静压等值线分布及速度轴向分量 V_z 的云图,图中用粉色粗线标注了叶顶泄漏涡的涡核轨迹。图4-116中的6个通道可看作一个通道与喷嘴处于6种相对位置下的流动分布。虽然喷气模型(ccp=54%, N=6)的边界流量与喷气模型(ccp=54%, N=6)相同,但通道内的流动状况却存在一定的差异。当喷嘴数目由6个增加至12个后,叶片通道内的气流更频繁地受到喷射流的作用,导致单个通道内的最大堵塞面积较6个喷嘴时减小。同时,各通道内的流动分布更为均匀。当喷气的周向覆盖比例降低到27%后,由图4-114可知,喷嘴数目对压气机的失速裕度产生影响。与 ccp=54% 时类似,喷嘴数目越多,通道内反流区的分布越均匀,单个通道内的最大反流程度(V_z 越小,反流程度越大)越小。

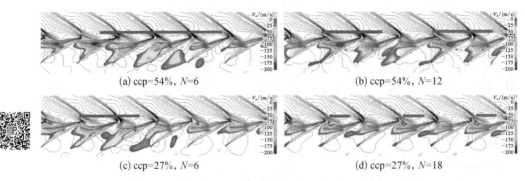

(a) ccp=54%, N=6   (b) ccp=54%, N=12

(c) ccp=27%, N=6   (d) ccp=27%, N=18

图 4-116   近失速工况压气机叶顶静压等值线及速度轴向分量 V_z 的分布

图 4-117 给出了任意一个通道内周向平均的位移厚度该变量 $\Delta\delta_{ar}$ 沿轴向分布的非定常变化，图中各坐标轴的含义与图 4-111 相同。图 4-117 中数据均取自设计工况点，这是因为各喷气模型在各自流量边界的流量不同，因此无法在近失速工况点进行定量比较。叶顶喷气对叶顶堵塞的抑制作用在设计工况点和近失速工况点是一致的。首先观察喷气模型（ccp=54%，N=6），当通道经过喷嘴时，位移

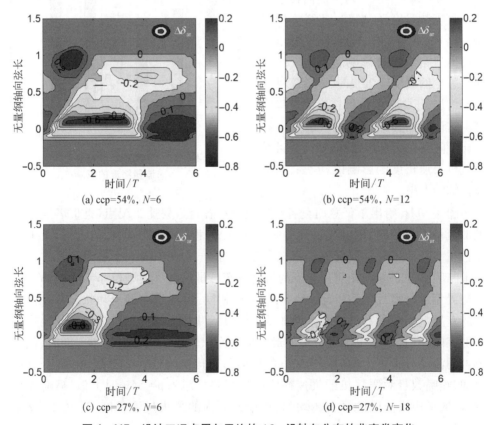

(a) ccp=54%, N=6   (b) ccp=54%, N=12

(c) ccp=27%, N=6   (d) ccp=27%, N=18

图 4-117   设计工况点周向平均的 $\Delta\delta_{ar}$ 沿轴向分布的非定常变化

厚度减小,这是喷射流对叶顶堵塞的抑制造成的;当通道远离喷嘴时,位移厚度增加,这是由叶顶喷气引起叶顶流动的不均匀造成的(与实壁机匣相比,叶顶的非喷气部分流量减小,导致由叶顶泄漏流引起的叶顶堵塞相对较大)。当喷嘴数目增加为 12 个后,喷嘴对叶顶堵塞的影响分为两个时段,每个时段对位移厚度的最大影响程度与 6 个喷嘴时相当。

当喷气的周向覆盖比例降低到 27% 后,随着喷嘴数目的增多,喷气对位移厚度的降低程度越来越低。相应地,压气机的裕度改进量也随之降低。这说明,当喷嘴数目较多造成单个喷嘴的周向覆盖比例较低时,叶片通道与喷嘴的连续接触时间较少,叶顶喷气对叶顶堵塞无法形成有效的抑制,压气机的失速裕度改进量随之降低。由此可知,当喷气量较小时,从压气机失速裕度的角度来看,喷嘴数目不宜过多。

图 4-118 给出了设计工况点任意一个叶片通道出口气流角该变量 $\Delta\gamma$ 随时间的变化。首先观察 ccp=54% 时的喷气模型,喷嘴数目为 6 时,受喷气影响部分气流角最大减小 5° 以上,不受喷气影响部分气流角最大增加 4° 左右。当喷嘴数目变

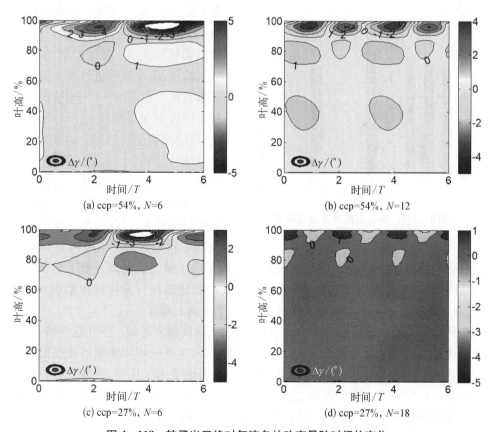

(a) ccp=54%, N=6 　　(b) ccp=54%, N=12

(c) ccp=27%, N=6 　　(d) ccp=27%, N=18

图 4-118　转子出口绝对气流角的改变量随时间的变化

为 12 后（ccp＝54%，N＝12），喷气对出口气流角的影响程度降低，其变化幅值在 3°左右。当 ccp＝27%时，与前者类似，转子出口气流角的变化幅值随喷嘴数目的增加而减小。从单个通道的角度来看，喷嘴的离散分布导致转子出口流动的非定常变化；从全通道的角度来看，转子出口流动沿周向的分布是不均匀的。这种不均匀性随喷嘴数目的增加而降低。当转子处于级环境中时，叶顶喷气引起的流动不均匀会引起后面级性能的改变。从级间匹配的角度来看，喷嘴数目不宜过少。

3. 喷气速度的影响及机制

从公开发表的文献可知，喷气速度越大对压气机失速裕度越有利。喷气速度由喷嘴进口总压、喷嘴出口静压以及喷嘴流道损失决定。在叶顶喷气的工程应用中，喷气速度的调整只能通过改变喷嘴的进口总压实现。同时，喷气速度的增加必然会引起喷气量的增加。因而，为了适应叶顶喷气的工程应用，通过改变喷嘴进口总压实现对喷气速度的调节。

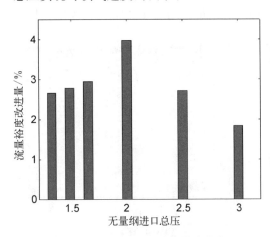

图 4－119　失速裕度改进量随喷嘴进口总压的变化

对于喷气速度的研究采用单通道非定常计算。选取周向覆盖比例为 27%、喉部高度为 4 倍叶顶间隙、喷气偏航角为 0°、喷气位置为 z_0 的喷气模型，改变喷嘴进口总压进行非定常数值模拟。图 4－119 给出了流量裕度改进量随喷嘴进口总压的变化，其中喷嘴进口总压由标准大气压无量纲化。由图 4－119 可知，随着喷嘴进口总压的增加，压气机的失速裕度逐渐增加。当喷嘴进口总压达到 2 倍标准大气压时，压气机的失速裕度达到最大值。当喷嘴进口总压进一步增加时，压气机的失速裕度反而会下降。由于喷气的气源一般来自压气机的后面级，喷嘴进口总压越大，对压气机造成的能量损耗与流量损失也越大。因而，对于压气机的失速裕度而言，喷气速度并不是越大越好。

从已有文献的研究结论来看，一般认为喷气速度越大越好。但在这些研究中，喷气速度的研究上限一般是喷嘴处于堵塞状态，对于进一步增加喷气速度的影响并没有研究。本书中，当喷嘴进口总压为 1.65 倍标准大气压时，喷嘴刚好处于堵塞状态。在喷嘴进入堵塞状态之前，从图 4－119 可知，压气机的失速裕度随着喷气速度的增加而增加，这与已有的研究结论是一致的。

从前文的分析可知，叶顶喷气对叶顶堵塞的抑制是提升压气机失速裕度的主要原因。图 4 - 120 给出了两种喷嘴进口总压条件下的叶顶相对马赫数分布。当喷嘴进口总压较高时,喷射流的动量较大,对叶顶泄漏涡堵塞(通道中间的低速区)具有更好的抑制作用,因而压气机具有更高的失速裕度。

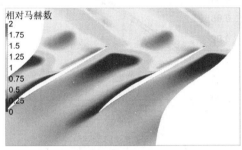
(a) 进口无量纲总压为1.65

(b) 进口无量纲总压为2

图 4 - 120　近失速工况点叶顶相对马赫数分布

然而,为什么进一步提升喷嘴进口总压反而会降低压气机的失速裕度? 图 4 - 121 为不同喷嘴进口总压下喷嘴内的绝对马赫数分布。从图 4 - 121 中可以看出,当喷嘴进口总压相对较小时,喷射流紧贴壁面流动;当喷嘴进口总压过大时,喷射流脱离壁面,在近壁面形成低速回流区,不利于对叶顶堵塞进行激励。因此,过大的喷嘴进口总压会导致压气机失速裕度改进量的下降。

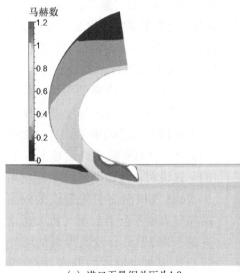

(a) 进口无量纲总压为1.8

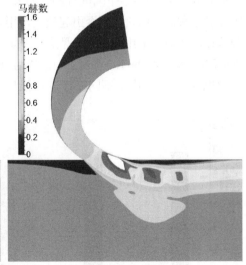
(b) 进口无量纲总压为2.4

图 4 - 121　喷嘴内的绝对马赫数分布

图 4 - 122 给出了不同喷嘴进口总压下的压气机性能曲线。由图 4 - 122 可知,改变喷嘴进口总压对压气机的总压比影响很小,对设计点的效率影响也不大。

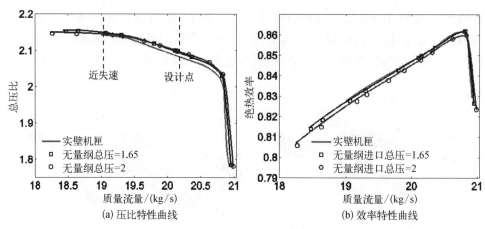

图 4‑122 喷气速度对压气机性能的影响

但在远离设计点的小流量工况点时,过大的喷嘴进口总压会降低压气机的效率。

从以上分析可知,叶顶喷气的喷气速度并不是越大越好,在一定范围内提升喷气速度有利于压气机失速裕度的提升。对于本书研究的模型,当压气机进口为标准大气压时,喷嘴进口总压不能超过 2 个大气压。

4. 喷气温度的影响及机制

在叶顶喷气的研究中,喷嘴的进口总温一般给定为标准大气温度(288.2 K)。但在叶顶喷气的工程应用中,喷气的气源来自压气机的后面级,引气温度必然高于大气温度。这种温度的差异能否引起喷气作用效果的改变是本节研究的重点。对于喷气温度影响的研究采用单通道模型进行非定常数值模拟。喷嘴进口总温给定 3 个水平:288.2 K、339 K 和 390 K。喷嘴进口总压为 165 000 Pa,其他喷气参数的设置同上一节。

图 4‑123 给出了不同喷嘴进口温度下压气机流量裕度改进量的对比。从图中可以看出,不同进气温度对压气机失速裕度的影响很小。这与文献[15,79]中的实验研究结论是一致的。这说明在叶顶喷气的实际应用中,从压气机后面引气造成的较高的喷气温度不会引起压气机失速裕度的下降,但具有较高温度的喷气流会造成机匣温度的升高,由此可能引发机匣的变形,这在叶顶喷气的实际应用中应予以考虑。

图 4‑124 为两种喷气温度下压气机总性能与实壁机匣的对比。

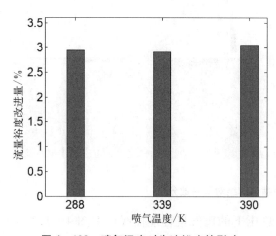

图 4‑123 喷气温度对失速裕度的影响

由于高温气体更难压缩,与较低的喷气温度相比,提高喷气温度会降低压气机的总压比,尤其是在大流量工况下。在压气机设计工况及小流量工况下,提高喷气温度后的总压比与实壁机匣相当。从效率特性来看,不同的喷气温度对压气机的效率几乎没有影响,均与实壁机匣相当。

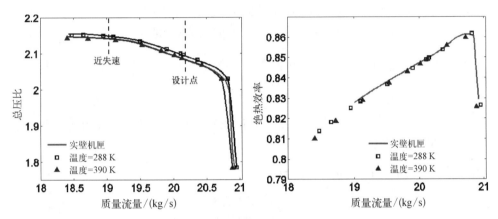

图 4-124　喷气温度对压气机性能的影响

从以上分析可知,不同的喷气温度对压气机的失速裕度改进量没有影响。与实壁机匣相比,较高的喷气温度不会降低压气机的总性能。

5. 喷气规律的交互作用分析

在喷气参数的交互作用分析中,主要分析喷气位置、喉部高度和喷气角度在不同喷气量下对压气机失速裕度的影响规律。

1) 模型的拟合与预测

采用单通道非定常数值模拟计算表 4-10 给出的不同喷气参数组合下压气机的失速裕度,失速裕度改进量 MSMI 由表 4-10 最后一列给出。对于单通道非定常数值计算,压气机逼近流量边界时每次背压提升 100 Pa,即背压分辨率为 100 Pa。对数值计算结果进行分析表明,在接近流量边界点时,背压每提升 100 Pa,喷气量为 0.5%、1.25% 和 2% 时通道出口流量变化均值分别为 0.084 kg/s、0.089 5 kg/s 和 0.116 kg/s,因而对流量裕度的分辨率分别为 0.44%、0.47% 和 0.62%。

表 4-10 中给出的是设计空间中部分喷气组合的 MSMI,在进行喷气规律的分析时,需要知道所有喷气组合(共 54 组)的 MSMI。因此,在进行喷气规律的分析之前,需要以表 4-10 中的已有数据建立最小二乘模型来预测其他喷气组合下的 MSMI。

将喷气位置、喷气量、喉部高度和喷气偏航角作为输入变量,MSMI 作为输出变量,根据已有计算结果,采用最小二乘法进行多项式拟合。采用决定系数 r^2(coefficient of determination)作为拟合优度,拟合优度可以度量一个拟合模型对给定数据集的拟合程度。r^2 定义为

$$r^2 = \frac{\sum_{i=1}^{n}(y_i - \bar{y})^2 - \sum_{i=1}^{n}(y_i - \hat{y})^2}{\sum_{i=1}^{n}(y_i - \bar{y})^2} \qquad (4-11)$$

式中，y_i 为离散数据点；$\bar{y}$ 为 y_i 的均值；$\hat{y}$ 为 y_i 的最小二乘值。

因此，$y_i - \bar{y}$ 表示该点到水平直线 $y = \bar{y}$ 的竖直距离，$y_i - \hat{y}$ 表示该点到最小二乘直线的竖直距离。在统计学中，称 $\sum_{i=1}^{n}(y_i - \bar{y})^2$ 为总平方和（TSS），

$\dfrac{\sum_{i=1}^{n}(y_i - \bar{y})^2 - \sum_{i=1}^{n}(y_i - \hat{y})^2}{\sum_{i=1}^{n}(y_i - \bar{y})^2}$ 为误差平方和（ESS），它们之间的差异为回归平方和

（RSS）。公式（4-11）可重新表述为

$$r^2 = \frac{回归平方和}{总平方和} \qquad (4-12)$$

r^2 可以理解为响应 y 的方差中能被回归方程解释的比例，其值越接近 1，表明拟合程度越好。

对表 4-10 中的流量裕度进行最小二乘拟合，回归分析表明 $r^2 = 1$，说明最小二乘拟合完全拟合了原计算结果。然而，对已有结果的拟合结果并不能判断对未知喷气组合的预测能力，因而必须进行检验。对于流量裕度改进量 MSMI，定义预测误差 $\mathrm{MSMI_{err}}$ 为

$$\mathrm{MSMI_{err}} = \mathrm{MSMI_{cal}} - \mathrm{MSMI_{pre}} \qquad (4-13)$$

式中，$\mathrm{MSMI_{err}}$ 为预测误差；$\mathrm{MSMI_{cal}}$ 为 MSMI 的计算值；$\mathrm{MSMI_{pre}}$ 为 MSMI 的预测值。

表 4-11 给出了用于检测最小二乘拟合模型的喷气组合，表 4-11 中的编号延续表 4-10。采用单通道非定常模型计算表中编号为 19~21 的失速裕度改进量，并采用最小二乘模型对其预测，计算值（$\mathrm{MSMI_{cal}}\%$）和预测值（$\mathrm{MSMI_{pre}}\%$）均在表中给出。初期分析时发现编号 20 的预测误差较大（0.8%），因而将 19~21 组试验结果加入数据库，并追加第 22 组试验，预测 23~25 组的裕度改进量，预测误差均在 0.5% 以内。此时认为设计空间内的参数可以预测未知喷气组合的扩稳能力。

表 4-11　对最小二乘拟合模型的检测

编号	轴向位置	喷气量/%	喉部高度	喷气角度/(°)	$\mathrm{MSMI_{cal}}$/%	$\mathrm{MSMI_{pre}}$/%	$\mathrm{MSMI_{err}}$/%
19	z_0	0.5	2	-16	2.41	2.51	-0.10
20	z_1	1.25	4	0	3.45	3.06	0.39

续　表

编号	轴向位置	喷气量/%	喉部高度	喷气角度/(°)	$MSMI_{cal}$/%	$MSMI_{pre}$/%	$MSMI_{err}$/%
21	z_0	2	6	16	3.64	3.57	0.07
22	z_0	2	6	0	3.68	3.96	-0.28
23	z_1	0.5	2	-16	2.17	2.19	-0.02
24	z_0	1.25	2	16	3.93	3.85	0.08
25	z_0	2	2	0	3.06	3.40	-0.34

　　综合表 4-10 和表 4-11 中的所有数据用以建立新的最小二乘拟合模型,拟合结果见图 4-125(a),图中虚线是 95% 置信区间。由图可知,MSMI 的预测值均布在回归直线两侧,几乎所有结果都落在 95% 置信区间以内,计算得 $r^2 = 0.93$。图 4-125(b) 给出了误差分布,当喷气量 m 较小时,误差很小,喷气量较大时,误差有所增加,整体上预测误差在数值计算误差内。因此认为,在数值计算误差内,最小二乘模型可以准确预测设计空间内的所有喷气参数组合的 MSMI 值。

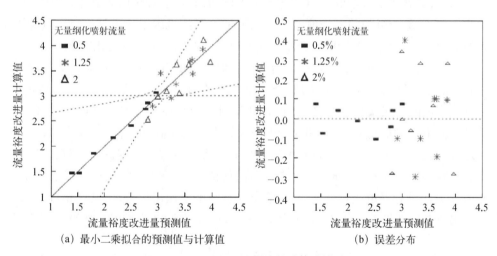

(a) 最小二乘拟合的预测值与计算值　　　　(b) 误差分布

图 4-125　MSMI 预测值与计算值的对比

　　在非定常数值模拟中,对跨声速单转子进行失速边界的判定时,背压的分辨率一般为 200 Pa 左右。本书给定 100 Pa,可以有效地降低计算误差。如果继续提高背压的分辨率,即每次背压变化小于 100 Pa,由于非定常收敛准则难以确定及计算时间过多,对于跨声速压气机的意义不大。因此,本书认为背压分辨率为 100 Pa 已满足当前的精度要求。从最小二乘拟合结果来看,通过检验与追加实验,最终的最小二乘模型的预测误差在数值计算误差以内。通过最小二乘模型即可得到所有喷气参数组合下的 MSMI 值。

　　喷气量是实施叶顶喷气的一个关键参数。一般而言，在一定范围内压气机的失速裕度随喷气量的增加而增加。然而，过多的喷气量会影响压气机的效率和级间匹配。在压气机的运行过程中，喷气量的大小可以通过调整供气压力的大小来实现，而如喷嘴喉部高度等几何参数一旦确定后就无法改变。因此，对于喷气位置、喉部高度和喷气角度影响规律的分析，选择在不同喷气量下进行讨论，即仅考虑三者与喷气量间的交互作用。

　　考虑到数值计算误差和最小二乘模型的预测误差，对于喷气位置、喉部高度和喷气角度，采用方差分析研究各喷气参数与失速裕度之间的关系。方差分析用来检验两个或两个以上群体（一个群体为一组）在一个研究变量上的均值差异。在方差分析中，主要计算 F 统计量，通过 F 统计量就可以计算出 p 值。F 统计量用于比较组间变化量与组内变化量，如果组间变化量所占比例较大，则说明响应的变动主要是由研究变量引起的；反之，如果组间变化量所占比例小，则说明响应的变动不是由研究变量引起的，研究变量的不同水平没有给响应带来显著影响，响应的变动可能是由随机变量因素引起的。针对具体问题进行方差分析时，需要人为给定显著水平，显著水平一般取 0.1（根据研究的问题而定）。如果由 F 值计算得到的 p 值小于 0.1，每个组间的平均值变动的原因是由于随机因素而不是研究变量的影响造成的可能性小于 0.1，即 p 值小于 0.1 时认为响应对因子的变化显著。

　　进行 F 检验存在以下问题：① 当进行均值比较的群体较多时，通过 p 值的大小只能确定整体的差异性，无法判定哪些群组间存在或不存在显著差异；② 通过 p 值的大小可能存在误判，如群组 A 和群组 B 间本身存在显著差异，但群组 C 的均值处于群组 A 和群组 B 之间，由三个群组计算得到的 p 值很可能大于显著水平，此时通过 p 值的大小就忽略了群组 A 和群组 B 间存在的差异。因此，本节在进行方差分析时，采用 Tukey Kramer 方法进行多组均值（包括两组）的比较。基于 Tukey Kramer 方法进行多重比较时，一般在给定显著水平下做出比较环，圆环距离越远，表示均值差异越显著。图 4 - 126 为 Tukey Kramer 检验比较环相交时的显著性判

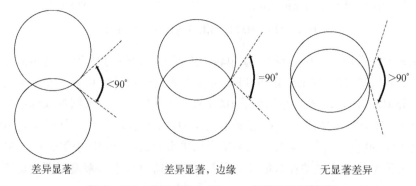

差异显著　　　　　　　　差异显著，边缘　　　　　　　无显著差异

图 4 - 126　关于 Tukey Kramer 均值检验的说明

断方法,显著与否取决于比较环的夹角。本节 Tukey Kramer 均值比较的显著水平设定为 0.15。

2) 喷气位置的影响及机制

图 4 - 127 给出了喷气位置影响的单因素方差分析,图中菱形中间的线表示该组的均值,上下两条线为 85% 置信区间的上下限,细线为各组均值的连线,右侧圆环为基于 Tukey Kramer 方法进行多重比较的均值比较环。

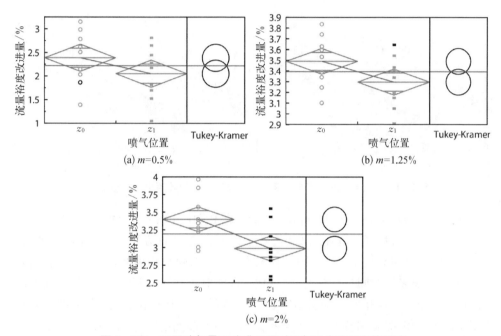

(a) $m=0.5\%$

(b) $m=1.25\%$

(c) $m=2\%$

图 4 - 127　不同喷气量下喷嘴位置对压气机失速裕度的影响

由图 4 - 127 可知,当喷气量 $m = 0.5\%$ 时,比较环的夹角接近 90°,喷气位置影响的显著性处于边缘;当 $m = 1.25\%$ 和 2% 时,比较环的夹角小于 90° 或比较环不接触,喷气位置对压气机失速裕度的影响显著。总体来看,喷气量越大,喷气位置对 MSMI 的影响越显著。

通过对喷气位置的论述可知,为了充分抑制叶顶堵塞,喷气位置尽可能接近叶顶前缘($Z_a = z_1$)。然而,考虑到叶顶的静压分布特点,喷气位置应选择在 $Z_a = z_0$(远离叶顶前缘)处。

统计近失速工况点所有数值计算模型在两个喷气位置的平均喷气量,z_0 处为 $m = 1.27\%$,z_1 处为 $m = 1.26\%$。这说明由于喷嘴出口背压的作用的确增大了 z_0 位置的喷气量。

下面在两个喷气量下分析喷气位置的作用机制。由于对单通道计算而言,叶顶喷气的作用在于消除叶顶堵塞,因而在机制分析上主要关注叶顶喷气对叶顶堵塞的影响。

　　图4-128给出了两个喷气位置下近失速工况点（均对应实壁机匣的流量边界点）的叶顶相对马赫数分布，两个喷气位置的喷气量均为 $m = 1.25\%$，除喷气位置外其他喷气参数均相同。图中给出相对马赫数为1的等值线分布，用于近似衡量激波的位置。图4-128中的相对马赫数分布为单通道非定常计算的时均值，代表喷嘴对叶片通道处于所有相对位置下的平均影响。

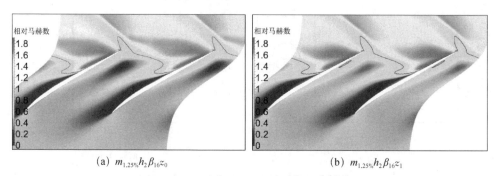

（a）$m_{1.25\%}h_2\beta_{16}z_0$　　　　　　　　　（b）$m_{1.25\%}h_2\beta_{16}z_1$

图4-128　$m = 1.25\%$时不同喷气位置近失速点的叶顶相对马赫数分布

　　喷气模型 $m_{1.25\%}h_2\beta_{16}z_0$ 和 $m_{1.25\%}h_2\beta_{16}z_1$ 的 MSMI 分别为 3.93% 和 3.45%。对比两者可以发现，喷气位置在 z_0 处时，叶顶泄漏涡造成的堵塞（位于通道中间）较大，附面层分离相对较小。这是因为在 z_0 处喷气时，喷嘴距离叶顶前缘较远，喷射流与主流有更多的时间进行掺混，到达转子前缘时流动速度较低，对叶顶泄漏涡的激励相对较弱，导致叶顶泄漏涡堵塞较强。当喷嘴处于 z_1 位置时，高速喷射流直接作用于叶顶泄漏涡和转子，虽有效抑制了叶顶泄漏涡堵塞，但附面层分离更为严重。这是由于高速射流直接作用于转子叶顶导致叶顶前缘附近负荷增加、激波强

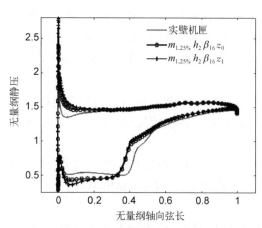

图4-129　不同喷气位置下99%叶高叶片表面的无量纲静压分布

度增大。这可以从图4-129中99%叶高叶片表面的静压分布看出。另外从叶顶静压分布可知，在叶顶喷气作用下，通道激波的位置是向前移动的。我们课题组在对轴向倾斜缝等机匣处理的研究中发现，机匣处理使通道激波的位置后移，这与叶顶喷气的影响是相反的。

　　上述作用在喷气量较小（$m = 0.5\%$）时并不明显。图4-130给出了两个喷气位置下近失速工况的叶顶相对马赫数分布。$m_{0.05\%}h_2\beta_0z_0$ 和

$m_{1.25\%}h_2\beta_0z_1$ 的 MSMI 分别为 2.41% 和 2.17%，两者相差不大。从流场分布来看，两个喷气位置下的叶顶低速区分布也基本一致。这是因为，喷气量越小与主流的掺混作用越弱，导致喷气位置的影响也相对较小。

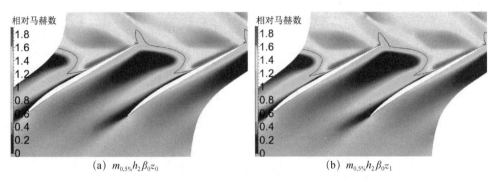

(a) $m_{0.5\%}h_2\beta_0z_0$　　　　　　　　　(b) $m_{0.5\%}h_2\beta_0z_1$

图 4-130　$m=0.5\%$ 时不同喷气位置近失速点的叶顶相对马赫数分布

综合以上分析可知，三个喷气量下喷气位置均位于 $Z_a=z_0$（叶顶前缘之前 18% C_a）处较好。而且，随着喷气量的增加，喷气位置的影响愈加显著。这说明喷气位置与喷气量间不存在交互作用。同时，最大的失速裕度改进均在 $Z_a=z_0$ 取得。原因可总结如下：相比于在 z_1 处喷气，当喷气位置位于 z_0 时，由于叶顶静压的作用使喷气量增大；另一方面的原因是在 z_0 处喷气可以让喷射流与主流更充分地掺混，在抑制叶顶泄漏涡堵塞的同时，避免造成较大的吸力面附面层分离。

3）喷气偏航角的影响及机制

图 4-131 给出了喷气偏航角影响的单因素方差分析。当 $m=0.5\%$ 时，Inj_β=16° 和 Inj_β=-16° 间差异显著，Inj_β=16° 和 Inj_β=0° 间的显著性处于边缘，Inj_β=16° 和 Inj_β=0° 间无显著差异。当 $m=1.25\%$ 时，喷气偏航角对压气机失速裕度的影响显著。当 $m=2\%$ 时，仅 Inj_β=16° 和 Inj_β=0° 间的显著性较高。总体来看，在中小喷气量下，Inj_β=16° 时压气机失速裕度较高，而在大喷气量时，Inj_β=0° 对失速裕度更为有利。

当 Inj_β=16° 时（反预旋），喷射流沿着叶顶前缘中弧线方向。当 Inj_β=0° 和 Inj_β=-16° 时，进气攻角会减小，其中 Inj_β=-16° 时的攻角最小。首先分析喷气量为 $m=0.5\%$ 时的情况，图 4-132 给出了 $m_{0.5\%}h_2\beta_{16}z_1$ 和 $m_{0.5\%}h_2\beta_{-16}z_1$ 在同流量工况下（近流量边界）的叶顶相对马赫数分布。对比两图可以发现，与 Inj_β=-16° 相比，Inj_β=16° 的叶顶泄漏涡堵塞相对较小，但吸力面附面层分离堵塞略有增加。这是因为当喷射流接近中弧线方向时，相对速度较大，具有更大的喷气动量来抑制叶顶泄漏涡堵塞。Inj_β=0° 的作用效果处于 Inj_β=16° 和 Inj_β=-16° 之间。

图 4-133 为喷气量 $m=1.25\%$ 时的叶顶相对马赫数分布，两个喷气模型均处于各自的流量边界点，Inj_β=16° 时压气机的工作流量略低。喷气角度的作用机制

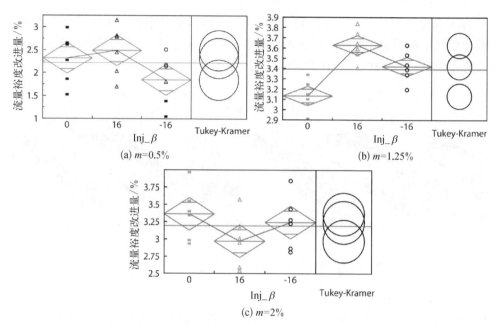

(a) $m=0.5\%$

(b) $m=1.25\%$

(c) $m=2\%$

图 4-131　不同喷气量下喷气偏航角对压气机失速裕度的影响

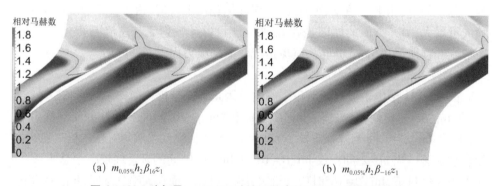

(a) $m_{0.05\%}h_2\beta_{16}z_1$

(b) $m_{0.05\%}h_2\beta_{-16}z_1$

图 4-132　喷气量 $m=0.5\%$ 时 99% 叶高的叶顶相对马赫数分布

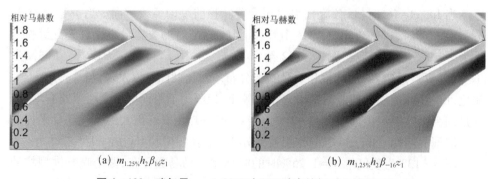

(a) $m_{1.25\%}h_2\beta_{16}z_1$

(b) $m_{1.25\%}h_2\beta_{-16}z_1$

图 4-133　喷气量 $m=1.25\%$ 时 99% 叶高的相对马赫数分布

与 $m=0.5\%$ 时基本一致。但此时,由于喷气量相对较大,$\mathrm{Inj}\_\beta=16°$ 时吸力面附面层分离较强,此时的失速类型是叶顶堵塞失速与叶顶过载失速的结合。当喷气量较大为 $m=2\%$ 时,$\mathrm{Inj}\_\beta=16°$ 时会引起更大附面层分离,这将降低对压气机失速裕度的改进。

　　4）喉部高度的影响及机制

　　图 4-134 给出了喷嘴喉部高度影响的单因素方差分析,图中各符号含义与上一节相同。当 $m=0.5\%$ 时,随着喉部高度的增加 MSMI 逐渐降低;当 $m=1.25\%$ 时,喉部高度的影响不显著;当 $m=2\%$ 时,喉部高度为 6 倍叶顶间隙时的喷气效果最好。总体来看,喉部高度与喷气量间存在明显的交互作用。

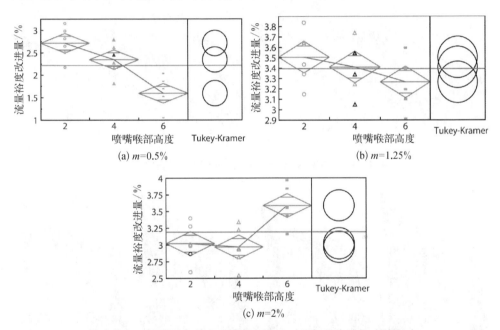

(a) $m=0.5\%$　　(b) $m=1.25\%$

(c) $m=2\%$

图 4-134　不同喷气量下喷嘴喉部高度对压气机失速裕度的影响

　　在相同喷气量下,喉部高度越大则喷嘴宽度越小,喷气的周向覆盖越小。为便于说明,此处约定由机匣向轮毂为叶展方向,第一个 $h=2$ 的环形面为 I,第二个和第三个 $h=2$ 的环形面分别为 II 和 III。

　　首先分析喷气量 $m=2\%$ 时,喉部高度对压气机失速裕度的作用机制。选取四组结构:$m_{2\%}h_2\beta_0z_0$、$m_{2\%}h_4\beta_0z_0$、$m_{2\%}h_6\beta_0z_0$ 和 $m_{2\%}h_6\beta_{-16}z_0$,取四组喷气结构的各自近失速点的非定常时均值进行分析,它们近失速点的流量分别为 18.46 kg/s、18.35 kg/s、18.33 kg/s 和 18.25 kg/s。图 4-135 给出了四组结构 99% 叶高的相对马赫数分布,图 4-136 为相应的叶顶泄漏流流线分布及相对马赫数为 0.4 的等值面,图 4-137 为相应的叶顶吸、压力面无量纲静压分布。

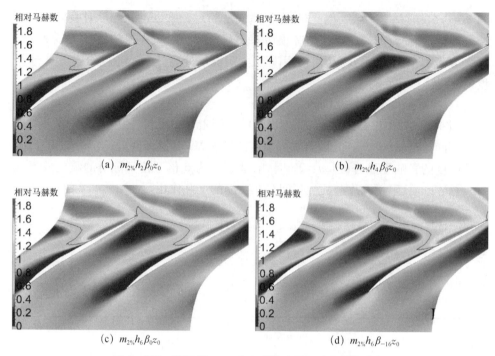

(a) $m_{2\%}h_2\beta_0z_0$

(b) $m_{2\%}h_4\beta_0z_0$

(c) $m_{2\%}h_6\beta_0z_0$

(d) $m_{2\%}h_6\beta_{-16}z_0$

图 4-135　喷气量 $m = 2\%$ 时的叶顶相对马赫数分布

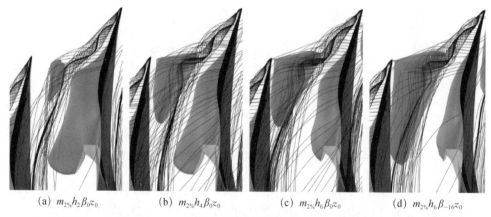

(a) $m_{2\%}h_2\beta_0z_0$　　(b) $m_{2\%}h_4\beta_0z_0$　　(c) $m_{2\%}h_6\beta_0z_0$　　(d) $m_{2\%}h_6\beta_{-16}z_0$

图 4-136　喷气量 $m = 2\%$ 时的叶顶泄漏流流线及 $Ma = 0.4$ 的等值面分布

　　对比喷气偏航角为 0° 时的三种结构的叶顶流场分布可知,在相同喷气量下,喉部高度越小,泄漏涡造成的堵塞越小。这是因为 h 较小,喷嘴宽度越大,当 $m = 2\%$、$h = 2$ 时,喷嘴的周向覆盖比例高达 87.36%。喷射流进入叶片通道后,喷气流在 I 环形面沿周向几乎覆盖整个通道,对叶顶泄漏涡具有强烈的激励作用。从叶顶泄漏涡的形态来看,虽然此时已经逼近失速点,但泄漏涡仍保持较规则的形态,经过激波时叶顶泄漏涡也没有发生明显的膨胀,由其引发的低速区也很小。随着

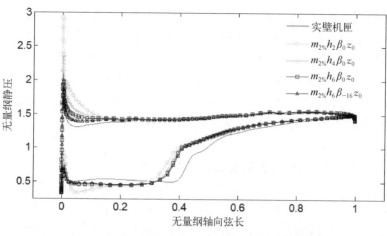

图 4-137　喷气量 $m=2\%$ 时的叶顶静压分布

喉部高度的增加,喷气的周向覆盖比例降低,喷气流会均匀分布在 Ⅰ 至 Ⅲ 环形面内,对叶顶泄漏涡的激励作用逐渐减弱,泄漏涡堵塞相应增加。

然而,h 越小,由吸力面附面层分离造成的堵塞越大,这与喷气周向覆盖比例的影响是一致的。这主要因为 h 较小,喷射流与主流掺混后在 Ⅰ 环形面内的速度越高。从图 4-136 可以看出,$h=2$ 时,叶顶前缘附近负荷的明显增加,激波位置前移,导致激波打在附面层上引起较大的分离。同时,由于激波位置靠近上游,附面层分离后无法在主流的激励下再附,导致附面层分离堵塞很大,此时的失速类型已经接近叶顶过载失速。当 $h=4$ 和 6 时,Ⅰ 环形面内喷射流与主流混合后的流动速度相对变低,叶顶负荷相应减小,两者的激波位置相差不大,边界流量也几乎相等。

对比 $m_{2\%}h_6\beta_0 z_0$ 和 $m_{2\%}h_6\beta_{-16}z_0$ 可知,在相同喉部高度下,进气攻角的减小（Inj_$\beta=-16°$）可以降低叶顶前缘负荷,使通道激波略微后移,起到减小附面层分离的作用。然而,由于对叶顶泄漏涡的激励不足会增加叶顶泄漏涡堵塞。从两者的失速裕度来看,Inj_$\beta=-16°$ 的 SMI 高于前者 0.5%。这似乎说明,在较大喷气量时,减小来流攻角有利于减弱附面层分离,对压气机失速裕度的提升更为有利。

由图 4-134 可知,当喷气量 $m=0.5\%$ 时,喉部高度 h 的作用也比较显著。在此喷气量下,$h=2$ 时的周向覆盖比例为 21.84%,低于 $m=2\%$、$h=6$ 时的 29.12%,因而小喷气量时不存在喷嘴周向覆盖比例过大引起的附面层分离过大的问题,其扩稳机制完全在于对叶顶泄漏涡堵塞的抑制。因此,压气机的失速裕度会随着喉部的减小而增加。当喷气量 $m=1.25\%$ 时的最大周向覆盖比例为 54.6%,因喷气量适中,周向覆盖比例变化程度不大,导致失速裕度受喉部高度的影响不显著。从图 4-134 中可以看到,$m=1.25\%$ 时的最佳喉部高度为 $h=2$,说明此时的附面层分离并不严重。

以上分析说明,在喷气量 $m=0.5\%$ 和 $m=2\%$ 时,喉部高度显著影响转子稳定裕度的原因是周向覆盖比例的不同造成的。喷气量较大且喉部高度较小时,喷嘴周向覆盖比例较大,虽然可以较好地抑制叶顶泄漏涡堵塞,但会引起较大的吸力面附面层分离,对失速裕度的提升相对较低。而在喷气量较小时不存在周向覆盖比例过大的问题,因而喉部高度越小失速裕度越高。这种作用机制也导致在喷气量较大时,模型的预测误差比小喷气量时的大。

4.4.4 叶顶喷气与失速裕度的关联性分析

上述分析解释了叶顶喷气的扩稳机制以及各喷气参数的作用规律,但究竟是何种因素决定了叶顶喷气的作用效果还无法知晓。从多通道非定常数值模拟来看,对压气机稳定边界的确定需要消耗大量的计算时间,而单通道非定常数值计算无法模拟出叶顶喷气的非定常效应。因此,找出与失速裕度改进量具有紧密联系的参数不仅可以进一步理解叶顶喷气的扩稳机制,还可以节省大量的计算时间。本书利用图 4-111 中的数据计算如下参数:

$$\overline{V_z} = (m_{\text{inj}} \cdot V_{\text{inj}} + m_{\text{core}} \cdot V_{\text{core}})/(m_{\text{inj}} + m_{\text{core}}) \qquad 4-14(\text{a})$$

$$\Delta\delta_{\text{ar, tot}} = \iint \Delta\delta_{\text{ar}} \mathrm{d}z\mathrm{d}t, \ \Delta\delta \in \text{reals} \qquad 4-14(\text{b})$$

$$\Delta\delta_{\text{ar, tot, neg}} = \iint \Delta\delta_{\text{ar}} \mathrm{d}z\mathrm{d}t, \ \Delta\delta \leqslant 0 \qquad 4-14(\text{c})$$

$$\Delta\delta_{\text{ar, ave, neg}} = \iint \frac{\Delta\delta_{\text{ar}} \mathrm{d}z\mathrm{d}t}{\iint \mathrm{d}z\mathrm{d}t}, \ \Delta\delta \leqslant 0 \qquad 4-14(\text{d})$$

式中,core 为通道主流;inj 为喷气模型;m 为流量;t 为时间方向;z 为轴向;V 为轴向速度;$\overline{V_z}$ 为叶顶质量平均的轴向速度;$\Delta\delta_{\text{ar}}$ 为附面层厚度;$\Delta\delta_{\text{ar, tot}}$ 为通道中堵塞总量的变化;$\Delta\delta_{\text{ar, tot, neg}}$ 为通道中喷气作用部分堵塞总量的变化;$\Delta\delta_{\text{ar, ave, neg}}$ 为通道中喷气作用部分堵塞平均量的变化,定义为喷气效率。

图 4-138 给出了上述参数以及 MSMI 随喷气周向覆盖比例的变化情况,每个参数均由各自的最大值无量纲化,横坐标 0 对应实壁机匣。用于计算上述参数的数据分别取自对应实壁机匣的近失速工况点和设计工况点,图中同时给出了沿转子叶顶前缘线的喷气效率($\Delta\delta_{\text{ar, ave, neg}}$ at LE)。从图 4-138 中可以看出,$\overline{V_z}$ 虽然与 MSMI 的整体变化趋势一致,但两者的关联性并不大。文献[15]认为 MSMI 由 $\overline{V_z}$ 决定,但从其给出的数据来看,MSMI 与 $\overline{V_z}$ 仅存在正相关的关系,即两者的整体趋势一致,这与本书的结论是一致的。

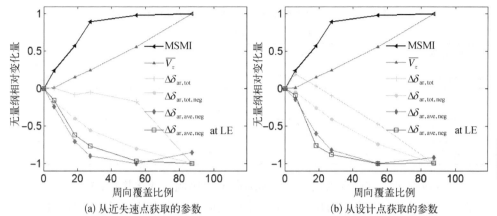

(a) 从近失速点获取的参数　　　　(b) 从设计点获取的参数

图4-138　失速裕度改进量与周向覆盖比例间的关联性分析

　　为了直观得出 MSMI 与哪个参数的相关性最为紧密,本书采用相关分析的方法计算 MSMI 与其他参量间的相关系数。相关系数的绝对值越接近 1,表明两者间的相关性越紧密。在进行相关分析前,首先需设定显著水平,本书设定显著水平为 0.01,此时相关系数的阈值为 0.917(自由度为 4)。当算得的相关系数绝对值大于该阈值时,说明在显著水平为 0.01 时,两者在统计学上具有强相关性,即两者间存在因果关系。

　　表 4-12 给出了 MSMI 与其他参量间的相关系数,负值表示两者呈现负相关,有效的相关系数由黑体标出。从表 4-12 中数据可知,无论是取自哪个工作点的数据,MSMI 与 $\Delta\delta_{ar,tot}$ 关系并不密切,这说明 MSMI 与通道中堵塞总量的变化并无直接关系。当压气机处于距离喷气模型失速边界较近的工作点(对应实壁机匣近失速点)时,受喷气影响部分的堵塞总量的变化 $\Delta\delta_{ar,tot,neg}$ 与 MSMI 密切相关;但是,当压气机的工作状态处于距喷气模型失速边界较远的工作点(对应实壁机匣设计点)时,这种相关性消失。相比于前两者,无论在哪个工作点,$\Delta\delta_{ar,ave,neg}$ 与 MSMI 关系最为密切。这表明失速裕度改进量随通道中受喷气影响部分的堵塞平均变化量的降低而升高,即 MSMI 由上文定义的喷气效率决定。另外,沿转子前缘的喷气效率也可以较好地反映 MSMI 的变化趋势。Vo 等[80,81]在研究压气机发生突尖失速的准则时认为,"前缘溢流"与"尾缘反流"是压气机失速的两个典型特征。沿转子前缘的喷气效率反映了喷气对叶顶前缘堵塞的抑制,即对"前缘溢流"倾向的抑制,因而总体上可以反映出 MSMI 的变化趋势。

　　从图 4-138 和表 4-12 来看,无论从哪个工作点算得的喷气效率均可反映 MSMI 随喷气周向覆盖比例的变化规律。在非定常计算的过程中发现,对设计点的非定常计算时间要远远小于对近失速点的非定常计算时间。因而,在多通道非定常计算中,对于最佳叶顶喷气周向覆盖比例的确定只需计算一个相同的工作点(设计点),这就极大缩短了研究周期。

表 4 – 12　失速裕度改进量与周向覆盖比例间的相关系数

（a）从近失速点获取的参数

相关系数	$\overline{V_z}$	$\Delta\delta_{ar,\,tot}$	$\Delta\delta_{ar,\,tot,\,neg}$	$\Delta\delta_{ar,\,ave,\,neg}$	$\Delta\delta_{ar,\,ave,\,neg}$ at LE
MSMI	0.799	−0.557	−0.952	−0.978	−0.988

（b）从设计点获取的参数

相关系数	$\overline{V_z}$	$\Delta\delta_{ar,\,tot}$	$\Delta\delta_{ar,\,tot,\,neg}$	$\Delta\delta_{ar,\,ave,\,neg}$	$\Delta\delta_{ar,\,ave,\,neg}$ at LE
MSMI	0.799	−0.712	−0.895	−0.992	−0.974

喷气效率可以准确反映出 MSMI 随周向覆盖比例的变化趋势，然而，喷气效率能否反映出其他喷气参数对压气机失速裕度的影响？本书计算了周向覆盖比例为27%时，不同喷嘴数目和不同喉部高度下的喷气效率（从设计工况点获取数据）。MSMI 与各参数间的变化关系由图 4 – 139 给出，表 4 – 13 给出了相关分析的结果。从图 4 – 139 中曲线和表 4 – 13 中数据可以看出，喷嘴数目和喉部高度对 MSMI 的影响均与喷气效率密切相关，沿叶片前缘的喷气效率同样可以反映 MSMI 的变化趋势。这与不同喷气周向覆盖比例下喷气效率与 MSMI 的关系是一致的。

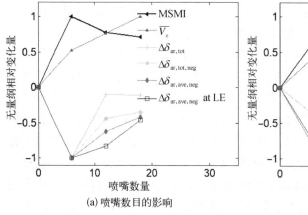

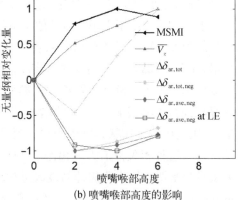

（a）喷嘴数目的影响　　　　　　　　（b）喷嘴喉部高度的影响

图 4 – 139　失速裕度改进量与喷气参数间的关联性分析

表 4 – 13　失速裕度改进量与喷气参数间的相关系数

（a）喷嘴数目

相关系数	$\overline{V_z}$	$\Delta\delta_{ar,\,tot}$	$\Delta\delta_{ar,\,tot,\,neg}$	$\Delta\delta_{ar,\,ave,\,neg}$	$\Delta\delta_{ar,\,ave,\,neg}$ at LE
MSMI	0.730	−0.665	−0.884	−0.945	−0.949

（b）喉部高度

相关系数	$\overline{V_z}$	$\Delta\delta_{ar,\,tot}$	$\Delta\delta_{ar,\,tot,\,neg}$	$\Delta\delta_{ar,\,ave,\,neg}$	$\Delta\delta_{ar,\,ave,\,neg}$ at LE
MSMI	0.915	−0.330	−0.917	−0.950	−0.980

从喷气效率的定义可知,喷气效率代表叶顶喷气作用区内叶顶堵塞的平均减小量,即对叶顶堵塞的有效抑制程度。这里的叶顶堵塞既包括由叶顶泄漏涡引起的堵塞,又包括由激波诱发的吸力面附面层分离引起的堵塞。在对亚声速压气机叶顶喷气的研究中,本书从试验和全通道数值计算两方面证明了叶顶喷气的最大作用效果在于对喷气作用区的叶顶堵塞的完全消除。这说明,即便跨声速压气机中存在激波,在叶顶喷气的作用机制上,亚声速压气机和跨声速压气机是一致的。

4.4.5　叶顶喷气在跨声速和亚声速压气机中的异同

在叶顶喷气的应用基础上,亚声速压气机和跨声速压气机均为叶顶堵塞失速,这种失速机制保证了应用叶顶喷气进行扩稳的可行性。

在作用机制上,叶顶喷气提升亚声速压气机和跨声速压气机的主要原因均在于高速喷射流对叶顶堵塞的有效抑制作用。叶顶喷气的非定常效应在两种压气机中均存在,这种非定常效应表现在:当叶片通道离开叶顶喷气的作用范围后,叶顶堵塞的恢复速度小于叶顶泄漏涡的恢复速度,这使得叶顶喷气对叶顶堵塞的作用效果得以持续。在跨声速压气机中,高速喷射流一方面会减小叶顶泄漏涡引起的堵塞,但过高的喷射速度会导致叶顶激波过强,引起叶顶吸力面附面层分离加重,导致叶顶喷气的作用效果受限,这在亚声速压气机中是不存在的。这说明,在叶顶喷气的研究中,采用亚声速压气机来揭示叶顶喷气的作用机制是可行的,但同时需注意跨声速压气机中的激波问题。

在作用规律上,当喷气速度较高时,亚声速压气机使用很小的周向覆盖比例(8.3%)即可达到最大的扩稳效果,而跨声速压气机对喷气周向覆盖比例的要求较大(27%)。这是因为亚声速压气机中叶顶泄漏流的速度较低,高速喷射流可以完全消除通道中的叶顶堵塞;而在跨声速压气机中叶顶泄漏流的强度很大,单个喷嘴的周向宽度过小会减少喷射流与叶顶堵塞的作用时间,导致无法有效降低叶顶通道中的堵塞。当喷气量较小时,喷嘴喉部高度对亚声速和跨声速压气机的影响规律是一致的,即喷嘴喉部高度越小则喷气速度越大,对压气机失速裕度的提升越有利;当喷气量较大且喷嘴喉部高度较小时,跨声速压气机中存在叶顶激波过强引起的吸力面附面层分离较大的问题,使压气机失速裕度的提升受限。

以上分析总结说明,叶顶喷气在亚声速和跨声速压气机中的应用既存在相同点也存在不同之处。不同之处的主要原因在于,跨声速压气机中通道激波的存在使叶顶喷气作用下的叶顶流场存在吸力面附面层分离过大的问题。

4.4.6　小结

通过单通道和多通道非定常数值模拟研究了叶顶喷气在跨声速压气机 NASA Rotor 37 中的作用规律,并分析了各喷气参数的作用机制及对压气机内流动的非定常影响。通过一次一因素实验设计研究了喷气速度、喷气温度、喷嘴周向覆盖比例和喷嘴数目对压气机失速裕度的作用规律，通过定制实验设计分析了喷气位置、喷嘴喉部高度和喷气偏航角与喷气量间的交互作用关系，得出以下主要结论：

(1) 叶顶喷气可以显著提升跨声速压气机的失速裕度，使用压气机近失速流量的 0.65% 的喷气量可以产生约 4% 的流量裕度提升。叶顶喷气在提升压气机失速裕度的同时可以提高压气机的总压比，但对压气机效率的影响很小。

(2) 叶顶喷气对压气机内流动的非定常影响远大于时均影响。对于转子出口气流角而言，叶顶喷气对整个叶高范围的时均影响在 1° 以内，而非定常影响对转子出口气流角的增加量（减小量）最大可达到 3°(5°) 左右。

(3) 当喷气的周向覆盖比例较小时，压气机的失速裕度随周向覆盖比例的增加而增加；当周向覆盖比例增加至 27% 后，增加周向覆盖比例不能继续有效提升压气机的失速裕度。这是因为，当喷气的周向覆盖比例过大时，高速喷射流充满转子叶顶引起激波强度增大，导致由叶顶吸力面附面层分离引起的叶顶堵塞剧烈增加，限制了压气机失速裕度的进一步提升。

(4) 喷嘴数目对压气机失速裕度的影响与周向覆盖比例间存在交互作用。当周向覆盖比例较大时，喷嘴数目对压气机失速裕度和性能均没有显著影响；当周向覆盖比例较小时，喷嘴数目对压气机性能没有显著影响，但压气机失速裕度改进量随喷嘴数目的增加而降低。这是因为，喷嘴数目较多会引起单个喷嘴的周向宽度的降低，叶片通道与单个喷嘴的连续接触时间较少，叶顶喷气对叶顶堵塞无法形成有效的抑制，导致压气机的失速裕度改进量也随之降低。然而，喷嘴数目增多后会降低叶顶喷气的非定常影响，使转子出口的气流分布更均匀。

(5) 喷气速度的改变通过调节喷嘴进口总压实现。在一定范围内，压气机的失速裕度随着喷气速度的增加而增加。当喷嘴进口总压达到 2 倍标准大气压时，压气机的失速裕度达到最大值，进一步增加喷气速度会引起压气机失速裕度改进量的下降。这是因为，过高的喷气速度会引起叶顶吸力面附面层分离加重，同时导致喷射流脱离机匣壁面，造成喷嘴气动性能的下降，减弱了叶顶喷气的作用效果。过大的喷气速度会引起小流量工况的压气机性能的下降。

(6) 喷气温度对压气机的总压比、效率和失速裕度均没有显著影响，但需要考虑过高的喷气温度引起的机匣变形的问题。

(7) 喷气位置对压气机失速裕度的影响与喷气量之间不存在交互作用。在三个喷气量下，相比于在叶顶前缘处(z_1)喷气，喷气位置位于叶顶前缘之前 18% 叶顶轴向弦长处(z_0)时可获得更好的裕度改进。这是因为，相比于在 z_1 处喷气，当喷气位置位于 z_0 时，由于叶顶静压的作用使喷气量增大；另一方面的原因是在 z_0 处喷气可以让喷射流与主流更充分地掺混，在抑制叶顶泄漏涡堵塞的同时避免造成较大的吸力面附面层分离。

（8）喷气偏航角对压气机失速裕度的影响与喷气量之间存在明显的交互作用：在中小喷气量（0.5%、1.25%）下，喷气偏航角为16°（反预旋）即使喷射流沿着叶顶前缘中弧线方向时压气机的失速裕度较高；而在大喷气量（2%）时，喷气偏航角为0°对失速裕度更为有利。这是因为，当喷气量较小时，喷射流接近中弧线方向时具有更大的喷气动量来抑制叶顶泄漏涡堵塞；当喷气量较大时，16°的偏航角会导致叶顶进气攻角增大，引起叶顶吸力面附面层的分离。

（9）喷嘴喉部高度对压气机失速裕度的影响与喷气量之间存在明显的交互作用：在小喷气量（0.5%）下，喉部高度越小对压气机失速裕度越有利；而在大喷气量（2%）下，喉部高度越大对失速裕度越有利。这主要是因为在不同喷气量下，相同喉部高度时喷气的周向覆盖比例是不同的。在小喷气量下不存在周向覆盖比例过大的问题，即较小的喉部高度不会引起叶顶吸力面附面层的严重分离；而在大喷气量下则需增加喉部高度来防止喷气周向覆盖比例过大引起的叶顶吸力面附面层分离。

（10）通过对喷气周向覆盖比例、喷嘴喉部高度和喷嘴数目的多通道非定常计算结果的分析发现，压气机失速裕度改进量与叶顶喷气作用范围内的叶顶堵塞平均减小量（喷气效率）密切相关。无论从压气机哪个工作点来计算喷气效率，喷气效率均能准确反映压气机失速裕度的变化趋势。因此，在进行叶顶喷气的优化设计时，只需计算叶顶喷气作用下压气机的一个同流量工作点，借助喷气效率即可预测各喷气参数对压气机失速裕度的影响规律。通过喷气效率的定义可以极大缩短叶顶喷气设计所需的时间和工作量。

（11）在亚声速和跨声速压气机中，叶顶喷气的作用机制是一致的。在喷气的设计规律上，由于跨声速压气机中激波的存在，使叶顶喷气作用下的流场中存在激波诱发的附面层分离问题，导致叶顶喷气在两种压气机中的作用规律存在一定差异。

4.5　本章小结

本章首先对亚声速转子开展了自循环机匣处理和叶顶喷气的参数化试验研究，参数化研究中考虑了不同几何设计参数间可能存在的交互作用，并结合对叶顶压力场的测量和全通道非定常数值模拟揭示了两者对压气机失速裕度和效率的影响机制。然后以跨声速压气机为研究对象开展了叶顶喷气的参数化研究，目的在于探索激波存在时叶顶喷气的作用规律和影响机制，并找出叶顶喷气在亚声速和跨声速压气机中应用的异同。取得的主要研究结论如下：

1. 自循环机匣处理的作用规律和机制

在亚声速压气机上实验测量了18组自循环机匣处理结构的性能，研究了3个设计参数在 3 个转速下对压气机失速裕度的影响规律。研究发现，自循环机匣处理对压气机失速裕度的最大提升量约为 10%，对压气机效率的最大提升量约为 2%。自循环机匣处理对压气机的影响是非定常的，其扩稳机制主要在于高速射流对叶顶泄漏涡诱发的叶顶堵塞的抑制作用，对压气机效率的改进主要在于对二次泄漏流非定常性的改变和泄漏流量的降低。各几何参数的作用规律总结如下：压气机的失速裕度随自循环机匣处理周向覆盖比例的增加而增加，喷嘴喉部高度和喷气位置的影响与其他参数间存在交互作用。总体来看，喷嘴喉部高度为 4 倍叶顶间隙时较好，低转速时应在叶顶前缘之前喷气，高转速时的喷气应位于叶片通道中。另外，自循环机匣处理没有改变压气机的失速类型，但改变了失速团的个数。

2. 叶顶喷气的作用规律和机制

在亚声速压气机上实验研究了三个喷气参数对压气机失速裕度的影响规律。研究发现，叶顶喷气使用 0.64% 的喷气量产生 15% 的流量裕度提升，高于自循环机匣处理。叶顶喷气对叶顶堵塞的有效抑制是扩稳的主要原因，叶顶喷气的非定常效应保证了该作用效果得以持续。当喷嘴堵塞时，压气机的失速裕度提升最大，增加喷嘴的喉部高度和周向覆盖比例均不能进一步提升压气机的失速裕度。喷嘴的周向分布形式对压气机失速裕度没有显著影响。进气畸变下叶顶喷气的扩稳效果与均匀进气时相当。

在跨声速压气机上通过单通道和多通道非定常数值模拟研究了 8 个喷气参数对压气机失速裕度、总压比和效率的影响规律。研究发现，使用 0.65% 的喷气量可以产生 4% 的流量裕度提升。叶顶喷气的扩稳机制仍然在于高速射流对叶顶堵塞的抑制，而且叶顶喷气作用范围内的叶顶堵塞的平均减小量（喷气效率）决定了裕度改进量的大小。

通过对亚声速和跨声速压气机中叶顶喷气的对比发现，叶顶喷气对于两者的扩稳机制是一致的。在喷气的设计规律上，由于跨声速压气机中激波的存在，使叶顶喷气作用下的流场中存在激波诱发的附面层分离问题，导致叶顶喷气在两种压气机中的作用规律存在一定差异。

参考文献

[1]　Erwin J R, Emery J C. Effect of tunnel configuration and testing technique on cascade performance[R]. Langley Field: National Advisory Committee for Aeronautics, 1951.

[2]　Pierpont P K, Nichols M R. Preliminary investigation of a submerged air scoop utilizing boundary-layer suction to obtain increased pressure recovery [R]. Washington: National Advisory Committee for Aeronautics, 1950.

[3]　Griffin R G Jr, Smith L H. Experimental evaluation of outer case blowing or bleeding of a single stage axial flow compressor, part I—design of rotor blowing and bleeding configurations [R]. Cleveland: General Electric Co, Advanced Technology and Demonstrator Programs

Dept, 1966.

[4] Koch C C, Smith L H. Experimental evaluation of outer case blowing or bleeding of a single stage axial flow compressor, part Ⅵ—final report [R]. Cleveland: General Electric Co, Aircraft Engine Group, 1970.

[5] Bailey E E, Voit C H. Some observations of effects of porous casings on operating range of a single axial-flow compressor rotor[R]. Cleveland: NASA Lewis Research Center, 1970.

[6] Kovicb G, Moore R D, Blade R J. Effect of casing treatment on overall and blade-element performance of a compressor rotor[R]. Cleveland: NASA Lewis Research Center, 1971.

[7] Bailey E E. Effect of groove casing treatment on the flow range capability of a single-stage axial-flow compressor[R]. Washington: NASA Lewis Research Center, 1972.

[8] Moss J E. Effect of slotted casing treatment on performance of a multistage compressor[R]. Cleveland: NASA Lewis Research Center, 1976.

[9] Epstein A. 'Smart' engine components-a micro in every blade [C]. Monterey: American Institute of Aeronautics and Astronautics, 1985.

[10] Epstein A H, Williams Ffowcs J E, Greitzer E M. Active suppression of compressor instabilities[C]. Washington: American Institute of Aeronautics and Astronautics, 1986.

[11] Day I J. Active suppression of rotating stall and surge in axial compressors[J]. Journal of Turbomachinery, 1993, 115(1): 40 – 47.

[12] Freeman C, Wilson A G, Day I J, et al. Experiments in active control of stall on an aeroengine gas turbine[J]. Journal of Turbomachinery, 1998, 120(4): 637 – 647.

[13] Weigl H J, Paduano J D, Frechette L G, et al. Active stabilization of rotating stall and surge in a transonic single-stage axial compressor[J]. Journal of Turbomachinery, 1998, 120(4): 625 – 636.

[14] Suder K L, Hathaway M D, Thorp S A, et al. Compressor stability enhancement using discrete tip injection[C]. Munich: ASME Turbo Expo 2000: Power for Land, Sea, and Air, 2000.

[15] Strazisar A J, Bright M M, Thorp S, et al. Compressor stall control through endwall recirculation[C]. Vienna: ASME Turbo Expo 2004: Power for Land, Sea, and Air, 2004.

[16] Chen J P, Johnson B P, Hathaway M D, et al. Flow characteristics of tip injection on compressor rotating spike via time-accurate simulation[J]. Journal of Propulsion and Power, 2009, 25(3): 678 – 687.

[17] Nie C Q, Xu G, Cheng X B, et al. Micro air injection and its unsteady response in a low-speed axial compressor[J]. Journal of Turbomachinery, 2002, 124(4): 572 – 579.

[18] Nie C Q, Tong Z T, Geng S J, et al. Experimental investigations of micro air injection to control rotating stall[J]. Journal of Thermal Science, 2007, 16(1): 1 – 6.

[19] 徐纲,程晓斌,聂超群,等.两级低速轴流压气机的喷气实验的非定常响应[J].工程热物理学报,2002,23(1): 27 – 30.

[20] 徐纲,聂超群,黄伟光,等.低速轴流压气机顶部微量喷气控制失速机理的数值模拟[J].工程热物理学报,2004,25(1): 37 – 40.

[21] 童志庭.轴流压气机中叶尖泄漏涡、失速先兆、叶尖微喷气非定常关联性的实验研究[D].北京:中国科学院研究生院(工程热物理研究所),2006.

[22] 童志庭,聂超群,朱俊强.微喷气提高轴流压气机稳定性的研究[J].工程热物理学报,

2006,27(z1)：121－124.

[23] Geng S J, Zhang H W, Chen J Y, et al. Numerical study on the response of tip leakage flow unsteadiness to micro tip injection in a low-speed isolated compressor rotor[C]. Montreal：ASME Turbo Expo 2007：Power for Land, Sea, and Air, 2007.

[24] 耿少娟,张宏武,朱俊强,等.喷气对低速轴流压气机转子叶顶区域流动的影响[J].工程热物理学报,2007,28(3)：395－398.

[25] 耿少娟,张宏武,陈静宜,等.跨音速轴流压气机叶顶间隙泄漏流对微喷气的非定常响应机制和扩稳效果研究[J].工程热物理学报,2009,30(12)：2013－2016.

[26] Lin F, Tong Z T, Geng S J, et al. A summary of stall warning and suppression research with micro tip injection[C]. Vancouver：ASME 2011 Turbo Expo：Turbine Technical Conference and Exposition, 2011.

[27] 李继超,刘乐,童志庭,等.轴流压气机叶顶喷气扩稳机理试验研究[J].机械工程学报,2014,50(22)：171－177.

[28] Li J C, Lin F, Tong Z T, et al. The dual mechanisms and implementations of stability enhancement with discrete tip injection in axial flow compressors [J]. Journal of Turbomachinery, 2015, 137(3)：031010.

[29] Mailach R, Lehmann I, Vogeler K. Rotating instabilities in an axial compressor originating from the fluctuating blade tip vortex[J]. Journal of Turbomachinery, 2001, 123(3)：453－460.

[30] Tong Z T, Lin F, Chen J Y, et al. The self-induced unsteadiness of tip leakage vortex and its effect on compressor stall inception[C]. Montreal：ASME Turbo Expo 2007：Power for Land, Sea, and Air, 2007.

[31] Roy B, Chouhan M, Kaudinya K V. Experimental study of boundary layer control through tip injection on straight and swept compressor blades[C]. Reno：ASME Turbo Expo 2005：Power for Land, Sea, and Air, 2005.

[32] Roy B, Veraarapu S. Stability enhancement and hysteresis improvement of axial flow fan by discrete and distributed tip injection schemes[C]. Berlin：ASME Turbo Expo 2008：Power for Land, Sea, and Air, 2008.

[33] Beheshti B H, Farhanieh B, Ghorbanian K, et al. Performance enhancement in transonic axial compressors using blade tip injection coupled with casing treatment[J]. Proceedings of the Institution of Mechanical Engineers, Part A：Journal of Power and Energy, 2005, 219(5)：321－331.

[34] Beheshti B H, Ghorbanian K, Farhanieh B, et al. A new design for tip injection in transonic axial compressors[C]. Barcelona：ASME Turbo Expo 2006：Power for Land, Sea, and Air, 2006.

[35] 张皓光,楚武利,卢新根,等.顶部喷气对高速轴流压气机性能及流场的影响[J].推进技术,2006,27(6)：501－504.

[36] 卢新根,楚武利,朱俊强.定常微量喷气提高轴流压气机稳定工作裕度机理探讨[J].西北工业大学学报,2007,25(1)：17－21.

[37] 卢新根.轴流压气机内部流动失稳及其被动控制策略研究[D].西安：西北工业大学,2007.

[38] 吴艳辉,田江涛,李清鹏,等.跨音轴流压气机转子叶尖喷气扩稳机理分析[J].工程热物理学报,2011,32(7):1119-1122.

[39] 吴艳辉,稂仿玉,吴俊峰,等.叶尖喷气影响压气机近失速流场特征的数值研究[J].推进技术,2014,35(2):195-201.

[40] 吴艳辉,稂仿玉,王晓,等.叶尖喷气影响失速起始型式的数值研究[J].工程热物理学报,2014,35(9):1722-1726.

[41] 时培杰,乔渭阳,王良锋,等.轴流压气机叶尖射流扩稳试验[J].航空动力学报,2014,29(2):384-390.

[42] 时培杰,乔渭阳,魏佐君,等.轴流压气机叶尖射流扩稳数值计算模型[J].航空动力学报,2013,28(7):1549-1556.

[43] 张靖煊,罗玛,聂超群,等.叶顶微喷气提高旋转畸变条件下低速轴流压气机失稳裕度的机理分析[J].航空动力学报,2010,25(1):67-71.

[44] 张靖煊,聂超群,陈静宜.叶顶微喷气提高旋转畸变条件下轴流压气机失稳裕度的机理分析[C].深圳:大型飞机关键技术高层论坛暨中国航空学会2007年年会,2007.

[45] Zhou J W, Hou A P, Zhou S. Effects of injection frequency on the rotor stall margin[J]. Science China Technological Sciences, 2010, 53(1): 213-219.

[46] Cassina G, Beheshti B H, Kammerer A, et al. Parametric study of tip injection in an axial flow compressor stage[C]. Montreal: ASME Turbo Expo 2007: Power for Land, Sea, and Air, 2007.

[47] Khaleghi H, Boroomand M, Teixeira J A, et al. A numerical study of the effects of injection velocity on stability improvement in high-speed compressors[J]. Proceedings of the Institution of Mechanical Engineers, Part A: Journal of Power and Energy, 2008, 222(2): 189-198.

[48] Khaleghi H, Teixeira J A, Tousi M, et al. Parametric study of injection angle effects on stability of transonic axial compressors[J]. Journal of Propulsion and Power, 2008, 24(5): 1100-1107.

[49] Hiller S J, Matzgeller R, Horn W. Stability enhancement of a multi stage compressor by air injection[J]. Journal of Turbomachinery, 2011, 133(3): 031009.

[50] Matzgeller R, Voges M, Schroll M. Investigation of unsteady compressor flow structure with tip injection using particle image velocimetry[C]. Vancouver: ASME 2011 Turbo Expo: Turbine Technical Conference and Exposition, 2011.

[51] Matzgeller R, Pichler R. Modeling of discrete tip injection in a two-dimensional streamline curvature method[C]. Copenhagen: ASME Turbo Expo 2012: Turbine Technical Conference and Exposition, 2012.

[52] 马文生,顾春伟.轴流压气机跨声级转子叶顶喷气的流动特性[J].推进技术,2009,30(3):302-307.

[53] 胡骏,李亮.微量叶尖喷气对压气机稳定性的影响[J].南京航空航天大学学报,2012,44(5):734-740.

[54] 李亮.叶尖射流对压气机稳定性影响研究[D].南京:南京航空航天大学,2013.

[55] 李亮,胡骏,王志强,等.微喷气对压气机稳定性影响的实验[J].航空动力学报,2014,29(1):161-168.

[56] 王前,胡骏,李亮.用于叶尖射流扩稳的 Coanda 喷嘴参数化研究[J].航空计算技术,

2014,44(2): 74 - 76.

[57] Hathaway M D. Self-recirculating casing treatment concept for enhanced compressor performance[C]. Amsterdam: ASME Turbo Expo 2002: Power for Land, Sea, and Air, 2002.

[58] Weichert S, Day I, Freeman C. Self-regulating casing treatment for axial compressor stability enhancement[C]. Vancouver: ASME 2011 Turbo Expo: Turbine Technical Conference and Exposition, 2011.

[59] Dobrzynski B, Saathoff H, Kosyna G. Active flow control in a single-stage axial compressor using tip injection and endwall boundary layer removal[C]. Berlin: ASME Turbo Expo 2008: Power for Land, Sea, and Air, 2008.

[60] Mailach R, Sauer H, Vogeler K. The periodical interaction of the tip clearance flow in the blade rows of axial compressors[C]. New Orleans: ASME Turbo Expo 2001: Power for Land, Sea, and Air, 2001.

[61] Lim H S, Bae H J, Lim Y C, et al. Injection profile effects on low speed axial compressor stability enhancement[J]. Journal of Mechanical Science and Technology, 2011, 25(6): 1501 - 1507.

[62] Lee N K W, Greitzer E M. Effects of endwall suction and blowing on compressor stability enhancement[J]. Journal of Turbomachinery, 1989, 112(1): 133 - 144.

[63] Yang H, Nurnberger D, Nicke E, et al. Numerical investigation of casing treatment mechanisms with a conservative mixed-cell approach[C]. Atlanta: ASME Turbo Expo 2003, collocated with the 2003 International Joint Power Generation Conference, 2003.

[64] Elliott D. The potential benefits of advanced casing treatment for noise attenuation in utra-high bypass ratio turbofan Engines[C]. Honolulu: 35th International Congress and Exposition on Noise Control Engineering, 2006.

[65] Fite E B. Fan performance from duct rake instrumentation on a 1.294 pressure ratio, 725 ft/sec tip speed turbofan simulator using vaned passage casing treatment[R]. Cleveland: NASA/TM - 2006 - 214241, 2006.

[66] Guinet C, Streit J A, Kau H P, et al. Tip gap variation on a transonic rotor in the presence of tip blowing[C]. Dusseldorf: ASME Turbo Expo 2014: Turbine Technical Conference and Exposition, 2014.

[67] Khaleghi H. Effect of discrete endwall recirculation on the stability of a high-speed compressor rotor[J]. Aerospace Science and Technology, 2014, 37(8): 130 - 137.

[68] 张皓光,楚武利,吴艳辉,等.压气机端壁自适应流通延迟失速的数值分析[J].推进技术, 2009,30(2): 202 - 208.

[69] 张皓光,楚武利,吴艳辉,等.自适应流通机匣处理改善压气机性能的机理[J].推进技术, 2010,31(3): 301 - 308.

[70] 李继超,刘乐,张宏伟,等.低速单级轴流压气机自引气扩稳实验[J].航空动力学报, 2012,27(11): 2577 - 2584.

[71] 李继超,林峰,刘乐,等.跨音轴流压气机自循环喷气扩稳试验研究[J].机械工程学报, 2014,50(8): 135 - 143.

[72] Yang C W, Zhao S F, Lu X G, et al. Investigation on multiple cylindrical holes casing

treatment for transonic axial compressor stability enhancement[J]. Journal of Thermal Science, 2014, 23(4): 346-353.

[73] Wang W, Chu W L, Zhang H G. The effect of injector size on compressor performance in a transonic axial compressor with discrete tip injection[J]. Proceedings of the Institution of Mechanical Engineers, Part A: Journal of Power and Energy, 2014, 228(7): 760-771.

[74] Wang W, Zhang H G, Chu W L, et al. Numerical investigation on the effects of circumferential coverage of injection in a transonic compressor with discrete tip injection[C]. Dusseldorf: ASME turbo expo: turbine technical conference and exposition, 2014.

[75] Wu Y H, Li Q P, Tian J T, et al. Investigation of pre-stall behavior in an axial compressor rotor—part I: unsteadiness of tip clearance flow[J]. Journal of Turbomachinery, 2012, 134: 051027.

[76] Wu Y H, Li Q P, Tian J T, et al. Investigation of pre-stall behavior in an axial compressor rotor—part II: flow mechanism of spike emergence[J]. Journal of Turbomachinery, 2012, 134: 051028.

[77] Fritsch G, Hoeger M, Bauer D. Numerical simulation of the shock-tip leakage vortex interaction in a HPC front stage[J]. Journal of Turbomachinery, 1999, 121(3): 456-468.

[78] Lahmer M, Hoeger M, Dupslaff M, et al. Numerical simulation of the shock-tipleakage vortex interaction in a HPC front stage[J]. Journal of Turbomachinery, 2000, 121(3): 456-467.

[79] Hiller S J, Matzgeller R, Horn W. Stability enhancement of a multistage compressor by air injection[J]. Journal of Turbomachinery, 2011, 133(3): 031009.

[80] Vo H D, Tan C S, Greitzer E M. Criteria for spike initiated rotating stall[J]. Journal of Turbomachinery, 2008, 130: 011023.

[81] Vo H D, Tan C S, Greitzer E M. Criteria for spike initiated rotating stall[C]. Reno: ASME Turbo Expo 2005: Power for Land, Sea, and Air, 2005.